Shahid Mudasir Baba
Zafar Amin Shah

# Variações genéticas em doentes com leucemia promielocítica aguda

Shahid Mudasir Baba
Zafar Amin Shah

# Variações genéticas em doentes com leucemia promielocítica aguda

ScienciaScripts

Cover image: www.ingimage.com

This book is a translation from the original published under ISBN 978-620-2-09587-7.

Publisher:
Sciencia Scripts
is a trademark of
Dodo Books Indian Ocean Ltd. and OmniScriptum S.R.L publishing group

120 High Road, East Finchley, London, N2 9ED, United Kingdom
Str. Armeneasca 28/1, office 1, Chisinau MD-2012, Republic of Moldova, Europe
Printed at: see last page
**ISBN: 978-620-7-99209-6**

# ÍNDICE

Dedicado

**à minha família e amigos**

# Agradecimentos

*Chegou a altura de me sentar e ver como as coisas correram e o único sentimento que permanece neste momento é o de pura gratidão a Deus Todo-Poderoso por ter sido capaz de me dedicar a esta tarefa e de a realizar. No caminho para o meu trabalho de doutoramento, gostaria de expressar a minha eterna gratidão a todos, sem os quais esta tese não se teria concretizado.*

*Do fundo do meu coração, expresso os meus sinceros cumprimentos e a minha gratidão ao meu orientador,* ***Dr. Zafar Amin Shah****, Diretor do Departamento de Imunologia e Medicina Molecular do Sher-e-Kashmir Institute of Medical Sciences (SKIMS) Srinagar, por me ter dado a oportunidade de realizar este doutoramento sob a sua orientação valiosa e por me ter dado a liberdade de seguir as minhas ideias. Como orientador, tem sido extremamente inspirador, motivador e educativo. Combinado com a sua natureza amigável e disciplina, tem sido acessível a qualquer momento, fornecendo apoio e orientação instantâneos ao longo do meu trabalho de investigação. Acima de tudo, admiro pessoalmente a pessoa maravilhosa que ele é. Gostaria de lhe agradecer de todo o coração por ter encontrado uma boa solução numa situação difícil, pelo seu apoio infinito e pelas suas decisões rápidas.*

*Estou muito grato ao meu co-orientador,* ***Dr. Aleem Jan****, Professor Associado, departamento de Hematologia Clínica; Sher-e-Kashmir institute of medical sciences (SKIMS) Srinagar, sem os seus esforços, este trabalho poderia não ter sido um sucesso. Os seus conselhos e apoio foram inestimáveis. As suas críticas positivas, perseverança e tolerância conduziram o meu trabalho de investigação até esta fase.*

*Os meus sinceros cumprimentos à minha co-orientadora,* ***a Dra. Dil-Afroze,*** *Professora Associada do Departamento de Imunologia e*

*Medicina Molecular (SKIMS), sem a qual este processo de aprendizagem não teria sido possível. Trabalhar convosco foi sempre uma aprendizagem para mim. Obrigada pelas vossas valiosas sugestões.*

*Gostaria também de agradecer ao meu co-orientador,* ***Dr. Sheikh Aejaz Aziz****, Prof. e Diretor do Departamento de Oncologia Médica, SKIMS, cujos comentários e contributos acrescentaram valor ao meu trabalho de doutoramento. Agradeço-lhe o seu interesse pelo meu trabalho e as suas sugestões para a minha investigação.*

*Estou igualmente grato à* ***Dra. Roohi Rasool*** *e ao* ***Dr. Mahruk Hamid Zargar*** *pela sua sábia e generosa contribuição para a realização do meu trabalho e pelos seus valiosos contributos.*

*Ficarei para sempre grato ao* ***Dr. Arshad Ahmad Pandith****. Durante a minha carreira, foi-me muitas vezes útil em termos de aconselhamento. Ele é e continua a ser o meu melhor modelo de cientista, mentor e professor. O Dr. Arshad foi a razão pela qual decidi seguir uma carreira de investigação. Para mim, ele foi sempre um homem de referência. O seu entusiasmo e amor pela investigação são contagiantes.*

*Os meus sinceros agradecimentos a:*

***Niyaz Ahmad Azad*** *por ter sido sempre um apoio útil no laboratório e por ter estado comigo durante todo o trabalho de investigação.*

***Dr. Aga Syed Sameer, Dr. Zahoor Ahmad Bhat*** *e* ***Dr. Jan Mohd Rather****, por serem o apoio moral de sempre; e por serem o fator que me inculcou o espírito para atingir o meu objetivo.*

*Estou muito grato ao* ***Sr. Fayaz Ahmad Dar*** *por estar sempre presente para me ajudar no trabalho de laboratório.*

*Todos os meus superiores e colegas pelos seus conselhos oportunos, especialmente* ***o Dr. Tahir Malla, o Dr. Adfar Yousuf, a Dra. Shafia Alam, o Dr. Imtiyaz Rashid, Fizalah Kawoosa, Sania Nisar, Tehseen***

***Akhter, Iqbal Qasim, Shahnawaz Akbar, Faheem Shehjaar, Adil Lateef.***

*A todos os meus colegas, especialmente **Ayaz Gul** e **Asif Gul**, pela sua ajuda atempada.*

*A todos os bolseiros de investigação do Centro Avançado de Genética Humana SKIMS, nomeadamente **Qurteeba Mahajan, Nabeela Khan, Warda Qazi** e **Rehana Ahmad**, pelo seu apoio.*

*A todo o pessoal técnico e ministerial do Departamento de Imunologia, em particular **à Sra. shameema, ao Sr. Altaf, ao Sr. Shaffi, ao Sr. Maqsood, ao Sr. Farooq, ao Sr. Muzaffar, ao Sr. Majeed, ao Sr. Ayoub, à Srta. Saima e a Sra. Noora** pela sua atitude simpática e cooperação.*

*Ao **Dr. DilAfroze,** à **Sra. Samiya,** ao **Sr. Nissar,** ao **Sr. Mushtaq Hamdani** e ao **Sr. Bashir Ahmad Pathan** do Departamento de Bioquímica Clínica do SKIMS por todas as orações, bons desejos e atitude simpática.*

*Ao **Sr. Zahoor Ahmad** por me ter ajudado com o trabalho estatístico.*

*Os pais são uma das fontes mais fundamentais e inspiradoras em cada etapa da minha carreira académica. Aproveito esta oportunidade para dedicar esta tese aos meus pais: o meu pai**, Abdul Aziz Baba**, e a minha mãe, **Hanifa Akhter**, que sempre me inspiraram para os estudos superiores e me proporcionaram um ambiente propício para tal. Deram-me a oportunidade de estudar nas melhores instituições e apoiaram-me durante toda a minha vida. Agradeço também à minha irmã **Tabasum** os seus votos silenciosos de felicidades ao longo do meu percurso de doutoramento. Agradeço ao meu irmão mais novo**, Javeed Hussain Baba,** pelo seu apoio na realização do meu sonho.*

*Por último, mas não menos importante, rezo pelos pacientes para o seu bem-estar, sem os quais este trabalho não teria sido concluído.*

*Por último, gostaria de exprimir a minha gratidão àqueles que preferem permanecer anónimos, por terem proporcionado a inspiração e a motivação que me permitiram concluir este trabalho, mesmo quando as probabilidades pareciam insuperáveis.*

***Shahid Mudasir Baba***

# Abreviaturas

| | |
|---|---|
| °C | degree Celsius |
| ABL | Abelson murine leukemia viral oncogene homolog gene |
| ALL | Acute Lymphoid Leukemia |
| AML | Acute Myeloid Leukemia |
| APL | Acute PromyelocyticLeukemia |
| ATO | Arsenic Tri-Oxide |
| ATRA | All Trans Retinoic Acid |
| BCR | Breakpoint Cluster Region |
| BM | Bone Marrow |
| Bp | Base pair |
| BPB | Bromophenol Blue |
| CBC | Complete Blood Count |
| CD | Cluster of Differentiation |
| CDKI | Cyclin Dependent Kinase Inhibitor |
| CDK | Cyclin dependent kinases- protein required |
| CDK 4 | Cyclin-dependent kinase 4 |
| CDK 6 | Cyclin-dependent kinase 6 |
| cDNA | Complementary DNA |
| CIA | Chloroform-Isoamyl Alcohol |
| CML | Chronic Myeloid Leukemia |

| | |
|---|---|
| CNS | Central Nervous System |
| CR | Clinical Remission |
| dATP | Deoxyribonucleotide adenine triphosphate |
| dCTP | Deoxyribonucleotide cytosine triphosphate |
| DEPC | Diethyl-Pyrocarbonate |
| DFS | Disease Free Survival |
| dGTP | Deoxyribonucleotide Guanine Triphosphate |
| DIC | Disseminated Intra vascular Coagulation |
| DNA | De oxy ribonucleic acid |
| dNTP | Deoxyribonucleotide triphosphate |
| DPX | Di-butyl Phathalate Xylene |
| EDTA | Ethylene Di-amine Tetra acetic acid |
| ETBR | Ethidium Bromide |
| FAB | France, America and Britain |
| FBS | Fetal Bovine Serum |
| FISH | Fluorescence In Situ Hybridization |
| GMP | Granulocyte Macrophage Progenitors |
| GM-CSF | Granulocyte-Macrophage Colony-Stimulating Factor |
| GTG | Giemsa band by Trypsin and Giemsa stain |
| G-CSF | Granulocyte Colony-Stimulating Factor |
| HSCT | Hematopoietic Stem Cell Transplantation |

| | |
|---|---|
| HTLV-I | Human T-cell Lymphotropic Virus-1 |
| I | Isochromosome |
| IR | Ionizing radiation |
| ISCN | International System for Human Cytogenetic Nomenclature |
| KCL | Potassium Chloride |
| KD | Kilo-Dalton |
| M | Molar |
| MDS | Myelodisplastic syndrome |
| Mpo | Myeloperoxidase gene |
| MRD | Minimal Residual Disease |
| m-RNA | Messenger-Ribonucleic acid |
| MS-PCR | Methylation specific Polymerase Chain Reaction. |
| Mtx | Methotrexate |
| Mg | Milligram |
| Ml | Milliliter |
| Mm | Millimeter |
| mM | Millimolar |
| NA | Not Available |
| Ng | Nano gram |
| NPHA-PBC | Non PHA Peripheral blood cytogenetics |
| NPM | Nucleophosmin gene |
| NuMA | Nuclear Mitotic Apparatus gene |

| | |
|---|---|
| OS | Overall Survival |
| PB | Peripheral Blood |
| PBS | Phosphate Buffer Saline |
| PBF | Peripheral Blood Film |
| PCR | Polymerase Chain Reaction |
| PHA | Phytohemagglutinin |
| PHA-PBC | PHA-Peripheral blood cytogenetics |
| Plt | Platelets |
| PLZF | Promyelocytic Leukemia Zinc Finger gene |
| PML | Promyelocytic leukemia gene |
| q-PCR | Quantitative or Real time PCR |
| RARα | Retinoic Acid Receptor Alpha |
| RA | Retinoic Acid |
| RNA | Ribonucleic acid |
| Rpm | Revolutions per minute |
| RPMI | Roswell Park Memorial Institute |
| RT-PCR | Reverse Transcriptase PCR |
| SDS | Sodium dodecyl sulphate |
| SKIMS | Sher-e-Kashmir Institute of Medical Sciences |
| STAT5b | Signal Transducer and Activator of transcription 5b gene |
| SPSS | Statistical Package for the Social Sciences |

| | |
|---|---|
| T | Translocation |
| TAE | Tris-acetate-ethylenediamine tetracetate (Sodium salt) |
| *Taq* | *Thermusaquaticus* DNA polymerase |
| TBE | Tris-borate-ethylenediamine tetracetate (Sodium salt) |
| TDW | Triple Distilled Water |
| TE | Tris-ethylenediamine tetracetate (Sodium salt) |
| TLC | Total Leukocyte Count |
| Tris | Tris(hydroxymethyl) aminomethane |
| UV | Ultra Violet |
| V/cm | Volts/centimetre |
| WBC | White Blood Cell |
| WHO | World Health Organization |
| α/ β | Alpha/Beta |
| γ / δ | Gamma/ Delta |
| Mg | Microgram |
| Ml | Microlitre |
| μM | Micromolar |

# Introdução

**O cancro** destrói o homem de uma forma única e terrível, como carne da sua própria carne que, de alguma forma, se tornou proliferativa, desenfreada, predatória e ingovernável. É a mais concreta e formidável das doenças humanas, mas, apesar de mais de 70 anos de estudos experimentais, continua a ser a menos compreendida.

O cancro é uma doença clonal, composta por células malignas com várias caraterísticas distintas, como a imortalidade, o crescimento mais rápido, a incapacidade de estabelecer interação célula-célula, a propensão para invadir, metastizar e crescer num ambiente celular anormal. As vias moleculares que conduzem à transformação maligna de células normais são diferentes em diferentes tipos de neoplasias, mesmo em diferentes tecidos e mesmo em diferentes tipos de patologia.

As alterações genéticas que ocorrem no cancro incluem a mutação de genes reguladores chave, alterações nos produtos proteicos e alterações na quantidade de produtos produzidos pelos genes (expressão genética). À medida que as alterações se acumulam, as células tornam-se mais anormais e o cancro progride.

## 1.1 Hematopoiese

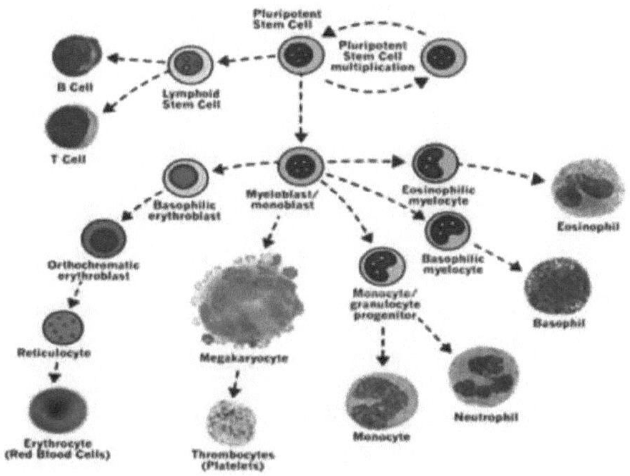


**Figura 1.1: Via de diferenciação das células hematopoiéticas. (Cortesia: Leukemia Stats CRUK 2003)**

Hematopoiese, do grego antigo "haima" que significa sangue e "poiesis" que significa produção **(Heather e Tessa, 2001)**, é o processo biológico pelo qual as células sanguíneas de um organismo são formadas. É o mecanismo que garante que as células sanguíneas, predominantemente de vida curta, são produzidas ao longo da vida através das células estaminais hematopoiéticas (HSC) **(Stuart e Leonard, 2008)**. Tal como acontece com todas as células estaminais, as HSC são capazes de se auto-renovar e de se diferenciar **(Tannishthaet al., 2001)**. Por conseguinte, as HSCs são capazes de produzir HSCs adicionais (auto-renovação) e dar origem a todas as linhagens de células sanguíneas (diferenciação) (Fig. 1.1).

As HSC residem normalmente em pequenos números na medula óssea adulta, onde se encontram no topo de uma árvore hierárquica de células progenitoras que acabam por se diferenciar em células sanguíneas maduras **(Stuart e Leonard, 2008)**. As HSCs podem ser divididas em três populações diferentes, consoante o seu estado de maturação: HSC de auto-renovação a longo prazo (LT-HSC) que dão origem a HSC de auto-renovação a curto prazo (ST-HSC) que, por sua vez, dão origem a células progenitoras multipotentes (MPP) sem potencial de auto-renovação. As células progenitoras multipotentes diferenciam-se em progenitores linfóides comuns (CLP) ou progenitores mielóides comuns (CMP). Os CLP geram as linhagens linfóides constituídas por linfócitos B e T, bem como células assassinas naturais (NK) e células dendríticas (DC). As CMPs são os precursores da linhagem mieloide, diferenciando-se em eritrócitos, plaquetas, macrófagos, granulócitos e células dendríticas **(Tannishthaet al., 2001)**. Os granulócitos são ainda divididos em três classes de acordo com a sua morfologia e propriedades de coloração: neutrófilos, basófilos e eosinófilos **(Bruce et al., 2002)**. A hematopoiese é um processo de desenvolvimento complexo que envolve vários locais anatómicos durante a embriogénese, incluindo o saco vitelino, a placenta e, eventualmente, o fígado fetal. No período pós-natal, a medula óssea torna-se o principal local de hematopoiese **(Hanna et al., 2006)**.

## 1.2 Controlo regular e aberrante da hematopoiese

Tanto as moléculas promotoras da sobrevivência (anti-apoptóticas) como as indutoras da morte (pró-apoptóticas) estão envolvidas no processo de sobrevivência, proliferação e diferenciação de todos os tipos de células progenitoras e sanguíneas **(Joseph, 2007)**, a fim de manter um nível estável e bem ajustado de HSCs na medula óssea, que fornece constantemente progenitores para as várias linhagens hematopoiéticas. A diferenciação destas linhagens é um processo gradual caracterizado pela expressão fortemente regulada de factores de transcrição, factores de crescimento, como as citocinas, e receptores de factores de crescimento, cuja combinação alternada determina o caminho de diferenciação e maturação de uma célula **(Emmanuelle et al., 2003)**. A atividade destas proteínas deve ser regulada de forma muito precisa para manter um equilíbrio homeostático destas moléculas. Até à data, existem mais de duas dúzias de "factores de transcrição hematopoiéticos", dos quais quase todos foram associados a doenças malignas hematopoiéticas, ou seja, à leucemia. O que torna a incidência de leucemia ainda mais fácil de ocorrer é o facto de os factores de transcrição críticos para a hematopoiese envolverem praticamente todas as classes de proteínas de ligação ao ADN, e não apenas uma família específica. A maioria dos factores de transcrição contribui para os tumores malignos hematopoiéticos como proteínas quiméricas produzidas por translocações cromossómicas. Os genes alvo são, por conseguinte, activados ou reprimidos de forma inadequada, resultando numa regulação aberrante da sobrevivência e da apoptose **(Stuart e Leonard, 2008; Emmanuelleet al., 2003)**. Não são apenas os reguladores transcricionais mutados que contribuem para o desenvolvimento de doenças hematopoiéticas, mas também outras proteínas, incluindo receptores de factores de crescimento mutados, cinases e moléculas de sinalização intracelular, como as proteínas Ras de ligação a GTP. Estas mutações também permitem que as células afectadas contornem o controlo normal do crescimento, da diferenciação e da apoptose **(Fredericket al., 2001)**.

## 1.3 Doenças hematológicas

A lesão das células estaminais resulta em várias doenças hematológicas graves. Como resultado, ocorre uma expansão progressiva de uma população de células imaturas, esta população clonal de células em expansão pode substituir gradualmente as células normais na medula óssea, o que conduz a uma doença hematológica grave. As doenças das células estaminais hematopoiéticas incluem a aplasia e as hemopatias clonais.

Aplasia ocorre devido à falha das células estaminais. Isto leva a uma deficiência de cada tipo de célula sanguínea. A doença é heterogénea e podem estar envolvidos vários mecanismos diferentes de supressão das células estaminais. A hemopoiese clonal ocorre devido a uma lesão de uma única célula do pool de células estaminais hemopoiéticas. Inclui as pré-leucemias e as doenças mieloproliferativas. As doenças mieloproliferativas crónicas incluem a leucemia mieloide crónica (LMC), a policitemia Vera, a trombocitemia primária, a mielofibrose idiopática, a leucemia monocítica crónica, a leucemia neutrofílica crónica e a LLA **(Licht et al; 1995)**.

Os tumores malignos hematológicos ocorrem devido a erros na informação genética de uma célula sanguínea imatura. A célula imatura replica-se vezes sem conta, resultando numa proliferação de células sanguíneas anormais. Estas células anormais ou células cancerosas nunca amadurecem e continuam a proliferar. Caracteriza-se por uma produção excessiva de células. Esta célula cancerosa circula em grande parte na corrente sanguínea e é conhecida como leucemia **(Bain et al., 2010)**.

## 1.4 Leucemia

As leucemias são um tipo de cancro causado pela proliferação maligna de células derivadas da medula óssea que invadem a corrente sanguínea, distanciam órgãos e induzem a perda da medula óssea normal. Estas temíveis doenças representam, na verdade, um amplo espetro que vai desde condições relativamente indolentes, que raramente encurtam a sobrevivência, até às de elevada malignidade, para as quais existem poucas opções terapêuticas até à data. A doença resulta de uma mutação numa única célula estaminal, cuja descendência forma um clone de células leucémicas. As células malignas surgem como resultado de uma maturação anormal das células sanguíneas numa fase precoce de diferenciação. Frequentemente, existe uma série de alterações genéticas em vez de um único evento. Os eventos genéticos que contribuem para a transformação maligna incluem a expressão inadequada de oncogenes e a perda de função de genes supressores de tumores. As células nas quais ocorre a transformação leucémica podem ser um precursor linfoide, um precursor mieloide ou uma célula estaminal pluripotente capaz de se diferenciar em células mielóides e linfóides. As leucemias mielóides podem surgir numa célula com restrição de linhagem ou numa célula estaminal multipotente capaz de se diferenciar em células das linhagens eritroide, granulocítica, monocítica e megacariocítica.

As alterações genéticas que conduzem à transformação leucémica resultam frequentemente de alterações importantes nos cromossomas de uma célula, que podem ser detectadas por exame microscópico de células em mitose. Outras alterações encontram-se a um nível submicroscópico, mas podem ser reconhecidas através da análise do ADN ou do ARN. As manifestações clínicas das leucemias devem-se, direta ou indiretamente, à proliferação de células leucémicas, muitas vezes consideradas de crescimento rápido e agressivo **(Howard e Hamilton, 2002)** e à sua infiltração nos tecidos normais. As células leucémicas são indiferentes aos sinais normais de feedback biológico e, por isso, proliferam e superpovoam a medula óssea, inibindo a função das células hematopoiéticas normais. A anemia, a neutropenia e a trombocitopenia são consequências importantes da infiltração da medula óssea, que, por sua vez, pode levar a infecções, hemorragias, falência da medula e, se não for tratada, à morte.

## 1.5 Leucemia: Factores de risco

Embora a causa da leucemia na maioria dos doentes seja desconhecida, existem vários factores associados a um maior risco de desenvolver a doença. Os factores que influenciam o risco de desenvolver leucemia incluem

### 1.5.1 Idade

O risco de desenvolver a maioria dos tipos de leucemia aumenta de forma constante com a idade. No entanto, os grupos etários mais comuns para o desenvolvimento de leucemia linfoblástica aguda (LLA) situam-se entre os 3 e os 7 anos de idade e também depois dos 40 anos **(Yamamoto e Goodman, 2008)**.

### 1.5.2 Etnia/Género

Com exceção da leucemia mieloide crónica (LMC), que tem uma incidência semelhante em brancos e negros, a leucemia ocorre mais frequentemente em pessoas de ascendência branca do que em pessoas de ascendência asiática, hispânica e negra. A leucemia também ocorre mais frequentemente em homens do que em mulheres **(Yamamoto e Goodman, 2008)**.

### 1.5.3 Predisposição genética

A maioria dos casos de leucemia é esporádica. As células leucémicas podem ser portadoras de uma variedade de anomalias, incluindo ganhos ou perdas cromossómicas ou alterações estruturais, tais como deleções, duplicações, inversões e translocações. Alguns rearranjos cromossómicos são extremamente complexos; no entanto, é essencial que todos os rearranjos citogenéticos sejam estabelecidos, uma vez que desempenham um papel importante no diagnóstico, no prognóstico e na escolha do tratamento **(National Institute for Clinical Excellence (NICE), 2002)**. Os rearranjos cromossómicos podem ativar proto-oncogenes ou inativar genes supressores de tumores, levando à perda do controlo do crescimento (proliferação) nos precursores das células sanguíneas. Nos adultos, tem sido observada a formação de grupos familiares em todos os tipos de leucemia. Alguns agrupamentos podem ser explicados por variantes genéticas hereditárias de baixo risco, embora uma pequena proporção de leucemias envolva uma forte suscetibilidade hereditária **(Houlstonet al., 2002; Wileyet al., 2002)**. Além disso, algumas doenças geneticamente determinadas, por exemplo a síndrome de Down, têm uma predisposição para desenvolver leucemia **(Horwitz, 1997)**.

### 1.5.4 Quimioterapia

Existe um subgrupo de leucemia mieloide aguda (LMA), conhecido como "LMA secundária" ou "leucemia mieloide relacionada com a terapêutica", que se pode desenvolver após o tratamento com quimioterapia. Embora o nome implique uma relação causal, o mecanismo exato permanece desconhecido **(Larson, 2007)**. O prognóstico da LMA secundária é geralmente desfavorável em comparação com a LMA primária **(Hoffbrandet al., 2006)**.

### 1.5.5 Radiação

Existem provas conclusivas que relacionam a exposição a radiações ionizantes com o desenvolvimento de leucemia. Verificou-se um aumento acentuado da incidência em sobreviventes das bombas atómicas no Japão e em sobreviventes do desastre nuclear de Chernobyl.

Os campos electromagnéticos e as radiações de baixa dose foram também identificados como potenciais causas de leucemia **(Boyleet al., 2003)**.

### 1.5.6 Produtos químicos

Está provado que a exposição a determinados tipos de produtos químicos aumenta a incidência de leucemia. A exposição ao benzeno, um hidrocarboneto utilizado habitualmente na indústria petroquímica, é um fator de risco conhecido. Os trabalhadores das indústrias de pintura, impressão e fabrico de produtos químicos também correm o risco de exposição, como demonstrado numa série de estudos **(Hayeset al., 1997)**. Os produtos químicos agrícolas têm sido associados a um aumento da incidência de alguns tipos de leucemia **(Morrisonet al., 1992)**. Existe uma relação causal entre o consumo de cigarros e a incidência de leucemia mieloide, tendo-se registado um aumento da incidência de até duas vezes **(Kaneet al., 1999)**.

### 1.5.7 Infecções e vírus

Embora não tenha sido identificado nenhum agente causador, há provas de que a infeção tem um papel na etiologia da leucemia em crianças. A migração de populações e a mistura de populações foram identificadas em alguns estudos como factores que aumentam o risco de leucemia infantil **(Kinlen et al., 1995)**.

No entanto, sabe-se que os vírus são a principal causa de leucemia nos animais; nos seres humanos, a única associação bem comprovada é com o vírus da leucemia das células T humanas (HTLV1).

## 1.6 Tipos de leucemia

Do ponto de vista clínico e patológico, a leucemia divide-se em duas formas principais: crónica e aguda. A forma crónica de leucemia distingue-se por uma produção excessiva de células sanguíneas relativamente maduras, mas ainda anormais. As células proliferam a um ritmo muito mais elevado do que as células normais, o que resulta numa produção excessiva de leucócitos no sangue e numa progressão muito lenta. Ocorre em qualquer faixa etária, mas principalmente em pessoas idosas. A forma aguda de leucemia é determinada por uma produção excessiva de células sanguíneas imaturas. A superlotação dessas células torna a medula óssea incapaz de desenvolver células maduras. Agrava-se muito rapidamente e é uma forma agressiva da doença. Ocorre principalmente em crianças e adultos jovens.

As formas agudas e crónicas são ainda classificadas em quatro categorias, de acordo com o tipo de leucócitos (linfócitos ou mielócitos) afectados na medula óssea **(Mughal et al., 2006)**.

### Malignidades mielóides

Leucemia mieloide crónica (LMC)

Leucemia mielogénica aguda (LMA)

### Malignidades linfóides

Leucemia linfoblástica crónica (LLC)

Leucemia linfoblástica aguda (LLA)

## 1.7 Leucemia mielogénica aguda (LMA)

A leucemia mielogénica aguda (LMA), também conhecida como leucemia não linfocítica aguda (LNLA), é a forma mais comum de leucemia do adulto e é observada principalmente em doentes com idade mais avançada. A LMA representa um grupo de doenças clínica e biologicamente heterogéneo causado pela transformação maligna de uma célula estaminal hematopoiética ou de uma célula progenitora mieloide. Pensa-se que a vantagem proliferativa da célula estaminal leucémica, associada a deficiências na diferenciação e à inibição da apoptose, resulta de alterações genéticas adquiridas que levam à acumulação de células imaturas ou blásticas na medula óssea. A LMA começa com anomalias nos blastos da medula óssea que se desenvolvem para formar granulócitos, os glóbulos brancos que contêm pequenas partículas ou grânulos. Os blastos da LMA não amadurecem e tornam-se demasiado numerosos no sangue e na medula óssea. A LMA é caracterizada por altos níveis de mielócitos ou granulócitos anormais que nunca amadurecem completamente. Os blastos acabam por suprimir a hematopoiese normal e infiltram-se noutros órgãos e tecidos **(Wei et al., 2008)**.

À medida que as células se acumulam, prejudicam a capacidade do organismo para combater as infecções e evitar hemorragias. Por conseguinte, é necessário tratar esta doença num curto espaço de tempo após o diagnóstico.

### 1.7.1 Incidência de LMA

A LMA é a forma mais comum de leucemia, representando aproximadamente 25% de todas as leucemias em adultos no mundo ocidental **(Greenleeet al., 2001; RiesLAG et al., 2006)**. Cerca de 15% dos casos de leucemia infantil são LMA. Esta doença tem maior probabilidade de afetar os indivíduos mais velhos. A idade média aquando do diagnóstico é de 67 anos. A incidência de LMA é ligeiramente maior nos homens do que nas mulheres. A nível mundial, a incidência de LMA é mais elevada nos EUA, na Austrália e na Europa Ocidental **(Jemal et al., 2002)**.

Em Caxemira, os dados sobre a leucemia são muito escassos. Só foram comunicados alguns estudos relativos a leucemias agudas. Num dos estudos hospitalares realizados por **(Arshad et al., 2012),** a leucemia foi considerada o 5.º cancro mais comum em Caxemira. Num estudo hospitalar mais recente, realizado por **(Waniet al., 2014),** os autores referem que as leucemias agudas são mais prevalentes nos homens, ocupando o 8.º lugar, com uma frequência de 2,62%, do que nas mulheres, onde ocupam o 9.º lugar, com uma frequência de 2,45%, entre os cancros mais frequentes em Caxemira [Quadro 1.1]. Em comparação com os estudos efectuados em populações ocidentais, em que a LMA é considerada uma doença dos idosos, os doentes com LMA na população da Caxemira pertencem a um grupo etário mais jovem, com uma idade média de 27,18 anos **(Tanzeelaet al., 2011)**.

**Quadro 1.1: Frequência dos cancros mais frequentes em homens e mulheres da Caxemira: um estudo hospitalar (Fonte: Wani et al., Indian journal of cancer, 2014)**

| Principais locais de cancro SKIMS Srinagar (registo hospitalar de cancro: 2000-2012) homens/mulheres (Wani et al.,2014) | | | | | |
|---|---|---|---|---|---|
| Masculino | N.º de casos | %idade | Feminino | N.º de casos | %idade |
| **Esófago e junção GE** | **3031** | **19.95** | **Peito** | **1611** | **16.83** |

| Pulmão | 2513 | 16.54 | Esófago e junção GE | 1231 | 12.85 |
|---|---|---|---|---|---|
| Estômago | 1763 | 11.60 | Ovário | 713 | 7.45 |
| Colorrectal | 1118 | 7.36 | Colorrectal | 640 | 6.68 |
| Linfomas | 820 | 5.40 | Estômago | 632 | 6.60 |
| Pele | 526 | 3.46 | Pulmão | 437 | 4.56 |
| Laringofaringe | 456 | 3.0 | Vesícula biliar | 373 | 3.9 |
| Leucemias agudas | 398 | 2.62 | Linfomas | 316 | 3.30 |
| Próstata | 258 | 1.7 | Leucemias agudas | 234 | 2.45 |
| Cérebro | 234 | 1.54 | Cérebro | 187 | 1.95 |
| Todos os sítios | 15193 | 100.0 | Todos os sítios | 9575 | 100.0 |

## 1.7.2 Classificação da leucemia mieloide aguda

O diagnóstico da LMA implica uma abordagem faseada que requer a sua diferenciação de perturbações reactivas e outras doenças neoplásicas e, em seguida, a classificação da doença em subcategorias que definem o tratamento e os grupos de prognóstico. A avaliação morfológica de esfregaços de sangue e de medula óssea e de secções de biopsia da medula, acompanhada de colorações citoquímicas como a mieloperoxidase e a esterase inespecífica, pode muitas vezes discriminar com precisão entre a LMA e a LLA **(McKenna, 2000)**. No entanto, as leucemias pouco diferenciadas ou cuja linhagem não pode ser discernida utilizando técnicas morfológicas e citoquímicas padrão requerem imunofenotipagem para ajudar no seu diagnóstico e classificação exacta **(Griffin et al., 1983)**.

O esquema de classificação amplamente utilizado proposto pelo Grupo Cooperativo Franco-Americano-Britânico (FAB) utiliza principalmente a avaliação morfológica para classificar as leucemias agudas **(Bennett et al., 1976; 1985a; 1985b;** A classificação FAB da LMA é uma classificação morfológica baseada na linhagem que classifica os casos de acordo com o grau de maturação das células leucémicas e a diferenciação da sua linhagem [Quadro 1.2].

**Quadro 1.2: Classificação FAB da Leucemia Mieloide Aguda**

| CLASSIFICAÇÃO | LEUCEMIA MIELOIDE AGUDA | CRITÉRIOS DE DIAGNÓSTICO |
|---|---|---|
| **M0** | LMA com diferenciação mieloide mínima | blastos de origem mieloide, <3% dos blastos MPO negativos |
| **MI** | LMA sem maturação | >90% de blastos, >3% de blastos MPO positivos, <10% de monocitopoiese, <10% de granulócitos |
| **M2** | LMA com maturação granulocítica | 30-89% blastos, >10% granulócitos, <20% Monocitopoiese |
| **M3** | Leucemia promielocítica aguda | hipergranular, bastonetes de Auer, <20% de monocitopoiese |
| **M3V** | Variante hipogranular de M3 | hipogranular, núcleos monocitóides, <20% de monocitopoiese |
| **M4** | Leucemia mielomonocítica aguda | >30% blastos, >20% granulócitos, >20% monocitopoiese |
| **M4EO** | Leucemia mielomonocítica aguda com eosinofilia | >30% blastos, >20% granulócitos, >20% monocitopoiese, contagem anormal de eosinófilos |
| **M5A** | M5a leucemia monoblástica aguda | >80% monocitopoiese imatura |
| **M5B** | Leucemia monocítica aguda M5b | >80% de monocitopoiese madura |
| **M6** | M6 eritroleucemia | >30% blastos, >50% eritropoiese |
| **M7** | M7 aguda Megakaryo- leucemia -blástica | >30% de blastos (megacarioblastos), CD41/CD61 (positivo) |

A classificação da OMS está organizada de forma um pouco diferente e considera as aberrações citogenéticas e os rearranjos genéticos, a maioria dos quais são translocações cromossómicas que resultam em genes de fusão [Quadro 1.3]. A última versão da classificação da OMS para os tumores malignos hematopoiéticos (WHO Classification of Tumors of Hematopoietic and Lymphoid Tissues, New

Fourth Edition) foi publicada em 2008 **(Organização Mundial de Saúde, 2008)**.

**Tabela 1.3: Classificação da LMA de acordo com a OMS.**

| **LMA com anomalias citogenéticas recorrentes** |
|---|
| LMA com t(8;21)(q22;q22): AMLl-ETO |
| LMA com eosinófilos BM anormais inv(16)(p13q22): CBFβ-MYH11 |
| Leucemia promielocítica aguda com t(15;17)(q22;q12): PML-RARa |
| LMA com anomalias 11q23 (MLL) |
| **LMA com displasia multilinear** |
| LMA e síndromes mielodisplásicos, relacionados com a terapia |
| LMA não classificada de outra forma |
| LMA minimamente diferenciada |
| LMA sem maturação |
| LMA com maturação |
| Leucemia mielomonocítica aguda |
| Monoblástica aguda e monociclo-ucemia |
| Leucemia eritroide aguda |
| Leucemia megacarioblástica aguda |
| Leucemia basofílica aguda |
| Panmielose aguda com mielofibrose |
| Sarcoma mieloide |
| **Leucemia aguda de linhagem ambígua** |
| Leucemia aguda indiferenciada |
| Leucemia aguda bilinear |
| Leucemia aguda bifenotípica |

## 1.8 Leucemia promielocítica aguda (LPA)

A leucemia promielocítica aguda (LPA) pertence ao grupo das neoplasias mielóides. A LPA, que representa cerca de 10% dos casos de leucemia mieloide aguda (LMA), é uma das doenças malignas hematopoiéticas mais bem estudadas e compreendidas. Ao contrário de outras formas de LMA, a LPA é única pelo facto de poder causar coagulopatia e morte se não for prontamente diagnosticada

**(Grimwade et al., 2000; Shen et al., 2004)**. Morfologicamente classificada como LMA-M3 pela classificação franco-americana-britânica (FAB), a LPA é tipicamente caracterizada pela proliferação neoplásica de células na medula óssea com um fenótipo promielocítico **(Grimwade et al., 2000)**. A atual classificação da OMS inclui-a na categoria "Leucemia mieloide aguda com anomalias genéticas recorrentes" **(Organização Mundial de Saúde, 2008)**. A anomalia genética na LLA é a translocação recíproca equilibrada t(15;17)(q22- q21), que resulta na expressão da proteína de fusão da leucemia promielocítica (PML)-recetor do ácido retinóico-α (RARα). A proteína de fusão recém-produzida (PML-RARα) funciona para reprimir o RARα e os genes não-alvo do RARα, resultando numa proliferação descontrolada e na inibição da diferenciação celular. t(15;17) envolve o gene da leucemia promielocítica (PML) do cromossoma 15 e o gene do recetor do ácido retinóico (RARα) alfa do cromossoma 17 **(de Th'e et al., 1990, 1991; Kakizuka et al., 1991)**. O ponto de quebra no cromossoma 17 está invariavelmente localizado no segundo intrão do gene RARα **(de Th'e et al., 1990; Borrow et al., 1990)**. Os indivíduos com leucemia promielocítica aguda (LPA) expressam geralmente 1 de 3 transcrições híbridas primárias associadas a uma t(15;17). A variação do transcrito de fusão resulta de regiões heterogéneas de clusters de pontos de quebra (bcr) no gene PML e de splicing alternativo da sequência PML após a transcrição **(Pandolfi 1992; Dong et al., 1993; Tong et al., 1992)**. Cerca de 37% a 45% dos casos t(15;17)-positivos apresentam um ponto de quebra no intrão 3 do gene PML. Esta região de ponto de quebra é referida como bcr-3 e resulta na fusão do exão 3 do PML com o exão 3 do RARα. O bcr-1 é detectado em cerca de 45% a 55% dos casos positivos. Ocorre no intrão 6 do gene do PML e resulta na fusão do exão 6 do PML com o exão 3 do RARα. A região de ponto de quebra mais invulgar, bcr-2, está envolvida em cerca de 8% a 10% dos casos t(15;17)-positivos. Ao contrário de bcr-1 e bcr-3, o ponto de quebra de bcr-2 ocorre dentro de um exão. O ponto de quebra de bcr-2 ocorre em locais inconsistentes no exão 6 do gene PML, resultando na fusão de uma porção variável do exão 6 do PML com o exão 3 do gene RARα **(Chen et al., 1992;**

**Miller et al., 1992; Fukutani et al., 1993; Gallagher et al., 1995, 1997)**. A localização de bcr1, bcr2 e bcr3 produz transcrições de fusão de comprimentos variáveis que, como resultado, também são referidas como as formas longa, variante e curta, respetivamente.Vários investigadores relataram a relevância clínica associada ao tipo específico de transcrição de fusão PML-RARα expressa num indivíduo. Foi referido que a localização do ponto de quebra no gene PML pode influenciar o prognóstico.

Raramente, os doentes com a apresentação clínica e morfológica de APL não têm uma t(15;17) identificável através de estudos citogenéticos. Normalmente, estes casos são subsequentemente considerados como tendo um rearranjo PML-RARα composto ou críptico por análise molecular **(Grimwade et al., 2000; Redner, 2002)**. No entanto, cerca de 1 a 2 % dos casos de APL são devidos a translocações variantes raras, que envolvem tipicamente RARα **(Grimwade et al., 2000; de Th'e et al., 1991; Wang e Chen, 2008)**. Até à data, não foram identificadas variantes de APL com envolvimento exclusivo do PML; assim, presume-se que o RARα tem um papel fundamental na patogénese da APL. Foram identificadas várias translocações variantes, incluindo PLZF/RARα, NMP/RARα, NUMA/RARα, STAT5B/RARα, PRKAR1a/RARα, BCOR/RARα e FIP1L1/ RARα **(Yamamoto et al., 2010; Kondo et al., 2008)**.

Embora a desregulação transcricional tenha um papel central numa grande variedade de cancros, incluindo a leucemia aguda, é evidente que as maquinarias epigenéticas, incluindo a metilação do ADN, constituem funções integrais dos complexos transcricionais oncogénicos na mediação dos programas transcricionais aberrantes **(Cheung e So, 2011)**. No cancro, a análise da metilação do ADN ao nível de todo o genoma mostra que os tumores apresentam frequentemente uma hipometilação global do ADN **(Costello et al., 2001)**. Em contrapartida, as ilhas CpG de genes específicos são aberrantemente metiladas em diferentes tipos de cancro. Além disso, foi demonstrado que a hipermetilação dos promotores de genes resulta na repressão da transcrição de genes e no silenciamento de genes, servindo assim como um mecanismo alternativo de inativação de genes.

Os genes supressores de tumores estão normalmente envolvidos na regulação do ciclo celular, impedindo assim a formação de cancro **(Weinberg, 1991)**. A lista é cada vez maior e os exemplos incluem RB1, TP53, WT1, VHL, CDKN2a, CDKN2B, PTEN, APC, etc. Vários genes supressores de tumores foram investigados quanto à hipermetilação em diferentes cancros. Estes incluem HIC1, GSTP-1, ER, calcitonina, p15, p16, p19ARF, VHL, E-caderina, hMLH1, BRCA, MGMT, DAPK1 e p73 **(Baylin et al., 1998)**. Nas neoplasias hematológicas, a metilação aberrante do promotor tem sido estudada nas leucemias mieloide aguda (LMA), promielocítica aguda (LPA) e linfoblástica aguda (LLA), na leucemia mieloide crónica em fase crónica (LMC-PC) e em transformação blástica (LMC-BT), na leucemia linfocítica crónica (LLC), na síndrome mielodisplásica (SMD) e no mieloma múltiplo.

De forma consistente, os doentes com LPA são caracterizados por um padrão específico de metilação do ADN que é distinto de outros subtipos de LMA **(Figueroa et al., 2010)**. Para além de vários oncogenes celulares, a desregulação de muitos genes supressores de tumores tem sido amplamente descrita na LPA. Foi demonstrado que os genes supressores de tumores, especialmente os envolvidos na regulação do ciclo celular, como p15 e p16, estão frequentemente inactivados na APL. O CDKN2B (p15INK4B, MTS2) é um gene supressor de tumores localizado em 9p21, que codifica o inibidor da quinase dependente da ciclina p15. O silenciamento do $p15^{INK4b}$ por hipermetilação do promotor ocorre quase exclusivamente em cancros do sistema hematopoiético e é observado em leucemias agudas de origem mieloide (LMA) e linfoide (LLA) **(Drexler, 1998)**. A hipermetilação aberrante ocorre nas ilhas CpG do gene, que se estendem ao longo da região promotora, do exão 1 e de parte do intrão 1 **(Herman et al., 1996)**. A metilação aberrante do ADN no gene p15 tem um impacto prognóstico negativo em doentes com APL **(Chim et al., 2001; Teofili et al., 2003)**, sugerindo um papel crítico da metilação aberrante do ADN na patogénese da APL. Foi demonstrado que os níveis de hipermetilação se correlacionam com uma redução da expressão do ARNm e dos níveis de expressão da proteína $p15^{INK4b}$ **(Cameron et al., 1999; Matsuno et al., 2005)**. Além disso, foi demonstrado que a densidade da metilação varia muito entre e dentro dos doentes com APL e que os seus níveis estão estreitamente correlacionados com o grau de repressão transcricional **(Teofili et al., 2003)**.

Na grande maioria dos casos, a LMA M3 ocorre de novo, mas uma pequena proporção de casos segue-se à terapêutica com fármacos interactivos com a topoisomerase II e outros agentes **(Pedersen e Rowley, 1994; Thirman e Larson, 1996; Andersen et al., 2002)**. O quadro clínico da APL é caracterizado por uma tendência para o aumento rápido da hemorragia, que se deve a perturbações pronunciadas da coagulação e a uma trombocitopenia grave. A APL constitui uma emergência hematológica que requer confirmação diagnóstica imediata e medidas terapêuticas específicas.

O diagnóstico requer a translocação cromossómica específica da LPA t(15;17) (q22;q21), e/ou o gene de fusão PML/RARα, que está presente na grande maioria dos doentes com LMA M3 e M3V e, à exceção de condições raras como a transformação promielocítica hipergranular da leucemia granulocítica crónica ou da policitemia rubravera, está confinada a esta categoria de leucemias. A frequência com que a translocação específica t(15;17) (q22;q21) é detectada na LMA M3/M3V depende do método. Normalmente, a translocação é detectada por técnicas citogenéticas convencionais em cerca de 90% dos casos. A citogenética demonstrou ser um fator determinante do prognóstico nesta doença, prevendo a probabilidade de indução de remissão bem sucedida, o risco de recidiva e a sobrevivência global, sendo cada vez mais utilizada para ditar a abordagem terapêutica. A t(15;17) é a marca de diagnóstico da APL e, inicialmente, considerou-se que estava presente em todos os doentes com esta doença **(Warrell et al., 1993)**. Para além da anomalia primária, 30-40 dos casos apresentam anomalias cariotípicas secundárias. A LMA M3 clássica pode também estar associada a translocações variantes complexas, translocações variantes simples e translocações crípticas ou mascaradas. A fusão PML-RARα, a fusão RARα-PML ou ambas podem ser detectadas por RT-PCR na grande maioria dos doentes com um diagnóstico citológico de LMA M3, quer a t(15;17) seja ou não detectada por análise cariotípica. A taxa de deteção por PCR é mais elevada se forem procurados ambos os genes de fusão. A RT-PCR pode fornecer uma confirmação relativamente rápida de um diagnóstico clínico de LPA e, neste contexto, o sangue periférico, bem como a medula óssea, são adequados para análise **(Ghavamzadeh et al., 2006; Ezhilarasi et al., 2012)**.

A deteção de doença residual mínima por q-PCR após a terapia de consolidação tem um significado prognóstico. Em doentes tratados por transplante de células estaminais, a deteção de doença residual mínima tem significado prognóstico e orienta a necessidade de terapia adicional pós-transplante. q-PCR provou ser a técnica ideal para a deteção molecular de doença residual mínima (MRD).

O APL clássico é tradicionalmente tratado com agentes diferenciadores retinóides, como o ATRA e o ATO. A introdução do ácido all-trans-retinóico (ATRA) na terapia de APL duplicou a taxa de cura em relação à quimioterapia isolada. Foram atingidas taxas de remissão de 80 a 90% e taxas de sobrevivência a longo prazo (sobrevivência de 5 anos) superiores a 75% com a combinação de ATRA e quimioterapia contendo antraciclinas. Os retinóides não só induzem a diferenciação como também reduzem as complicações hemorrágicas da APL. O trióxido de arsénio (ATO) também é eficaz na LMA M3/M3V. O ATO é o agente isolado mais ativo na LPA. Os seus mecanismos incluem a degradação direta da transcrição de fusão PML-RARα, com a consequente transcrição de genes alvo RARα que conduzem a uma diferenciação aparente, bem como à paragem do crescimento das células iniciadoras da leucemia por apoptose ou perda de auto-renovação **(Nasr et al., 2008)**. O ATO também parece libertar o citocromo C da mitocôndria, levando à ativação da caspase, que por sua vez leva à apoptose e à sinergia com o ácido retinóico na perda de células que iniciam a leucemia. No entanto, mais de 10% dos doentes tratados em estudos morrem no decurso da terapêutica de indução, sobretudo devido a complicações hemorrágicas **(Fenaux et al., 1993; Sanz et al., 2009)**. O prognóstico é melhor nos doentes com uma contagem de leucócitos mais baixa (inferior a 2, 5 ou 10 x $10^9$ /L em diferentes ensaios) **(Tallman et al., 2002; Burnett et al., 1999)** e uma contagem de plaquetas superior a 40 x $10^9$ **/L (Estey et al., 1999)**. O pior prognóstico nos doentes com contagens de leucócitos mais elevadas é atribuível a uma taxa de mortalidade precoce mais elevada. Em geral, a taxa de remissão completa e a sobrevivência média são relativamente favoráveis.

Tal como acontece com todas as formas de leucemia aguda, não existem medidas eficazes para prevenir a APL ou reconhecer a doença numa fase precoce do seu desenvolvimento. No entanto, os sintomas iniciais, por exemplo, uma tendência hemorrágica evidente, não são muitas vezes corretamente interpretados, o que atrasa o diagnóstico e aumenta o risco de mortalidade precoce.

## 1.9 Fundamentação do estudo

O vale de Caxemira é uma das divisões do Estado de Jammu e Caxemira, situado nos Himalaias. No vale de Caxemira, a incidência de quase todos os tipos de cancros de órgãos registou um aumento considerável nas últimas duas décadas, em especial os cancros gástrico, esofágico, do pulmão e colorrectal, mas a LPA não é menos mortal, dado o número de casos que lhe estão associados. A LPA é rara entre as LMA consideravelmente incidentes e, de acordo com um estudo realizado por **(Arshad et al., 2012)**, ocupa o quinto lugar entre os cancros mais frequentes no vale de Caxemira (Norte da Índia). O nosso estudo observacional preliminar também revelou um número considerável de casos de APL, tanto em homens como em mulheres. No vale de Caxemira (Norte da Índia), foram comunicados vários estudos sobre diferentes tipos de cancro, mas até agora não foi efectuado qualquer estudo sobre a APL em termos de acompanhamento da doença através da sua identificação e quantificação. Este facto deve-se, em primeiro lugar, à falta de ferramentas essenciais de análise citogenética e molecular necessárias para a análise de APL no SKIMS (Sher-e-Kashmir Institute of Medical Sciences), que é o único centro de referência disponível para os doentes com APL na nossa população. A monitorização da resposta à terapêutica para APL é um processo contínuo que começa no diagnóstico e prossegue em série ao longo de todo o curso do tratamento. A monitorização do tratamento concentrou-se inicialmente na avaliação hematológica morfológica; no entanto, os avanços significativos nas tecnologias de deteção de células PML-RARα positivas recentraram agora os objectivos terapêuticos em parâmetros citogenéticos e moleculares. Em conjunto, as respostas citogenéticas e moleculares fornecem uma medida da doença residual mínima e servem para orientar as escolhas de tratamento e como substitutos para o resultado a longo prazo. Começámos por criar essas instalações e, simultaneamente, explorámos as modificações técnicas, especialmente no que diz respeito à análise citogenética, para proporcionar aos nossos doentes instalações robustas de diagnóstico e acompanhamento.

Pela primeira vez, o nosso objetivo foi avaliar a eficácia da técnica citogenética do sangue periférico, em comparação com a da medula óssea convencional, na deteção da doença e na monitorização da resposta citogenética em doentes com APL tratados com quimioterapia convencional. Inicialmente, foi efectuada uma PCR qualitativa (RT-PCR) para procurar o tipo de transcrição, seguida de uma PCR quantitativa em tempo real (q-PCR) paralela à citogenética para monitorizar a resposta quantitativa em doentes com SAF tratados com protocolos de quimioterapia à base de ATRA mais antraciclinas e ATO. Além disso, foi efectuada uma comparação na monitorização da resposta à doença através da citogenética e da PCR quantitativa em tempo real nos nossos indivíduos.

Além disso, pretendeu-se avaliar o estado de metilação do gene p15 na mesma série de doentes, tendo em conta a sua associação considerável com a APL, tal como referido em vários estudos anteriores.

## 1.10Hipótese

Baseámos a nossa análise citogenética do sangue periférico induzida por PHA no modelo concetual de que é provável que a SAF resulte de um evento de transformação ao nível das células estaminais ou de progenitores de células estaminais primitivas. Este facto é apoiado por uma série de evidências **(Edwards et al., 1999; Takatsuki et al., 1993)** que sugerem que uma proporção significativa de casos de SAF surge em progenitores mais primitivos do que se supunha anteriormente. Assim, colocámos a hipótese de que as células que se encontram mais abaixo na hierarquia hematopoiética, antes de se comprometerem com as linhagens mieloide ou linfoide, são susceptíveis de albergar os marcadores cromossómicos e outras alterações que precedem o aparecimento de APL. Consequentemente, o PHA, que é utilizado para amplificar seletivamente os linfócitos, é suscetível de amplificar também as células progenitoras com sinal citogenético, uma vez que se espera que estas ainda mantenham uma grande semelhança fenotípica com os linfócitos.

## 1.11Finalidades e objectivos

- Estabelecer e avaliar a "Citogenética do sangue periférico como ferramenta de diagnóstico e de acompanhamento na APL.

- Estabelecer e avaliar a "tipagem de transcrição do gene de fusão PML/RARα" em doentes com APL por RT-PCR como uma ferramenta de avaliação diagnóstica e prognóstica, além de correlacionar a sua relevância em relação ao resultado da doença.

- Estabelecer e avaliar a "análise quantitativa do gene de fusão PML/RARα por q-PCR em doentes com APL como ferramenta de avaliação da doença residual mínima".

- Investigar o estado de metilação do gene p15 em doentes com APL por MS-PCR e correlacioná-lo com os parâmetros clínico-patológicos da doença.

- Investigar a expressão do ARNm do gene p15 por RT-PCR em doentes com

APL e correlacioná-la com o estado de hipermetilação do gene p15.

- Analisar a sobrevivência global e a sobrevivência livre de doença de doentes com APL relativamente a vários parâmetros clínico-patológicos.

# Revisão da literatura

## 2.1 Leucemia promielocítica aguda

A leucemia promielocítica aguda (LPA) pertence ao grupo das neoplasias mielóides. Apresenta citogenética, caraterísticas clínicas e biológicas distintas. É classificada como LMA M3 pelo sistema franco-americano-britânico (FAB) e como LPA com translocação entre os cromossomas 15 e 17, ou seja, t(15;17) no sistema de classificação da Organização Mundial de Saúde (OMS). A APL é causada por uma paragem da diferenciação dos leucócitos na fase de promielócitos. Atualmente, a maioria dos doentes com APL está curada. A oncogénese e a reversão de eventos oncogénicos são agora melhor compreendidas.

### 2.1.1 História de leucemia promielocítica aguda

A história recente da LPA pode, de facto, ser subdividida em três períodos: antes, durante e após o tratamento com ácido trans-retinóico (ATRA). Durante o primeiro período (1957-1988), a doença foi definida; durante o segundo período (1988-1993), um tratamento específico, mais tarde reconhecido como direcionado para o evento oncogénico, melhorou drasticamente o prognóstico da doença e, durante o terceiro período pós-ATRA (1991-2002), as principais conquistas foram o melhor conhecimento da biologia celular e molecular da doença.

#### 2.1.1.1 O período pré-ATRA (1957-1988)

A leucemia promielocítica aguda (LPA) foi descrita pela primeira vez em 1957 pelo autor sueco Leif Hillestad. Este autor relatou três doentes caracterizados por "uma evolução fatal muito rápida com apenas algumas semanas de duração, um quadro de glóbulos brancos dominado por promielócitos e uma tendência hemorrágica grave devido a fibrinólise e trombocitopenia. Um dos três doentes tinha sido descrito anteriormente por **Stormorken (1956)**. Leif Hillestad também mencionou que **Cooperberg e Neiman (1955)** tinham descrito anteriormente um doente com leucemia mieloide aguda com púrpura fibrinolítica, que era "idêntico ao seu caso" e que um doente semelhante também tinha sido descrito por **Pisciotta e Schultz (1955)**. Leif Hillestad concluiu a introdução do seu relatório de 1957 com a afirmação de que: "um nome lógico para este tipo de leucemia é leucemia promielocítica aguda". Na primeira série de 20 doentes registada durante o período pré-ATRA, **Bernard et al. (1959)** descreveram caraterísticas mais pormenorizadas da doença.

No sexto Congresso Europeu de Hematologia, em 1957, Jacques Caen relatou a ocorrência, em doenças hematológicas malignas, de uma síndrome fibrinolítica que definiu mais precisamente 2 anos mais tarde como fibrinopénia adquirida **(Caen et al.,1957)**. De facto, a caraterística clínica mais impressionante da APL aquando do diagnóstico foi a ocorrência de uma diátese hemorrágica grave. Em 1976, a morfologia bem caracterizada das células malignas envolvidas na APL levou o Comité de Nomenclatura Franco-Americano-Britânico (FAB) a atribuir-lhes a classificação específica de células M3 **(Bennett et al., 1976)**. Quatro anos mais tarde, uma forma variante rara de APL, a variante hipogranular (M3V), foi oficialmente reconhecida por este comité. Uma terceira variante, muito rara, APL microgranular basofílica, foi descrita em 1982 **(McKenna et al., 1982)**.

No entanto, a gestão clínica da doença continuou a ser um pesadelo para os médicos, devido ao aparecimento imprevisível de perturbações hemorrágicas potencialmente fatais. **Bernard et al. (1973)** referiram que a doença era particularmente sensível ao tratamento com antraciclinas, que resultava numa elevada taxa de remissão completa. Em 1988, os problemas relativos ao mecanismo da fibrinogenopénia e à melhor forma de gerir a diátese hemorrágica estavam ainda por resolver.

Para além da descrição das duas principais caraterísticas clínicas, a morfologia das células malignas e as perturbações da coagulação, a APL foi confirmada como uma entidade distinta pela presença de uma caraterística citogenética anormal. Esta anomalia foi inicialmente considerada por **Golomb et al. (1976)** como uma deleção parcial do cromossoma 17. No entanto, um ano mais tarde, o mesmo grupo identificou-a como uma translocação recíproca equilibrada entre os braços longos dos cromossomas 15 e 17 **(Rowley et al., 1977)**, e a SAF foi consistentemente associada a esta translocação 15; 17 por **Larson et al., (1984)**. No entanto, alguns doentes com SAF não apresentavam a t(5;17) devido a uma inserção ou a trocas cromossómicas complexas.

Alguns factores de prognóstico da APL foram rapidamente identificados por **Bernard et al., (1973)**, tais como a intensidade da fibrinogenopenia e a elevada contagem de leucócitos.

A não obtenção de uma remissão completa deveu-se à resistência à quimioterapia, que foi reduzida por um tratamento agressivo com daunorrubicina **(Marty et al., 1984)**. Para aumentar a sobrevivência dos doentes, dois estudos sugeriram que a terapêutica de manutenção com 6-mercaptopurina e metotrexato poderia resultar em remissões mais longas do que os regimes de consolidação curtos **(Marty et al., 1984; Kantarjian et al., 1986)**.

Em 1988, no final deste período inicial, o APL estava bem caracterizado, tanto clínica como citogeneticamente, e estava a ser tratado com antraciclinas e transfusões frequentes de plaquetas. A taxa de remissão completa era de cerca de 75%, a taxa de mortalidade precoce de 15% e a taxa de resistência de 10%. Aos 2 anos, a taxa de recidiva após remissão completa foi de 35%. Assim, cerca de 25% dos doentes sobreviveram durante mais de 2 anos e foram considerados curados, uma vez que as recaídas tardias são raras neste tipo de leucemia aguda.

#### 2.1.1.2 Segundo período (1988-1993): Tratamento com ATRA

Em 1978, Leo Sachs introduziu o novo conceito de que certos agentes podem desencadear um processo de diferenciação nas células leucémicas, contradizendo assim o dogma do estatuto irreversível das células malignas. O estabelecimento da linha de células leucémicas mielóides humanas HL-60 por **Dalton et al. (1988)**

permitiu a identificação de agentes capazes de induzir a diferenciação terminal. Foram listados mais de 100 agentes, alguns dos quais, por exemplo, o ácido retinóico, induziram a diferenciação em granulócitos maduros. Um dos melhores candidatos para o tratamento de vários tipos de leucemia humana era o arabinosídeo de citosina em dose baixa (ARA-C) **(Chomienne et al., 1986a; Poirier et al., 1986)**.

Assim, os doentes tratados com doses baixas de ARA-C obtiveram uma remissão completa **(Housset et al., 1982)**. Contudo, vários efeitos citotóxicos dificultaram a demonstração da indução pura da diferenciação. **Breitman et al. (1981)** demonstraram uma diferenciação terminal em culturas primárias de células HL-60 e de células de doentes com APL na presença de ácido retinóico (AR). Ao testar mais de 60 amostras de medula óssea de doentes com leucemia mieloide aguda (LMA) com vários agentes de diferenciação, **(Chomienne et al., 1986b)** demonstraram que o ATRA era potencialmente 10 vezes mais eficaz do que os retinóides 13-cis (ou 4 OXO). O ATRA foi utilizado pela primeira vez para tratar doentes com APL em 1987 no Hospital Rui-Jin em Xangai. Em Xangai, foi proposto o tratamento com 45mg4n24i de ATRA para os doentes recentemente diagnosticados **(Huang et al., 1988)** e em Paris para os doentes que apresentavam uma primeira recaída ou uma recaída subsequente **(Castaigne et al., 1990; Degos et al., 1990)**. As taxas de remissão completa atingiram 95%.

A especificidade do tratamento com ATRA para a LPA e a localização do gene do recetor alfa do ácido retinóico (RARα) por **Mattei et al. (1988)** no braço longo do cromossoma 17, num local próximo daquele em que os citogeneticistas tinham localizado os pontos de quebra, levaram Laurent Degos, Christine Chomienne e Hughes de The a efetuar mais investigações. Concluíram que, na APL, o gene do recetor RARα sofre um rearranjo **(Chomienne et al., 1990b)**. Entretanto, Christine Chomienne, juntamente com Laurent Degos (Hospital St Louis em Paris), e Hugues de The e Anne Dejean no Instituto Pasteur, continuaram a sua investigação e clonaram e sequenciaram o ponto de quebra no gene RARα **(de**

**The et al., 1990)** utilizando a linha celular NB4, estabelecida por Michel Lanotte a partir de um doente com APL **(Lanotte et al., 1991)** e células APL frescas. O gene parceiro foi inicialmente designado por myl. Duas outras equipas realizaram investigações concomitantes: uma, chefiada por Ellen Solomon **(Borrow et al., 1990)**, trabalhou no cromossoma 17 e a outra, chefiada por Pier Giuseppe Pelicci **(Longo et al., 1990)**, concentrou-se em vários genes parceiros candidatos localizados no cromossoma 17, tendo encontrado o mesmo ponto de quebra no gene RARα. Um ano mais tarde, o gene parceiro do RARα na translocação 15; 17 foi completamente sequenciado simultaneamente por **de The et al., (1991)** e **Kakizuka et al., (1991)**. O gene foi renomeado PML para leucemia promielocítica, em vez de myl, o que pode ter levado a confusão com um gene da cadeia leve da miosina.

O tratamento tinha um grande inconveniente: os doentes que obtinham uma remissão completa com ATRA, quer isoladamente quer em combinação com uma terapêutica de manutenção de baixa dose, recaíam normalmente no espaço de poucos meses (mediana de 5 meses durante o tratamento contínuo com ATRA) **(Castaigne et al., 1990; Chen et al., 1991; Warrell et al., 1991)**. Estes resultados levaram os clínicos franceses a iniciar uma terapêutica combinada, consistindo primeiro em ATRA até à remissão completa, seguida de quimioterapia intensiva, de modo a combinar o efeito positivo dos dois tratamentos.

Assim que o gene de fusão PML-RARα foi clonado em 1990, biólogos e clínicos estabeleceram um método de reação em cadeia da polimerase com transcrição reversa (RT-PCR) concebido para determinar a remissão molecular e para monitorizar os doentes relativamente à doença residual mínima **(Biondi et al., 1992; Castaigne et al., 1992)**. A RT-PCR não só contribuiu para a avaliação diagnóstica como também foi um instrumento sensível para o acompanhamento dos doentes.

### 2.1.1.3 O período pós-ATRA (1991-2002): A Biologia Molecular da LPA

No final de 1995, a teoria proposta era que: (1) a APL é devida ao gene de fusão (PML-RARα) e à proteína PML-RARα; (2) a porção RARα comprometida actua como uma molécula negativa dominante, reprimindo o programa normal de RARα para a diferenciação mieloide, levando a um bloqueio no estádio de promielócito; e (3) a porção PML comprometida perturba os corpos nucleares. Por um processo desconhecido, o ácido retinóico restabeleceu tanto a diferenciação mieloide como as estruturas nucleares danificadas.

Em 1971, um grupo chinês da Universidade de Medicina de Harbin, na Manchúria, começou a utilizar o arsénio para tratar várias doenças malignas. Em 1995, durante a reunião da Sociedade Chinesa de Hematologia em Da Lian, na Manchúria, dois grupos de Harbin comunicaram que tinham sido utilizados 10 mg/d de trióxido de arsénio purificado (ATO) com resultados positivos em cada uma das suas séries. O efeito clínico do trióxido de arsénio foi confirmado, primeiro por **Soignet et al. (1998)** no Memorial Sloan Kettering Cancer Center, e depois por vários grupos na Europa e no Japão. Tal como o ATRA, o arsénio melhorou a diátese hemorrágica em APL e eliminou não só a fibrinólise primária, mas também a CIVD, reduzindo assim a atividade pró-coagulante da membrana e o teor de fator tecidular das células APL **(Zhu et al., 1999)**.

## 2.1.2 Incidência e Prevalência de APL

A incidência real de LPA não é conhecida. A incidência da leucemia promielocítica aguda representa aproximadamente 10% a 15% dos casos de leucemia mieloide aguda (LMA) **(Stone e Mayer, 1990; Warrell et al., 1993)**. De acordo com os dados do registo SEER do Instituto Nacional do Cancro (de 1992 a 2007), a incidência anual ajustada à idade (novos casos diagnosticados) de LPA foi de 0,23 por 100 000 pessoas. A incidência de APL é igual entre os homens e as mulheres. Dadas as actuais limitações dos registos de base populacional, estima-se que o número real de novos casos diagnosticados de APL por ano nos EUA seja de 600 a 800.

A incidência de APL é muito baixa em crianças com menos de 10 anos de idade, aumenta de forma constante durante a adolescência, atinge um patamar no início da idade adulta e mantém-se constante até diminuir após os 60 anos de idade. A grande maioria dos casos de APL é diagnosticada entre os 20 e os 50 anos de idade, embora tenha sido documentada evidência da t(15;17)(q22;q21) em recém-nascidos **(McHale et al., 2003; Elfenbein et al., 2000)**, sugerindo que este rearranjo pode ocorrer durante o desenvolvimento hematopoiético no útero.

A incidência de APL é mais elevada entre os doentes de ascendência latino-americana **(Douer, 2003)** e nos países latino-americanos **(Mejia-Arangure et al., 2005)**. Na Costa Rica, a APL foi responsável por 34% dos 167 casos de LMA de novo **(Bozaet al., 2004).** Além disso, a incidência de APL varia em Espanha.

Finalmente, a distribuição dos pontos de quebra no gene PML durante a formação do rearranjo do gene PML-RARa específico da APL difere entre os latino-americanos e outros doentes. Na APL em doentes de origem latino-americana residentes em Los Angeles, Peru e México, 63%-75% dos pontos de quebra no gene PML ocorreram no intrão 6 (região de agrupamento de pontos de quebra bcr-1) **(Ruiz-Arguelles et al., 2004)**.

Existem poucos dados sobre a incidência e a frequência da leucemia promielocítica aguda (LPA) nos países em desenvolvimento. Os dados sobre os resultados dos doentes com LPA da Índia são muito escassos, havendo apenas alguns estudos disponíveis em hospitais. Num estudo retrospetivo realizado por **(Mashood et al., 2012)**, os autores referiram uma incidência de LPA de cerca de 12,6%, que é a incidência mais elevada na Índia registada até à data, com um rácio de homens: mulheres de 3:1. Noutro estudo realizado por **(Bajpai et al., 2011)**, o autor registou apenas 43 casos durante um período de 10 anos.

Em Caxemira, não existem dados disponíveis sobre a incidência de LPA, à exceção de um estudo realizado num hospital por **(Tanzeela et al., 2011)**, em que o autor comunicou uma incidência de 12% entre as leucemias mielóides agudas mais frequentes em Caxemira. Também relatámos uma incidência semelhante ao longo de um período de 3 anos da nossa observação no único hospital de cuidados terciários do vale.

### 2.1.3 Factores de risco

Uma vez que o gene RARa está envolvido na regulação da hematopoiese e da adipogénese, os factores constitucionais ou ambientais que conduzem à desregulação do RARa podem aumentar a adipogénese e predispor o RARa à recombinação ilegítima durante a hematopoiese. Os factores ambientais podem afetar a função da via dos retinóides, tal como demonstrado pelo facto de a composição dos lípidos na dieta do robalo europeu poder causar uma desregulação do RARα e malformações esqueléticas durante o desenvolvimento larvar **(Villeneuve et al., 2005)**.

A LPA que se apresenta como uma neoplasia maligna secundária ou relacionada com o tratamento tem também caraterísticas clínicas e epidemiológicas únicas. Em primeiro lugar, o etoposídeo está claramente associado à LMA relacionada com o tratamento, mas representa apenas uma minoria dos casos de APL relacionados com o tratamento. Outros inibidores da topoisomerase II, como as antraciclinas e a antracenediona (mitoxantrona), estão mais frequentemente associados a APL relacionados com o tratamento **(Pedersen-Bjergaard, 2005)**. É interessante notar que, nos casos de APL relacionados com a mitoxantrona, os pontos de quebra no gene PML estão localizados numa região curta de 8 pb do intrão 6, ao passo que nos APL primários ou nos APL relacionados com outros agentes, os pontos de quebra estão dispersos no intrão 6 **(Mistry et al., 2005)**. As mulheres com cancro da mama ou dos órgãos reprodutores representam cerca de 70% de todos os casos de SAF secundário, embora muitas tenham recebido apenas radioterapia, terapia hormonal ou cirurgia para o seu cancro primário. Estas observações sugerem que o cancro da mama aumenta a predisposição para APL independentemente do tratamento, embora a mitoxantrona possa amplificar a predisposição **(Beaumont et al., 2003; Pulsoni et al., 2002)**.

### 2.1.4 Apresentação clínica

Normalmente, a APL com translocações complexas, crípticas e variantes apresenta as mesmas caraterísticas clínicas que a APL clássica, com t(15;17) identificada por estudos citogenéticos. Os doentes apresentam frequentemente leucopenia e sintomas de pancitopenia, incluindo fraqueza, fadiga, infeção e hemorragia; no entanto, na variante hipogranular menos comum de APL, a leucocitose é a norma. Verificou-se que os casos sem rearranjos RARα, mas ainda morfológica e imunofenotípicamente compatíveis com o diagnóstico de APL, também apresentam leucocitose **(Sainty et al., 2000)**.

O diagnóstico precoce da APL é imperativo, uma vez que está associado a um risco elevado de coagulação intravascular disseminada, uma síndrome hemorrágica potencialmente fatal. Os doentes com coagulação intravascular disseminada podem apresentar numerosas anomalias laboratoriais, incluindo D-dímero elevado, fibrinogénio baixo e tempos de hemorragia prolongados. O risco de coagulação intravascular disseminada é mais elevado em doentes com a variante microgranular de APL **(Barbuiet al., 1998)**.

Mais de 50 por cento de todos os doentes com APL têm perturbações pronunciadas da coagulação, incluindo um risco elevado de hemorragias intracerebrais potencialmente fatais, bem como de hemorragias na pele, nas membranas mucosas, no trato gastrointestinal e nos pulmões. A tendência para a hemorragia depende da gravidade da trombocitopenia. São necessários 5-8 dias para que a coagulopatia melhore com o tratamento.

O exame físico pode revelar palidez, petéquias e áreas de equimose. Pode ser evidente a hemorragia das gengivas. Pode ser ouvido um sopro de fluxo em doentes com anemia grave. Podem estar presentes défices neurológicos ou cefaleias se tiver ocorrido envolvimento do sistema nervoso central (SNC).

### 2.1.5 Caraterísticas histológicas e patológicas

Existem 2 variantes morfológicas de APL, a APL hipergranular ou "típica" (M3) e a APL hipogranular ou "microgranular" (M3v) segundo a classificação FAB **(Sainty et al., 2000)** (Fig. 2.1). Ambas as formas apresentam promielócitos com núcleos bilobados anormais. A APL hipergranular compreende aproximadamente 60% a 70% dos casos de APL e apresenta uma contagem baixa de glóbulos brancos e promielócitos anormais com numerosos grânulos citoplasmáticos vermelhos a púrpura que são tipicamente mais escuros e maiores do que os grânulos normais dos neutrófilos. Na maioria dos casos, são identificáveis células faggot/matchstick com numerosos bastonetes de Auer **(Sainty et al., 2000; Bennettet al., 1976)**. Por outro lado, a APL hipogranular apresenta-se com leucocitose, e numerosos promielócitos anormais são facilmente identificados num esfregaço de sangue periférico. As células são caracterizadas por um núcleo marcadamente irregular e a granulação é mais esparsa e fina em comparação com a variante hipergranular. As células Faggot com múltiplos bastonetes de Auer são menos frequentemente observadas. Apesar destas diferenças, pelo menos algumas células com todas as caraterísticas citoplasmáticas de M3 são normalmente identificadas na variante hipogranular de APL **(Sainty et al., 2000; Bennett et al., 1976)**.

Os casos de APL que não apresentam uma t(15;17)(q24.1;q21.2) clássica, mas que ainda têm rearranjos PML/RARα, não apresentam grandes diferenças na morfologia ou no imunofenótipo em comparação com o APL clássico. No entanto, Sainty et al **(Sainty et al., 2000)** verificaram que existe um ligeiro excesso da variante hipergranular de APL nestes casos em comparação com a APL clássica.

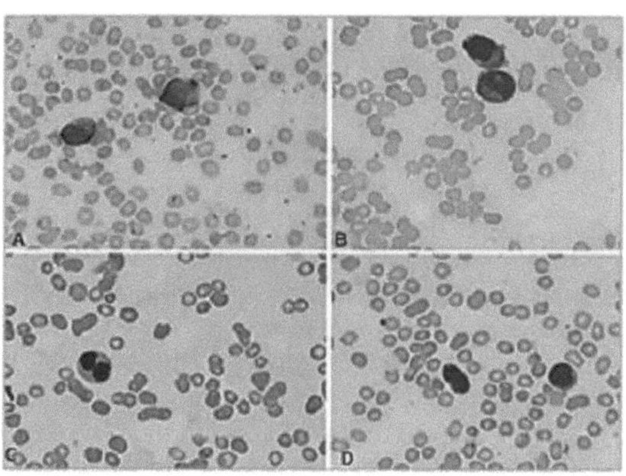

**Figura 2.1: Várias morfologias dos promielócitos na APL. A, APL com promielócitos grandes com contornos nucleares irregulares, citoplasma hipergranular e bastonetes de Auer ocasionais. B, APL com promielócitos monolobados com microgrânulos citoplasmáticos densamente compactados. C, APL com promielócitos pelgeroides com citoplasma hipogranular. D, APL com promielócitos hipogranulares e raros bastonetes de Auer. (Cortesia: Julia Adams &Mehdi Nassiri, 2015).**

No que se refere aos casos de APL com translocações variantes, a maioria é morfologicamente semelhante ao APL clássico, sendo a principal exceção o APL PLZF- RARα t(11;17), que apresenta achados citológicos distintos. O diagnóstico de APL t(11;17) pode ser difícil com base apenas na morfologia, porque os blastos têm um núcleo mais regular em comparação com o núcleo bilobado tipicamente encontrado na APL **(Sainty et al., 2000)**. Para além da caraterística invulgar de terem um núcleo regular, os blastos da APL t(11;17) também são caracterizados por grânulos grosseiros ou (menos frequentemente) finos ou sem grânulos, e ocasionalmente têm uma cromatina nuclear mais condensada em comparação com a APL clássica. Outra caraterística importante desta variante é a presença de um número aumentado de neutrófilos pelgeroides hipogranulares. De um modo geral, a variante t(11;17) da APL parece ter caraterísticas morfológicas intermédias entre a FAB M2 (leucemia mieloblástica aguda com maturação granulocítica) e a FAB M3, na medida em que os blastos são mais granulares do que os da M2, mas menos granulares do que os da M3, não se identificam células faggot, há perda do núcleo estriado bilobado caraterístico da APL, a cromatina nuclear é mais condensada e não há o contorno nuclear obscurecido que se observa tipicamente na M2 **(Sainty et al., 2000)**.

Foram registadas associações morfológicas com várias outras formas variantes de APL; contudo, o significado destas associações não é totalmente conhecido devido ao número reduzido de casos observados.

Existem várias caraterísticas imunocitoquímicas e imunohistoquímicas da LPA clássica, muitas das quais também se encontram na LPA com translocações crípticas e variantes. As colorações citoquímicas podem ser úteis na LPA, uma vez que todas as formas de LPA apresentam uma forte coloração para a mieloperoxidase e reacções de Sudan black, ajudando assim na diferenciação da

LMA com diferenciação monocítica, que será tipicamente negativa para a mieloperoxidase ou terá apenas uma coloração fraca nos promonócitos. Além disso, a coloração imuno-histoquímica para os domínios oncogénicos PML pode ser útil porque os casos de LPA apresentam um padrão de marcação caraterístico com anticorpos PML que é nitidamente diferente das células não LPA.

## 2.2 Parceiros de fusão na patogénese da APL

A leucemia promielocítica aguda (LPA) representa uma variante biológica e clínica distinta da leucemia mieloide aguda (LMA), caracterizada pela presença da translocação cromossómica específica t(15;17) nos blastos leucémicos. Esta translocação envolve o gene do recetor-alfa do ácido retinóico (RARα) no cromossoma 17 e o gene da leucemia promielocítica (PML) no cromossoma 15, dando origem aos genes quiméricos PML/RARα e RARα/PML. Para além do seu papel na patogénese da APL, estes genes têm funções celulares distintas.

### 2.2.1 Gene da Leucemia Promielocítica (PML)

O gene supressor de tumores da leucemia promielocítica (PML) foi inicialmente identificado como um componente da oncoproteína PML-Retinoic Acid Recetor Alpha (RARα) em resultado da translocação cromossómica t (15;17) da leucemia promielocítica aguda (LPA) **(de The et al., 1990; Goddard et al., 1991; Kakizuka et al., 1991; Pandolfi et al., 1991)**. O gene PML humano está localizado no cromossoma 15 e é constituído por nove exões que geram vários transcritos com splicing alternativo.

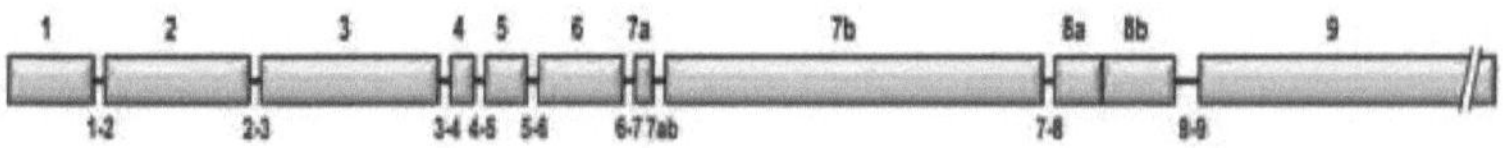

**Figura 2.2: Estrutura do gene PML (Cortesia: Nisole et al., 2013)**

As isoformas do PML são geradas por splicing alternativo a partir de um único gene PML, que inclui nove exões de acordo com a nomenclatura original definida por **(Jensen et al., 2001)**. Os exões 7 e 8 podem ser divididos em exões 7a, 7b, 8a e 8b. Algumas isoformas também contêm a sequência intrónica 7ab na totalidade (7ab) ou em parte (7ab*) (Fig.2.2). Existem seis isoformas nucleares de PML designadas PMLI a PMLVI e uma isoforma citoplasmática, PMLVIIb (designada PMLVII em algumas publicações) **(Jensen et al., 2001)** (Fig. 2.3).

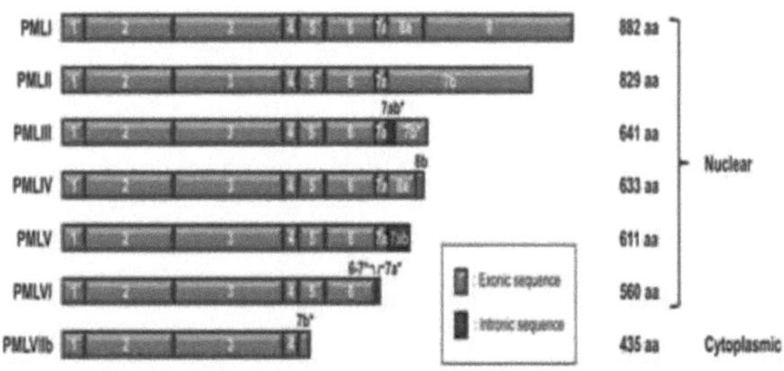


**Figura 2.3: Estrutura das isoformas de PML geradas por splicing alternativo (Courtsey: Nisole et al., 2013)**

O splicing alternativo da PML dá origem a várias isoformas com diferentes pesos moleculares e estão numeradas pela ordem inversa do seu tamanho. A PMLI é a isoforma mais longa e é composta por 882 aminoácidos, enquanto a mais curta é a PMLVIIb (435 aminoácidos). Partilham a mesma região N-terminal, mas têm C-terminais diferentes devido ao splicing alternativo dos exões 49. Para além das sete isoformas principais (PMLI a PMLVIIb), podem ser expressas outras potenciais isoformas de PML em resultado de um splicing alternativo putativo dos exões 4, 5 e 6.

## 2.2.2 A proteína PML.

O PML, quando expresso após transfecção em células, é detectado como uma série de bandas proteicas de 90-100 kD, bem como um conjunto de bandas na gama dos 70 kD, tal como previsto a partir da sequência de aminoácidos **(Daniel et al., 1993; Chang et al., 1995; Flenghi et al., 1995)**. O PML endógeno é detectado como uma espécie de 90 kD juntamente com uma variedade de outras espécies de proteínas (150-50 kD) devido a splicing alternativo e modificações covalentes **(Chang et al., 1995; Grotzinger et al., 1996; Chelbi-Alix et al., 1995; Sternsdorf et al., 1997; Muller et al., 1998; Kamitani et al., 1998)**. A sequência PML contém sítios potenciais de caseína quinase II e de quinase dirigida à prolina, e estudos de marcação com 32P demonstraram que a PML é fosforilada em resíduos de serina e, em menor grau, em resíduos de tirosina **(Grignani et al., 1994; Kastner et al., 1992; Chang et al., 1995)**. Alguns dos locais são constitutivamente fosforilados e outros podem depender do ciclo celular **(Mu et al., 1996)**. A este respeito, verificou-se que o PML é um substrato para a fosforilação pela ciclina A/cdk2 **(Chang et al., 1995; Mu et al., 1996)** in vitro.

## 2.2.3 Organização modular da proteína PML

Com base na sua homologia com outras proteínas, o PML pode ser considerado como sendo constituído por regiões com uma relevância funcional putativa distinta.

### 2.2.3.1 O dedo RING, as caixas B1 e B2: O domínio putativo de ligação ao ADN do PML.

A região N-terminal do PML contém três grupos ricos em resíduos de cisteína e histidina que se mantêm em todas as isoformas do PML e do PML/RARa. O primeiro grupo corresponde a um novo motivo de dedo de zinco (motivo RING) que define uma família de proteínas recentemente reconhecida com funções, quando conhecidas, que requerem a ligação ao ADN **(Goddard et al., 1991; Freemont et al., 1991; Reddy et al., 1992; Lovering et al., 1993)**. Estas funções incluem: (1) regulação do desenvolvimento (p. ex., o gene XNF-7 em Xenopus); (2) regulação da expressão genética (p. ex., RPT-1) que afecta a expressão do gene do recetor da interleucina-2; (3) reparação do ADN danificado pelos raios UV (p. ex., Radl8); (4) recombinação do ADN (p. ex., RAG-1). O facto de o RING ser um domínio de dedo de zinco com atividade de ligação ao ADN é apoiado pelo facto de um péptido RING ligar o zinco com coordenação tetraédrica a cisteínas e ao ADN de forma dependente do zinco **(Lovering et al., 1993)**.

Um grupo de genes RING contém uma região rica em cisteína/histidina, designada por caixa B, que corresponde a um domínio adicional putativo de dedo de zinco **(Freemont et al., 1991; Reddy et al., 1992)**. O PML pertence à família das caixas RING+B, que também inclui XNF7, T18, rfp, rptl e o antigénio automático de ligação ao ARN humano SS-A/Ro. O PML contém duas caixas B, que correspondem ao segundo e terceiro cluster rico em cisteína/histidina (Fig. 2.4). O suporte indireto para a função putativa de ligação ao ADN da PML deriva da sua localização nuclear. A proteína apresenta um padrão tipicamente salpicado no interior do núcleo por imunocoloração **(Kastner et al., 1992; Daniel et al., 1993)**. A região responsável pela localização nuclear foi preliminarmente mapeada dentro da hélice α (Fig.2.4), enquanto a região responsável pela distribuição salpicada foi mapeada dentro do dedo RING **(Kastner et al., 1992; Perez et al., 1993)**.

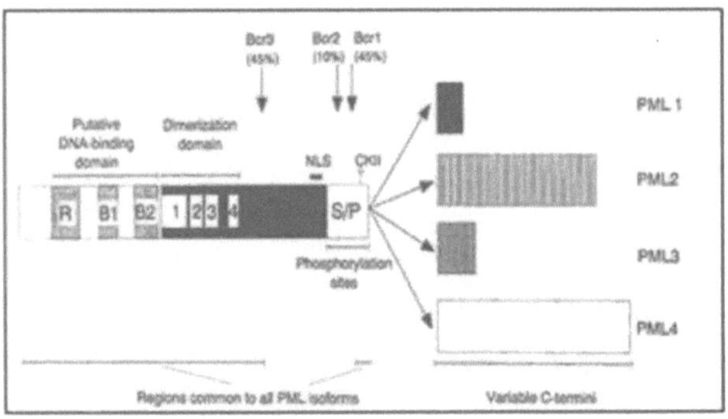


**Figura 2.4: Organização modular das proteínas PML. O diagrama mostra a organização modular das várias isoformas de PML identificadas até à data. (Cortesia: Grignani et al., 1994).**

## 2.2.3.2 A hélice α e o domínio de dimerização.

Imediatamente C-terminal à região tipo finger está uma região que pode formar múltiplas α-hélices. Uma porção da α-hélice tem o potencial de assumir uma configuração de bobina enrolada e contém quatro grupos de repetições heptadecimais com aminoácidos hidrofóbicos na primeira, quarta e oitava posição **(Perez et al., 1993; Forman e Samuels, 1990)**. A hélice α sem as repetições heptadecimais é retida de forma variável nas diferentes isoformas de PML, enquanto as regiões fingerlike e coiled-coil são retidas em todas, sugerindo que todas têm potencial para se ligarem ao ADN e formarem homodímeros e/ou heterodímeros **(Fagioli et al., 1992)**.

#### 2.2.3.3 A região serina/prolina, o local de fosforilação da CKII e os terminais C variáveis.

A região carboxiterminal da hélice α é rica em serina e prolina. Contém várias repetições do tipo X-S-P-X que foram identificadas como a sequência mínima de reconhecimento de uma serina/treonina quinase e um local de fosforilação da caseína quinase II (CKII) **(Fagioli et al., 1992)**. A fosforilação pela CKII é uma modificação pós-tradução partilhada por muitos factores de transcrição e geralmente associada a modificações da sua atividade biológica **(Hunter e Karin, 1992)**. Foram identificados quatro terminais C alternativos. Apenas o local CKII é mantido em todas as isoformas do PML **(Fagioli et al., 1992)**.

O motivo TRIM, que inclui um dedo RING, duas B-boxes e um domínio previsto de bobina enrolada, demonstrou ser importante para a multimerização da PML, uma caraterística responsável por uma das propriedades mais marcantes desta proteína, nomeadamente a capacidade de gerar estruturas nucleares denominadas corpos nucleares da PML (PML NBs) **(Lallemand B e de The, 2010)**. Estes corpos são altamente dinâmicos e alteram a sua morfologia e composição bioquímica de uma forma dependente do ciclo celular. Por exemplo, durante a entrada em mitose, vários componentes residentes nos NB do PML, incluindo Daxx, Sp100 e SUMO, são perdidos concomitantemente com a formação de agregados de NB do PML designados por conjuntos mitóticos de proteínas do PML (MAPPs), enquanto a transição da mitose para a fase G1 coincide com a exclusão dos NB PML dos núcleos da progenitura e a formação de complexos com nucleoporinas e filamentos de microtúbulos para formar conjuntos citoplasmáticos de PML e nucleoporinas (CyPNs) **(Chen et al., 2008; Dellaire et al., 2006b; Jul- Larsen et al., 2009)**.

Embora os PML-NBs tenham a capacidade de recrutar um grande número de componentes proteicos diferentes, a PML é, até à data, a única proteína que demonstrou ser necessária para a sua formação. Por esta razão, é amplamente assumido que a capacidade de montar estes compartimentos celulares representa uma parte integrante da biogénese do PML. No entanto, ainda falta definir claramente o mecanismo molecular envolvido na montagem e função do NB do PML.

## 2.3 Funções do gene PML

Várias linhas de evidência sublinham o papel da PML na supressão de tumores, na senescência e na apoptose. Além disso, o PML tem sido implicado noutras funções celulares importantes, como a neoangiogénese, a migração celular, a resposta a danos no ADN, a defesa antiviral e, mais recentemente, na regulação da manutenção das células estaminais hematopoiéticas (HSCs) (Fig. 2.5).

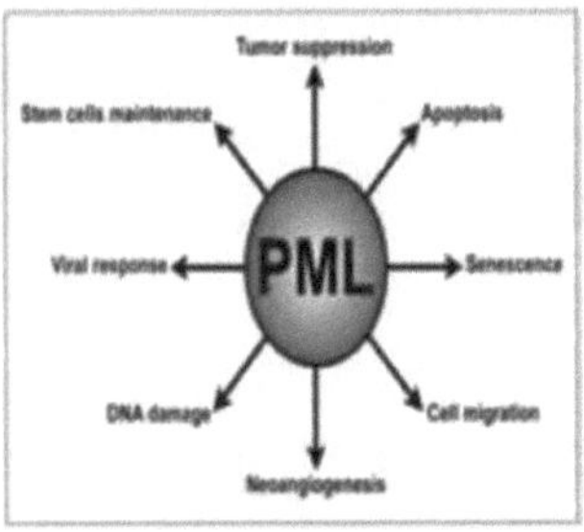


**Figura 2.5: Funções do gene PML (Cortesia: Guan e Kao, 2015).**

## (A) Senescência celular:

A senescência replicativa é o fenómeno pelo qual as células sofrem uma paragem irreversível do ciclo celular, perdendo a capacidade de se dividirem e proliferarem. Vários laboratórios demonstraram que o PML é um regulador chave da senescência celular induzida por oncogenes. O PML consegue este efeito através de vários mecanismos complementares e interligados. O KRAS oncogénico induz a senescência de uma forma dependente do p53. Neste contexto, o PML é regulado por via transcricional e promove o recrutamento para os PML-NBs do coactivador transcricional p300/CBP, o que, por sua vez, conduz à acetilação do p53 e à consequente ativação transcricional **(Ferbeyre et al., 2000; Pearson et al., 2000)**. Nomeadamente, o próprio PML é um gene alvo do p53 **(de Stanchina et al., 2004)**. Subsequentemente, verificou-se também que o PML induz igualmente a senescência através da via do retinoblastoma (Rb) em fibroblastos humanos **(Mallette et al., 2004)**.

## (B) Apoptose:

A PML promove a apoptose principalmente pela sua capacidade de interagir com a p53 **(Wang et al., 1998)**. Além disso, foi também atribuída uma função pró-apoptótica à isoforma citoplasmática da PML **(Giorgi et al., 2010)**.

## (C) Neoangiogénese:

A deficiência do gene supressor de tumor da leucemia promielocítica aumenta a neoangiogénese em modelos de ratinhos. O PML consegue este efeito reprimindo a atividade transcricional do HIF1 e controlando a acumulação de HIF1 através da regulação negativa da via AKT-mTOR **(Bernardi et al., 2006)**.

## (D) Migração celular:

O gene supressor de tumor da leucemia promielocítica pode regular negativamente a expressão da integrina β1. Por conseguinte, o PML está envolvido na regulação da migração celular, prevenindo a ocorrência de metástases **(Reineke et al., 2010)**.

## (E) Resposta aos danos no ADN:

Foi relatado que várias proteínas envolvidas na reparação do ADN residem em PML-NBs. Por conseguinte, o PML também está envolvido na reparação do ADN, embora os mecanismos ainda não estejam completamente claros **(Dellaire e Bazett-Jones, 2004)**.

## (F) Defesa antiviral:

Várias proteínas virais interagem com PML e PML-NBs **(Everett, 2001)**. Numerosos estudos sublinham o papel do PML e dos PML-NBs na resposta antiviral do hospedeiro **(Geoffroy e Chelbi-Alix, 2011)**.

## (G) Manutenção de células estaminais hematopoiéticas:

A PML foi recentemente envolvida na manutenção de HSCs **(Ito et al., 2008)** e na regulação da divisão assimétrica de células estaminais. A PML consegue este efeito através da regulação dos receptores activados por proliferadores de peroxissoma (PPAR)-δ, que por sua vez promovem a oxidação de ácidos gordos (FAO). Neste contexto, a inativação de PML, PPAR-δ ou FAO resulta na divisão simétrica de HSCs e na perda das suas capacidades de auto-renovação **(Ito et al., 2012)**.

## 2.4 Recetor de ácido retinóico

Tanto as abordagens clínicas como experimentais demonstraram que a vitamina A (retinol) e os seus derivados biologicamente activos (coletivamente designados por retinóides), sobretudo os ácidos retinóicos (AR) **(Blomhoff, 1994)**, exercem uma grande variedade de efeitos profundos no desenvolvimento, diferenciação celular e homeostasia dos vertebrados. Após a descoberta, em 1987, de um recetor do ácido retinóico (atualmente conhecido como RARα1) **(Petkovich et al., 1987; Giguere et al., 1987)** pertencente à superfamília de reguladores nucleares da transcrição activados por ligandos, que inclui receptores de hormonas esteróides, hormonas da tiroide e vitamina D3, surgiu um conjunto complexo de efeitos combinatórios que revolucionou os nossos conhecimentos moleculares sobre a forma como os retinóides podem exercer os seus efeitos pleiotrópicos.

A existência de várias formas de AR (AR totalmente trans, AR 9-cis, AR totalmente trans 3-4 didehidro, AR 4-oxo), cuja síntese pode ser modulada especificamente a nível celular, representa um primeiro nível de complexidade. Tem sido amplamente aceite que as proteínas citoplasmáticas de ligação dos AR, CRABP1 e CRABP11, que são conservadas em vertebrados e apresentam padrões de expressão específicos, correspondem a um segundo nível de complexidade na via de ligação dos retinóides.

Em contrapartida, estudos genéticos no rato **(Kastner et al., 1995)** apoiam fortemente a conclusão de que uma importante fonte de diversidade na transdução do sinal retinoide é gerada através da existência de duas famílias de receptores RA, os RAR e os RXR, e da sua ligação como heterodímeros RXR/RAR a elementos de resposta polimórficos cis-acting (RARE) de genes alvo RA

**(Keaveny e Stunnenberg, 1995 ; Leid et al, 1992 ; Napoli,1996 ; Giguere, 1994 ; Petkovich, 1992 ; Parker, 1993 ; Chambon, 1994 ; Mangelsdorf et al., 1994 ; Glass, 1994 ; Tsai e O'Malley, 1994 ; Mangelsdorf e Evans, 1995 ; Mangelsdorf et al., 1995 ; Croiremeyer e Laudet, 1996)**. Por último, a possibilidade de modulação cruzada (cross-talk) com as vias de sinalização dos receptores de superfície celular, bem como as recentes descobertas de que os RAR e os RXR interagem com múltiplos coactivadores putativos (mediadores da transcrição) e/ou co-repressores, geram níveis adicionais de complexidade para o conjunto de efeitos combinatórios subjacentes aos efeitos pleiotrópicos dos retinóides.

### 2.4.1 Duas famílias de Receptores de Ácido Retinóico

Duas famílias de receptores nucleares, os RARs e os RXRs, cada uma constituída por três isótipos (α, β e γ) codificados em genes separados, têm o potencial de transduzir o sinal RA in vivo; isto é único entre as vias de sinalização dos receptores nucleares e sublinha o papel excecional desempenhado pelos retinóides no desenvolvimento e homeostase dos vertebrados **(Kastner et al., 1994; Keaveny e Stunnenberg, 1995; Leid et al., 1992; Giguere, 1994)**. A família RAR (RAR α, β e γ) é activada tanto por all-trans (tRA) como por 9-cis HA (9cRA), enquanto a família RXR (RXR α, β e γ) é activada exclusivamente por 9cRA. Existem três genes RAR distintos em humanos, denominados RAR-α **(Petkovich, et al., 1987)**, RAR-β **(Brand et al., 1988)** e RAR-γ **(Krust et al., 1989)**. As sequências de aminoácidos previstas de RAR-α, RAR-β e RAR-γ, que indicam massas moleculares relativas para as proteínas de aproximadamente 50000, são muito semelhantes nos domínios B,C, D e E, mas não têm semelhança significativa nos domínios A e F. Existem também três genes RXR em humanos, roedores e galinhas, denominados RXR-α, RXR-β e RXR-γ **(Mangelsdorf et al., 1990; 1992; Yu et al., 1991; Roweet al., 1991;Leidet al.,1992)**.As sequências de aminoácidos previstas para RXR-α, RXR-β e RXR-γ são muito semelhantes nos domínios B, C, D e E, mas não nos domínios A e F. O domínio C de ligação ao ADN é altamente conservado entre as classes RAR e RXR, mas não existe uma identidade significativa de aminoácidos entre os outros domínios dos RARs e dos RXRs.

### 2.4.2 Recetor alfa do ácido retinóico (RARα)

O RARa é um membro de uma família de receptores do ácido retinóico localizada no cromossoma 17, contém 10 exões e dois promotores, que controlam a expressão de duas isoformas principais (RARα1 e RARα2) que diferem nas sequências correspondentes às suas regiões 5'-untranslated (5'- UTR) e A (Fig. 2.6). As sequências das regiões B a F, no entanto, são comuns a ambas as isoformas. Embora a expressão da isoforma RARα1 seja ubíqua, a isoforma RARa2 é expressa de forma dependente de ATRA e específica para cada tecido **(Brand et al., 1990)**.

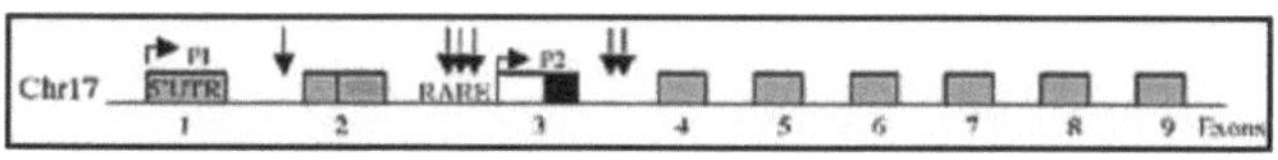


**Figura 2.6: Estrutura do gene RARα (Cortesia: Pandolifi PP, 2001)**

Os RARa apresentam a estrutura modular conservada dos receptores nucleares e a sua sequência de aminoácidos pode ser dividida em seis regiões (A-F) com base na homologia entre si e com outros membros da superfamília dos receptores nucleares **(Kastner et al., 1994; Chambon 1994)** (Fig.2.7).

A região central C, com 66 aminoácidos de comprimento, que contém dois motivos de ligação ao zinco (tipo "dedo de zinco"), corresponde ao núcleo do domínio de ligação ao ADN (DBD) responsável pela especificidade do reconhecimento dos elementos de resposta (REs) conhecidos . Numa dada espécie, a região C é altamente conservada entre os três tipos de RAR (94-97%).

A região E, com 220 aminoácidos de comprimento, que também é altamente conservada entre os três tipos de RAR (84-90%), é funcionalmente complexa porque contém o domínio de ligação ao ligando (LBD), a função de ativação transcricional dependente do ligando AF-2 e uma superfície de dimerização. Ao contrário dos receptores de hormonas esteróides, os LBD dos receptores de ácido retinóico (bem como os dos receptores TR e VDR) não interagem com complexos de proteínas de choque térmico **(Dalnian et al., 1991)**.

A conservação interespécies da DBD e da LBD de um determinado tipo de RAR é ainda maior do que a semelhança encontrada quando se comparam os três tipos de RAR numa determinada espécie, o que sugere que as propriedades de ligação ao ADN e aos ligandos dos vários tipos de RAR podem apresentar diferenças funcionais subtis.

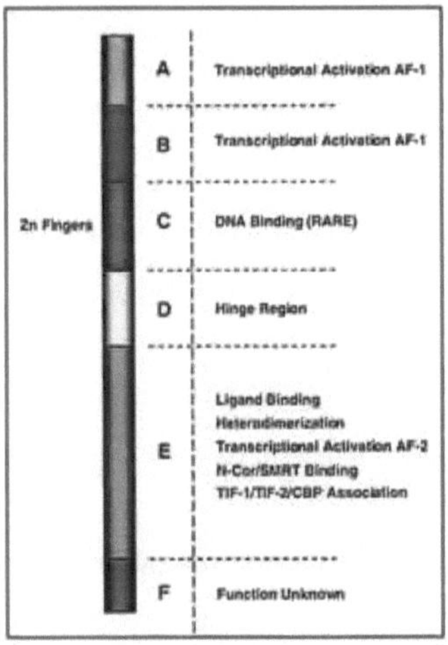


**Figura 2.7: Estrutura do recetor RARα**
**(Cortesia: Melnick et al.. 1999)**

A região D, localizada entre o DBD e o LBD, é bem conservada entre os tipos de RAR de uma dada espécie, mas a conservação interespécies da região D de um dado RAR é ainda maior, particularmente para a parte central da região D do RAR **(Kastner et al., 1994; Leid et al., 1992)**, o que indica que, para além da sua função de charneira, esta região pode estar envolvida numa função específica do tipo de RAR ainda desconhecida. A função, caso exista, das regiões carboxi-terminais F dos três tipos de RAR é desconhecida. Em contrapartida, foi demonstrado que as regiões A/B amino-terminais dos RAR contêm uma segunda função de ativação da transcrição, denominada AF-1 **(Nagpalet al., 1992; 1993)**. As regiões B dos três tipos de RAR são relativamente bem conservadas, mas as regiões A amino-terminais correspondentes não estão relacionadas. De facto, para cada tipo de RAR, existem várias isoformas que diferem umas das outras na sua região A. Estas isoformas resultam do facto de a região A ser diferente da região B. Estas isoformas resultam da utilização diferencial de dois promotores (dos quais o promotor a jusante, P2, é induzível por RA) e de splicing alternativo **(Kastner et al., 1994; Leid et al., 1992; Chambon, 1994; Croiremeyer e Laudet, 1996).** Existem duas isoformas principais para RARα (αl e α2) e para RARγ (γl e γ2), e quatro isoformas principais para RARβ (β 1- β4). A conservação interespécies da sequência de aminoácidos da região A de uma determinada isoforma RAR contrasta notavelmente com a falta de semelhança entre as regiões A das várias isoformas RAR dentro de uma determinada espécie.

### 2.4.3 Função transcricional do RARα

Os RARs modulam a transcrição através da interação com cofactores. O domínio AF-2 da proteína associa-se a moléculas co-repressoras na ausência de ligando. Foi recentemente demonstrado que estes co-repressores, N-CoR e SMRT **(Chen e Evans, 1995; Horlein et al., 1995)**, fazem parte de um complexo repressor multiproteico que contém também o co-repressor Sin3A e histonas desacetilases **(Pazin e Kadonaga, 1997)**. Este facto sugere que os RAR podem silenciar determinados promotores através de alterações na configuração da cromatina. Os estudos estruturais do RXR e do RAR indicam que, na presença de um ligando, o AF2 altera a sua conformação, disponibilizando novos resíduos **(Chambon, 1996; Bourguet et al., 1995; Bourguet et al., 1995; Renaud et al., 1995)** para se ligar às proteínas coactivadoras. Assim, o RAR ativado por ligandos pode ser melhor imaginado como um complexo multiproteico ligado ao ADN em associação com o RXR e várias proteínas coactivadoras. O complexo ligado ao ligando pode então estimular a transcrição através da interação com factores basais, da alteração da cromatina e do desenrolamento do ADN.

A utilização de ligandos sintéticos específicos para RAR e RXR indica que os complexos RAR/RXR que estimulam a transcrição de genes são responsáveis pelo efeito pró-diferenciação do ATRA **(Chen et al., 1996; Dawson et al., 1994; Kizaki et al., 1994; Benedetti et al., 1996)**, ao passo que os complexos RXR/RXR não podem induzir a diferenciação das células APL. Os RAR também podem reprimir a transcrição através de uma ligação cruzada com outros activadores da transcrição, incluindo a família AP1 de proteínas activadoras **(Pfahl, 1993)**, provavelmente devido à competição por coactivadores limitantes como o CBP **(Kamei et al., 1996; Horvai et al., 1997; Janknecht e Hunter, 1996)**. No entanto, a ação mais importante do RAR na diferenciação mieloide é a sua capacidade de ativar a transcrição através de RAREs, uma vez que os ligandos artificiais que inibem a atividade de AP1 mas não estimulam a transcrição mediada por RARE não induzem a diferenciação mieloide **(Chen et al., 1996; Kizaki et al., 1996)**. Ainda não foi determinado quais os genes chave que são estimulados para afetar a diferenciação mieloide.

### 2.4.4 RARα e diferenciação mieloide

A importância do RAR na diferenciação mieloide foi sublinhada quando Collins et al **(Collins et al., 1990; Robertson et al., 1992; Damm et al., 1993)** desenvolveram uma linha celular HL60 resistente à diferenciação por ATRA. Esta linha de células tinha um RAR mutante negativo dominante com um truncamento no domínio AF-2 C-terminal. A diferenciação destas células sob a influência de ATRA foi restaurada por infeção com um retrovírus que expressa RARα, RARβ ou RARγ de tipo selvagem **(Collins et al., 1990; Robertson et al., 1992)**. Além disso, a expressão de RXR nas células resistentes restaurou a diferenciação mieloide, sugerindo que o recetor mutante pode ter actuado num modo negativo dominante, heterodimerizando com RXR de tipo selvagem e formando um complexo transcricional inativo. A expressão excessiva de RXR superou este bloqueio, talvez recrutando outras isoformas de RAR para mediar a resposta transcricional necessária para a diferenciação.

O RAR pode ajudar a programar o desenvolvimento hematopoiético normal. A indução eritroide de células FDCP mixA4 multipotentes pela eritropoietina foi correlacionada com a desregulação completa da expressão de RAR, ao passo que a diferenciação mieloide induzida pelo fator estimulador de colónias de granulócitos (G-CSF) foi correlacionada com a regulação positiva de RARα, em especial da isoforma RARα2 **(Zelent et al., 1997)**. A introdução de um mutante RARα, com uma deleção no domínio de ligação ao ligante, em uma linha de células hematopoiéticas multipotenciais resultou em uma mudança no destino celular do granulócito / monócito para a linhagem de mastócitos **(Tsai et al., 1992)**. A diferenciação mieloide mediada pelo fator estimulador de colónias de granulócitos e macrófagos (GM-CSF) destas células foi bloqueada na fase de promielócitos, um efeito que pode ser ultrapassado por doses elevadas de ATRA **(Tsai e Collins, 1993)**. Embora o truncamento do RAR no domínio de ligação ao ligando tenha um efeito profundo na diferenciação mieloide, este tipo de mutação não foi identificado numa série de 118 espécimes de cancro humano, incluindo uma série de espécimes frescos de APL **(Morosetti et al., 1996)**. Na leucemia, o gene RARα só é interrompido pela formação de translocações cromossómicas que produzem genes de fusão. A noção de que o RARα negativo dominante funciona através do sequestro de RXR em complexos inactivos foi apoiada pela descoberta de que a sobreexpressão de RARα de tipo selvagem em culturas de medula óssea murina **(Onodera et al., 1995)** levou à acumulação de colónias promielocíticas. Após a adição de ATRA, as colónias de medula óssea com expressão de RARα consistiam principalmente em granulócitos mais diferenciados. Assim, a sobreexpressão de RARα de tipo selvagem, formas truncadas C-terminal de RARα e proteínas de fusão que consistem em parceiros fundidos ao N-terminal de RARα (por exemplo, PML-RARa) podem levar ao bloqueio da diferenciação mieloide no estágio de promielócitos quando as células são cultivadas em níveis fisiológicos ($10^{-8}$ mol/L) de ATRA. Somente níveis farmacológicos de ATRA ($10^{-7}$ a $10^{-6}$ mol/L) podem superar esse bloqueio.

## 2.4.5 Propriedades funcionais dos RARs

### (A) Ligação ao ADN:

Os RARs ou RXRs ligam-se diretamente a elementos cis-acting específicos (RA-responsive elements [RAREs]) localizados na região promotora do gene alvo do RA **(Leroy et al., 1991; de Thi et al., 1990; Smith et al., 1991)**. Os RAREs são polimórficos e contêm uma repetição direta de dois motivos centrais de consenso *5* -PuGG(GZT)TCA- 3 separados por um espaçamento variável (1 a 5 pb). O espaçador, a integridade dos dois motivos e as bases circundantes são fundamentais para a eficiência da ligação e transactivação do RAR **(Leroy et al., 1991; Vivanco-Ruiz et al., 1991; Umesono et al., 1991)**.

### (B) Ligação de ligandos:

Os RAR ligam-se a uma variedade de retinóides diferentes. Os RAR totalmente trans (T-RA), um metabolito da vitamina A, têm uma afinidade de ligação muito elevada. A afinidade de ligação é igualmente elevada para alguns retinóides (3, 4 dideydro T-RA; 9-cis RA) e baixa para outros (13-cis RA). Com exceção do T-RA, que se liga ao RXR com afinidade *muito* baixa, a afinidade de ligação dos retinóides aos RXRs é semelhante à dos RARs **(Allenby et al., 1993; Levin et al., 1992; Heyman et al., 1992; Leroy et al., 1991)**.

### (C) Transactivação da transcrição:

A transactivação da transcrição de genes alvo requer claramente domínios funcionais de ligação ao ADN e de ligação ao ligando. As isoformas da proteína RAR codificadas pelo gene RAR diferem todas nos seus domínios A. Por conseguinte, parece provável que cada uma das proteínas RAR seja diferente na eficiência com que regula a transcrição a partir de promotores de genes-alvo específicos. É provável que as diferenças mais subtis entre as sequências de aminoácidos dos domínios B das proteínas RAR-α, RAR-β e RAR-γ tenham um efeito semelhante, tal como as diferenças subtis entre os domínios E destas moléculas.

### (D) Propriedades de dimerização:

A ligação de alta afinidade dos RARs aos RARE só ocorre se o RXR estiver presente. A base molecular do sinergismo RAR/RXR é a sua dimerização e todas as combinações de RARs e RXRs heterodimerizam. As espécies que se ligam preferencialmente aos RAREs em condições fisiológicas in vivo são os heterodímeros RAR/RXR **(Yu et al., 1991; Zhang et al., 1992; Marks et al., 1992; Kliewer et al., 1991; Bugge et al., 1992; Leld et al., 1992).**

## 2.5 A genética molecular da APL- t(15;17).

A marca genética da APL é a translocação recíproca equilibrada t(15;17)(q22;q11-12) que envolve sempre o gene do recetor do ácido retinóico (RAR) no cromossoma 17, que se transloca para o gene PML (gene da leucemia promielocítica, originalmente designado myl) no cromossoma 15 na grande maioria dos casos de APL **(de The et al., 1991; Goddard et al., 1991; Kakizuka et al., 1991; Pandolfi et al., 1991).** O mecanismo pelo qual ocorre a translocação t(15;17) não é conhecido. É possível que muitas recombinações ilegítimas ocorram durante a divisão celular normal e sejam eliminadas pelos sistemas de reparação do ADN **(Tashiro et al., 1994).** Os clones que contêm o transcrito PML-RARa sobrevivem e têm uma vantagem de crescimento. Um estudo mais recente descobriu que os genes PML e RARa estão fisicamente adjacentes um ao outro na cromatina **(Neves et al., 1999),** o que talvez explique a tendência dos dois genes para se reorganizarem. Análises recentes também encontraram pequenos troços de identidade entre os genes PML e RARα nas regiões dos pontos de rutura **(Yoshida et al., 1995).** Foi proposto que a clivagem aleatória dos genes RARα e PML é seguida por um emparelhamento limitado de pequenos troços de ADN homólogo, reparação das quebras e união dos loci. A grande maioria dos doentes com APL tem esta translocação cromossómica.

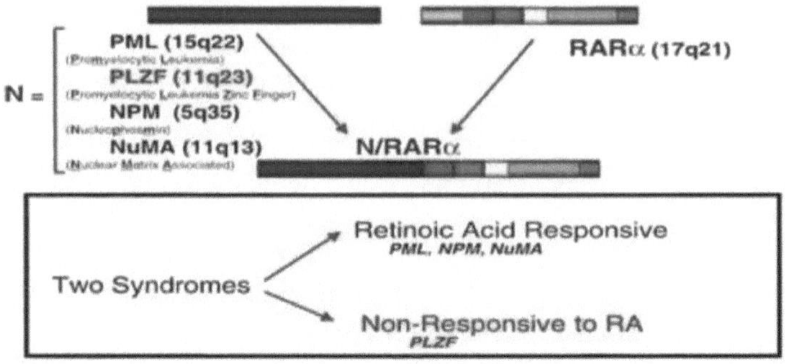


**Fig 2.8: As quatro translocações cromossómicas associadas ao APL resultam em proteínas de fusão. A síndrome APL t(11;17) que liga PLZF e RAR é única entre estas formas de APL na sua resistência à terapia de diferenciação com ATRA ou quimioterapia convencional.**

**(Cortesia: Melnick et al., 1999).**

Em casos raros, o RARα funde-se com o gene do finger de zinco da leucemia promielocítica (PLZF), com o gene da nucleofosmina (NPM), com o gene do aparelho mitótico nuclear (NuMA) e com o gene do transdutor de sinal e ativador da transcrição 5b (STAT5b) localizados no cromossoma 11, 5, 11 ou 17, respetivamente **(Chen et al, 1993; Redner et al., 1996; Wells et al., 1997; Arnould et al., 1999)** (Fig.2.8).

Os genes de fusão X-RARa e RARa-X (em que X indica os vários genes parceiros RARa) gerados pela translocação recíproca em APL codificam produtos X-RARa e RARa-X estruturalmente diferentes, coexpressos nos blastos leucémicos, que diferem nas suas porções X, mas são idênticos nas suas porções RARa, pelo que podem ser considerados mutantes RARa.

Os APL associados às várias translocações resultam em doença com caraterísticas semelhantes, mas com uma exceção muito importante: Os APL associados a translocações cromossómicas entre os genes RARa e PLZF (PLZF-RARa) e possivelmente (STAT5b-RARa) apresentam um prognóstico claramente pior, com uma resposta fraca à quimioterapia e pouca ou nenhuma resposta ao tratamento com ácido retinóico (Fig. 2.8). Os vários parceiros do RARα são estruturalmente diversos. Por conseguinte, pode parecer que uma perturbação da função do RAR é a principal e única causa de APL. De facto, a proteína X-RARα é capaz de afetar a função do RARα a vários níveis. No entanto, as várias moléculas de fusão X-RARα são sempre capazes de formar complexos heterodiméricos com a respectiva proteína X. Por conseguinte, estes produtos de fusão têm a capacidade potencial de interferir com as vias X e RARα. A prova mais convincente de que a PML/RARa, por si só, pode contribuir diretamente para o desenvolvimento de APL provém de estudos realizados em ratinhos que demonstram que a expressão desta oncoproteína como transgene conduz ao desenvolvimento de uma doença semelhante à APL. No entanto, estas experiências também mostram que é necessário um período de latência relativamente longo antes do início da doença, o que sugere o envolvimento de aberrações genéticas adquiridas para além da translocação t(15;17) **(Brown et al., 1997; Grisolano et al., 1997)**.

## 2.5.1 A função da PML/RARα na patogénese da APL

Após a fusão entre o PML e o RARα, o terminal C variável da proteína PML perde-se, enquanto o motivo TRIM constante do terminal N permanece geralmente intacto. No caso do RARα, a fusão com o PML leva à perda dos primeiros 50 a 60 aminoácidos N-terminais, uma supressão que não parece afetar as actividades de ligação ao ADN e ao ligando desta proteína **(de Thé et al., 1991)**. Assim, a PML/RARa mantém o potente domínio de interação proteína-proteína da proteína PML, enquanto a região específica da isoforma variável é substituída pelas funções transactivadoras da RARa (Figura 2.9).

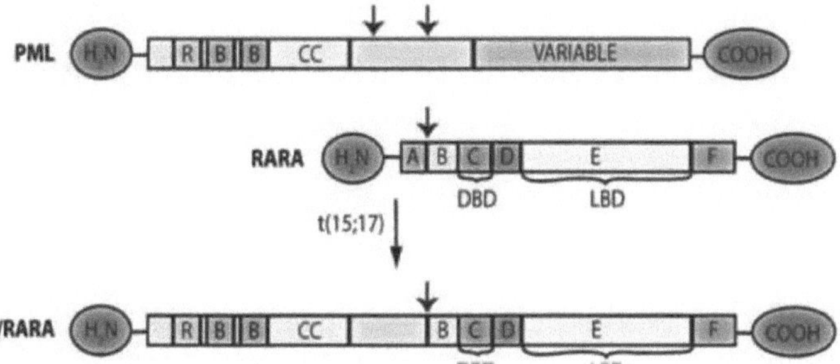

Figura 2.9: Organização estrutural de PML, RARα e PML/RARa. (Cortesia de Emma & Stig)

### 2.5.1.1 PML-RARα é um mutante RARα negativo dominante.

Uma das funções ganhas da PML/RARα que se pensa contribuir largamente para o desenvolvimento de APL é a capacidade desta proteína quimérica para formar complexos estáveis de repressão da transcrição que são irresponsivos a concentrações fisiológicas de retinóides (Fig.2.10).

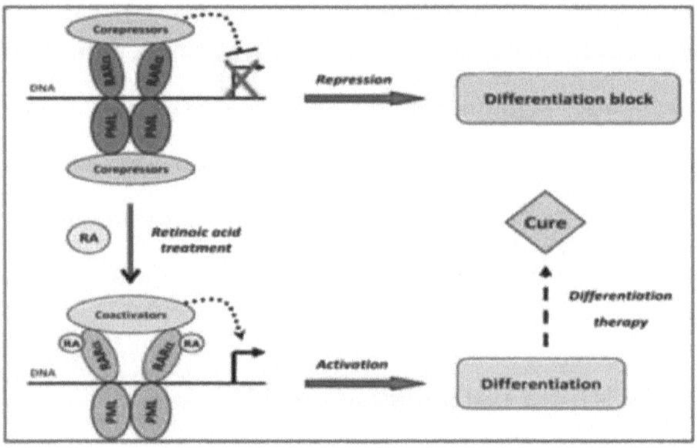


**Figura 2.10: Modelo histórico da repressão transcricional mediada por PML-RARA, ativação induzida por AR e terapia de diferenciação. (Cortesia: Julien et al., 2011).**

Como consequência, os promotores de genes que são alvo do PML/RARa tornam-se constitutivamente reprimidos, uma observação que levou à suposição geral de que esta oncoproteína causa um bloqueio na diferenciação das células sanguíneas através da inibição transcricional de genes-chave envolvidos na maturação hematopoiética. Consistente com um papel na repressão génica, o PML/RARa também demonstrou recrutar a histona metil transferase SUV39H1 **(Carbone et al., 2006)**, membros do complexo repressivo de polycomb 2 (PRC2) **(Villa et al., 2007)** e DNA metiltransferases (DNMTs) **(Di Croce et al., 2002)**, proteínas que são conhecidas por induzir uma estrutura de cromatina repressiva.

Para além de uma maior atividade repressora, a fusão PML/RARa também parece possuir um repertório de genes alvo consideravelmente alargado em comparação com a proteína RARα normal. Esta noção é apoiada por estudos de ligação in vitro que mostram que a PML/RARa tem uma especificidade de ligação ao ADN mais ampla e mais relaxada em comparação com a RARα **(Hauksdottir e Privalsky 2001; Kamashev et al., 2004)**, e por um rastreio de todo o genoma que revela uma vasta gama de genes-alvo da PML/RARa **(Hoemme et al., 2008)**. As propriedades alteradas de ligação ao DNA e repressão da transcrição de PML/RARα são parcialmente devidas à capacidade desta proteína quimérica de formar homodímeros através de interações proteína-proteína mediadas pelo motivo TRIM de PML **(Jansen et al., 1995; Perez et al, 1993)**. Além disso, foi demonstrado que esta proteína quimérica também forma complexos funcionais com outros factores de transcrição, como o RXR e o Daxx, uma caraterística que pode contribuir ainda mais para a capacidade alargada de ligação ao promotor **(Zeisig et al., 2007; Zhu et al., 2005,2007)**.

Pensa-se também que a PML/RARα contribui para a transformação maligna e o desenvolvimento de APL através da inibição das funções supressoras de tumor da PML. Um efeito negativo dominante da PML/RARα sobre esta proteína é evidente em estudos que demonstram a rutura dos corpos nucleares da PML num padrão disperso de micro manchas em células que expressam esta oncoproteína **(Dyck et al., 1994; Koken et al., 1994; Weis et al., 1994)**. É interessante notar que, embora a rutura dos NBs do PML pelo PML/RARa no núcleo seja evidente, esta oncoproteína reúne-se facilmente em MAPPS e CyPNs, as versões mitótica e citoplasmática dos NBs do PML, respetivamente **(Jul-Larsen et al., 2009)**. A rutura dos NBs do PML no núcleo pode refletir o papel desta oncoproteína na repressão da atividade genética.

### 2.5.1.2 Transcritos de fusão PML-RARa

As localizações dos pontos de quebra cromossómicos nas estruturas exão/intrão de ambos os genes foram amplamente analisadas **(Alcalay et al., 1992; Chen et al., 1991; Diverio et al., 1992; Pandolfi et al., 1992)**. No gene RARα, todos os pontos de quebra mapeiam para sequências genómicas situadas a montante do exão 4, que codifica a região B do RARα e a parte N-terminal do DBD. Consequentemente, o produto do gene de fusão PML RARα contém sempre as mesmas regiões do RARα (B-F) que contêm os seus domínios de ligação ao ADN e ao ligando. Em contrapartida, as sequências N-terminais do PML ligadas aos domínios B-F do RARα apresentam uma variabilidade de doente para doente, determinada pela posição do ponto de quebra da translocação no gene PML e pelo splicing alternativo do exão. **(Pandolfi et al., 1992)** descreveram três grupos de pontos de quebra no gene PML localizados no intrão 3 (bcr3), no exão 6 (bcr2) e no intrão 6 (bcr1). Os doentes com pontos de quebra cromossómica em bcr1 ou bcr3 expressam a forma longa (PML-RARαL) ou curta (PML- RARαS) da proteína PML-RARα **(Pandolfi et al.,1992)** (Fig.2.11).

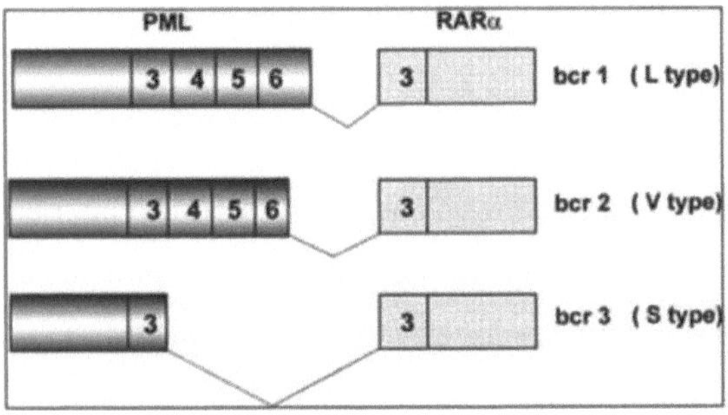


**Figura 2.11: Representação esquemática dos três principais transcritos de fusão PML/RARa. Os números nas caixas representam os exões do PML e do RARα. (Cortesia: Francesco Lo Coco et al., 1999)**

O ARN que codifica a proteína PML-RARαL pode ser objeto de um splicing alternativo para dar origem à PML-RARαM (média), que é normalmente co-expressa com a forma L num determinado doente. Os pontos de quebra situados no bcr2 eliminam o local de splicing 59 do intrão 6. Isto provoca a seleção de um local de emenda 59 críptico dentro do gene de fusão, normalmente dentro das sequências intrónicas RARα translocadas, e, por conseguinte, a geração de um transcrito PML-RARαV com porções variáveis de sequências do exão 6 do PML unidas no quadro de leitura correto com o exão 4 do RARα (região B). A proteína PML-RARαS contém quase todos os motivos estruturais das proteínas PML e RARα.

As isoformas PML-RARαV e L também contêm sequências de codificação PML adicionais. Um importante motivo estrutural potencial ausente na isoforma S, mas presente nas isoformas L e V, é um sinal putativo de localização nuclear (NLS) localizado na região proximal do exão 6 do PML. Além disso, parte do domínio α-helicoidal codificado pelos exões 3-6, uma região rica em serina/prolina (S/P), localizada no exão 6 distal do PML, está ausente em todos os casos da isoforma S e em alguns casos da isoforma V **(Gallagher et al., 1995)**. A isoforma PML-RARαS também não possui um sítio de soma e uma sequência de clivagem da caspase. O splicing interno de porções do exão 3 da PML conduziu, num doente, a uma pequena proteína de fusão PML-RARα que continha os dedos RING, as caixas B e as duas primeiras porções do domínio α-helicoidal coiled-coil, representando a porção mínima da PML necessária para a oncogenicidade **(Pandolfi et al., 1992)**. A isoforma PML-RARαL é expressa em cerca de 55% dos doentes adultos com APL, enquanto as isoformas S e V são expressas em cerca de 35% e 8% dos doentes, respetivamente **(Fenaux e Chomienne, 1996; Kane et al., 1996; Slack et al., 1997)**. Na população pediátrica, a isoforma V é responsável por uma maior proporção de casos do que nos adultos **(Kane et al., 1996)**, com uma diminuição correspondente do número de casos de PML-RARαS. Nas células APL, o PML-RARα está presente em grande excesso em relação ao RARα de tipo selvagem, tornando-o o recetor de retinóides predominante nessas células **(Jansen et al., 1995; Pandolfi et al., 1992)**.

Cada doente com APL t(15;17) apresenta um conjunto único de produtos de fusão PML-RARα, indicando um único ponto de rutura com splicing alternativo e realçando a natureza clonal da doença. A deteção dos transcritos de fusão PML-RARα por RT-PCR é um teste sensível **(Chen et al., 1992)** e específico para o diagnóstico de APL e pode ser utilizado para medir a doença residual mínima após quimioterapia, terapia de diferenciação e transplante de medula óssea **(Miller et al., 1993)**. O reaparecimento de transcrições PML-RARα na medula óssea precede frequentemente uma recaída leucémica **(Diverio et al., 1998; Fenaux e Chomienne, 1996)**. Os estudos iniciais indicaram que os doentes tratados com ATRA que apresentavam o PML-RARαS tinham uma elevada probabilidade de morte precoce ou de recaída **(Huang et al., 1993; Vahdat et al.,**

**1994)**. Um estudo in vitro indicou que os blastos de doentes com APL com a isoforma PML-RARαV tinham uma sensibilidade reduzida ao ATRA **(Gallagher et al., 1995)**. Verificou-se uma associação entre a isoforma PML-RARαS e uma morfologia mais primitiva **(Al-Omar et al., 1997)** e anomalias citogenéticas secundárias, possivelmente devido a disfunções na reparação do ADN ou no controlo do ciclo celular, sugerindo diferenças biológicas entre as isoformas **(Slack et al., 1997)**. Apesar destas potenciais diferenças entre as isoformas PML-RARα, numerosos estudos relataram resultados clínicos consistentemente bons em todos os doentes com APL **(Fukutani et al., 1995; Slack et al., 1997)**, provavelmente devido à natureza altamente eficaz da terapia atual.

Dependendo da posição do ponto de quebra no locus RARα, o gene de fusão recíproco RARα-PML gerado na t(15;17) pode levar à expressão das proteínas quiméricas recíprocas RARα1- e RARα2-PML (pontos de quebra entre o exão 4 e o exão 5) ou apenas RARα1-PML (pontos de quebra a montante do exão 4) **(Alcalay et al., 1992)**. RARα1 e RARα2- PML contêm os domínios A1 e A2 das proteínas RARα, respetivamente, fundidos com uma porção variável de PML, devido a splicing alternativo, incluindo o domínio terminal C rico em serina/prolina. É difícil prever os efeitos do RARα-PML, uma vez que os papéis dos vários domínios C-terminais do PML não são bem compreendidos. Embora todos os APLs t(15;17) positivos expressem uma das espécies PML-RARα, o gene recíproco RARα-PML é expresso apenas em aproximadamente 80% dos casos **(Alcalay et al., 1992)**. A falta de expressão do RARα-PML em até 20% dos doentes pode refletir pontos de quebra no intrão 1 do RARα (excluindo quaisquer sequências codificantes do gene de fusão) ou deleções no locus derivado no cromossoma 17q21. Por conseguinte, parece que, em geral, a expressão do gene recíproco não é necessária para o desenvolvimento de APL. De forma consistente, registaram-se casos de APL associados a fusões não recíprocas de PML e RARα, que não geraram genes de fusão RARα-PML **(Borrow et al., 1994; Hiorns et al., 1994)**. Além disso, não existem diferenças na sensibilidade ao ATRA ou nos resultados clínicos entre os doentes que expressam ou não as transcrições RARα-

PML **(Li et al., 1997b)**. No entanto, um estudo descreveu uma possível ligação entre as deleções do gene de fusão RARα/PML e a resistência à terapia baseada em ATRA **(Subramaniyam et al., 2006)**.

## 2.6 APL críptica e complexa

Tal como já foi referido, a t(15;17) está ausente em cerca de 8% dos doentes diagnosticados com APL **(Grimwade et al., 2000)**, o que deverá levar à adoção da PML-RARα como a caraterística distintiva do APL. Os casos sem t(15;17) dividem-se em duas entidades patológicas distintas: por um lado, APL críptica e complexa que partilha o mesmo fenótipo, prognóstico e sensibilidade ao ATRA que a APL clássica; e, por outro lado, APL com uma translocação RARα variante **(Arber et al., 2008)**.

Na APL críptica e complexa, a t(15;17) clássica está ausente nos estudos citogenéticos de rotina, mas a PML-RARα está presente nos estudos moleculares; a leucemia é morfológica e clinicamente semelhante à APL t(15;17) positiva e é tratada como tal. O grupo de trabalho europeu foi crucial na caraterização dos casos raros de APL sem a clássica t(15;17) nos estudos citogenéticos de rotina.

Nestes casos invulgares, o diagnóstico pode não ser efectuado por estudos citogenéticos convencionais, sendo necessários métodos moleculares como a hibridação in situ por fluorescência (FISH), a reação em cadeia da polimerase com transcriptase reversa (RT-PCR) e a sequenciação direta. Muitas vezes, a FISH não é suficientemente sensível para detetar pequenas inserções crípticas **(Han et al., 2007; Kim et al., 2008; Wang et al., 2009)**, enquanto a RT-PCR também pode enfrentar desafios técnicos, como o rearranjo PML-RARα atípico com novos pontos de quebra no gene PML que não podem ser amplificados com primers convencionais **(Barragan et al, 2002; Park et al., 2009)**, inserções do gene PML no RARα, mas demasiado afastadas para permitir o alongamento e a amplificação da sequência PML-RARα **(Tchinda et al., 2004)**, ou deleções submicroscópicas do RARα 3' **(Han et al., 2009)**.

## 2.7 APL com uma translocação RARα variante

Este termo é atualmente utilizado pela OMS (Organização Mundial de Saúde) para designar um subconjunto de leucemias mielóides agudas morfologicamente semelhantes à LPA, mas sem t(15;17) por citogenética e PML-RARα por FISH e RT-PCR **(Arber et al., 2008)**. No entanto, apresentam translocações variantes diferentes que envolvem RARα e 1 de 7 genes parceiros: PLZF no cromossoma 11q23 **(Licht et al., 1995)**, NUMA1 (gene da proteína 1 do aparelho mitótico da matriz nuclear) no cromossoma 11q13 **(Wells et al., 1996)**, NPM1 (gene da nucleofosmina) no cromossoma 5q35 **(Corey et al., 1994; Hummel et al., 1999)**, STAT5B (transdutor de sinal e ativador da transcrição 5 beta) no cromossoma 17q21.1-21.2 **(Zelent et al, 2001)**, PRKAR1A (proteína quinase, dependente de AMPc, reguladora, tipo I, alfa) no cromossoma 17q24 **(Catalano et al., 2007)**, FIP1L1 (fator que interage com PAP 1-like 1) no cromossoma 4q12 **(Buijs e Bruin, 2007)** e BCOR (gene corepressor BCL6) no cromossoma X **(Yamamoto et al., 2010)**. Dos genes parceiros, os primeiros 4 foram incluídos na última classificação da OMS, enquanto os últimos 3 foram descritos desde então. Tal como acontece com outros tumores malignos hematológicos, os genes parceiros afectam tanto o fenótipo neoplásico como a resposta ao tratamento, incluindo o ATRA, tornando a sua identificação crucial na avaliação destes doentes.

### 2.7.1 O gene PLZF e a sua fusão com o RARα

O gene do dedo de zinco da leucemia promielocítica (PLZF) foi identificado pelo seu rearranjo numa APL com t(11;17)(q23;q21) **(Chen et al., 1993a,b)**. Uma série de casos relatados em 1995 indicou que estes doentes eram resistentes ao ATRA e tinham uma resposta geralmente fraca à quimioterapia **(Licht et al., 1995)**. Uma análise recente de casos novos e anteriormente comunicados pelo grupo de trabalho europeu sobre APL revelou que 0,8% dos doentes com APL apresentavam a translocação t(11;17)(q23;q21) **(Grimwade et al., 2000)**.

O gene PLZF codifica um fator de transcrição do tipo "dedo de zinco" **(Chen et al., 1993b)** de 673 aminoácidos com nove motivos de dedo de zinco C2H2 do tipo

Kruppel. Os 118 aminoácidos do terminal N compreendem um domínio POZ (Pox virus and Zinc finger) ou BTB (Broad Complex, tramtrack, Bric a Brac). O domínio POZ medeia a homo e hetero dimerização **(Bardwell e Treisman, 1994)**, pode atuar como um domínio de repressão transcricional transferível **(Chang et al., 1996; Numoto et al., 1993)** e pode estar envolvido na remodelação da cromatina **(Raff et al., 1995)**. O domínio POZ do PLZF forma um dímero estreito e altamente entrelaçado **(Ahmad et al., 1998; Li et al., 1997a, 1999; Melnick et al., 2000b)**. A porção superior da estrutura do dímero forma uma ranhura exposta ao solvente e é revestida por aminoácidos conservados carregados que representam potencialmente um local de ligação a péptidos (Fig. 2.12).

A fusão t(11;17)(q23;q21) produz dois transcritos recíprocos **(Chen et al., 1993b; Licht et al., 1995)**. A fusão PLZF-RARα resultante contém toda a região N-terminal do efector transcricional do PLZF e os dois primeiros dedos de zinco e, num caso, devido a um ponto de quebra alternativo 39 no gene PLZF, três dedos de zinco. Em quatro dos sete casos testados, foi detectado um transcrito recíproco RARα-PLZF, que liga o domínio de ativação independente do ligando do RARα **(Nagpal et al., 1992)** aos últimos sete dedos de zinco do PLZF.

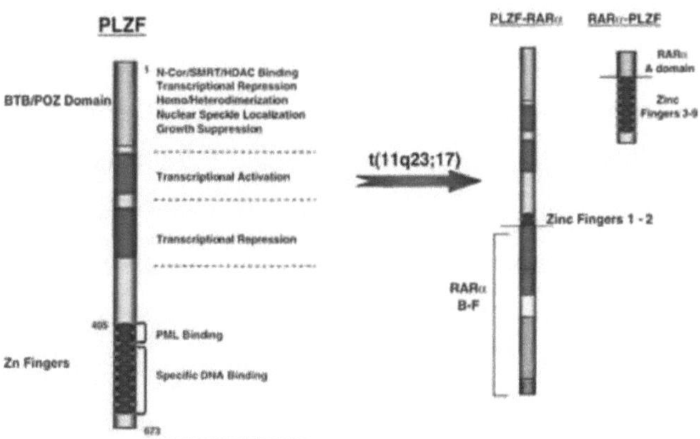


**Figura 2.12: Domínios funcionais da proteína PLZF e estrutura das proteínas PLZF-RARα e RARα-PLZF recíprocas geradas em APL t(11;17)(q23;q21) (Cortesia: Melnick et al., 1999)**

O PML-RARα e o PLZF-RARα têm algumas semelhanças como receptores aberrantes. Ambas as proteínas de fusão podem ligar-se como homodímeros a elementos de resposta ao ácido retinóico (RARE) **(Dong et al., 1996; Hauksdottir e Privalsky, 2001; Licht et al., 1996; Perez et al., 1993)**. No PML-RARα, isto é mediado pelo motivo coiled-coil e no PLZF pelo domínio POZ. Em combinação com RXR, PLZF-RARα forma múltiplos complexos DNA-proteína, mas o heterodímero PLZF-RARα/RXR liga-se a RAREs com maior afinidade do que os homodímeros PLZF-RARα **(Dong et al., 1996; Licht et al., 1996)**. O heterodímero PLZF-RARα/RXR ligou-se ao RARE de forma menos eficiente do que o RXR/RARα do tipo selvagem, talvez devido à capacidade do domínio POZ de se multimerizar e impedir a ligação eficiente do DNA **(Bardwell e Treisman, 1994)**. Assim, PLZF-RARα pode sequestrar quantidades limitantes de RXRα, um co-fator essencial para a função RARα. Além disso, os heterómeros PLZF-RAR/RXR também se ligam a RAREs não consensuais, contribuindo potencialmente para a leucemogénese através do desvio da proteína quimérica para novos genes **(Hauksdottir e Privalsky, 2001; So et al., 2000)** (Fig. 2.12).

Tal como o PML-RARα, o PLZF-RARα é um ativador trans relativamente fraco **(Chen et al., 1994b; Dong et al., 1996; Licht et al., 1996)** e funciona como um inibidor negativo dominante do RARα de tipo selvagem. Tal como para PML-RARα, a repressão por PLZF-RARα é predominantemente devida à sua elevada afinidade para os complexos co-repressores que contêm HDAC **(David et al., 1998; Grignani et al., 1998; Guidez et al., 1998; He et al., 1998; Hong et al., 1997; Lin et al., 1998)**. Este facto parece ser causado pela presença de quatro sítios de acoplamento para co-repressores em cada homodímero da oncoproteína, em vez dos dois sítios encontrados nos heterodímeros RXR/RAR normais **(Lin e Evans, 2000)**. Contudo, devido à capacidade do domínio POZ do PLZF para ligar os co-repressores de uma forma insensível ao ATRA, enquanto o PML-RARα liberta estes factores na presença de $10^{-6}$ M ATRA, o PLZF-RARα não o faz **(Grignani et al., 1998; Guidez et al., 1998; He et al., 1998; Hong et al., 1997; Lin et al., 1998)**. A ligação adicional de co-repressores ETO ao RPD2 de PLZF pode contribuir para a sua força global de repressão transcricional e insensibilidade ao ATRA **(Melnick et al., 2000a,b)**.

O transcrito recíproco que codifica RARα-PLZF é consistentemente expresso em quase todos os doentes com t(11;17)(q23;q21) **(Grimwade et al., 1997; Licht et al., 1995)** (Fig.2.12). Enquanto o PLZF reprime a transcrição de genes, o RARα-PLZF ativa-a **(Li et al., 1997a)**. Enquanto o PLZF é um supressor do crescimento, o RARα-PLZF ativa a expressão da ciclina A2 **(Yeyati et al., 1999)** e aumenta o crescimento celular. Por conseguinte, a t(11;17)(q23;q21) pode ser uma doença resistente aos ATRA e à quimioterapia devido à presença de dois oncogenes. O PLZF-RARα bloqueia a ação indutora de diferenciação do ATRA, enquanto o RARα-PLZF pode ativar os reguladores do ciclo celular, bloqueando os efeitos anti-proliferativos do ATRA.

## 2.7.2 Gene da nucleofosmina e sua fusão com RARα

No APL associado à t(5;17), o RARα é translocado para uma região do cromossoma 5q35 que contém o gene da nucleofosmina (NPM), expresso de forma ubíqua e evolutivamente conservado **(Redner et al., 1996b)**.

A NPM foi inicialmente isolada como uma fosfoproteína nucleolar em células de hepatoma **(Hernandez-Verdun et al., 1982; Olson et al., 1974)**. O gene humano da NPM abrange 25 kb, é constituído por 12 exões **(Chan et al., 1997)** e o splicing alternativo dos seus transcritos produz duas isoformas principais, que diferem na sua região C-terminal **(Chan et al., 1997, 1989; Lee e Welch, 1997)**. Ambas as isoformas se multimerizam reversivelmente para um estado hexamérico através do domínio N-terminal **(Chan e Chan, 1995)**.

A translocação t(5;17)(q35;q21) foi descrita pela primeira vez numa menina de 2 anos com APL **(Corey et al., 1994)** que obteve remissão citogenética após tratamento com ATRA e quimioterapia. Este rearranjo genético une o gene NPM ao exão 3 do RARα, de uma forma semelhante às outras fusões APL **(Redner et al., 1997)**, dando origem a duas isoformas da oncoproteína quimérica. Ambas as formas contêm o domínio de oligomerização da NPM. Tal como PML-RARα e PLZF-RARα, a fusão NPM-RARα actua como ativador transcricional dependente de ligandos quando co-expressa com genes repórteres que contêm RAREs, mas pode atuar como inibidor negativo dominante de RARα de tipo selvagem através de uma interação aberrante com moléculas co-repressoras **(Redner et al., 2000; So et al., 2000)**. Tal como outras fusões APL, a NPM-RARα pode formar homodímeros, expondo assim a porção RARα de modo a oferecer locais de ligação adicionais para co-repressores, necessitando de doses farmacológicas de ATRA para os libertar e recrutar coactivadores para as proteínas de fusão. Foi identificado um RARα-NPM mRNA recíproco no doente índice t(5;17) **(Redner et al., 1996b)** e num outro caso de APL t(5;17) **(Grimwade et al., 2000)**. A importância desta proteína putativa é desconhecida.

### 2.7.3 Proteína do aparelho mitótico-matriz nuclear e fusão NuMA-RARα

A NuMA é uma proteína abundante, conservada e expressa de forma ubíqua, envolvida na conclusão da mitose e na reformação dos núcleos nas células filhas pós-mitóticas **(Compton e Cleveland, 1994; Compton et al., 1992; He et al., 1995; Saredi et al., 1996)**. O gene NuMA, localizado no cromossoma 11q13 **(Sparks et al., 1993)**, codifica uma proteína de 2115 aminoácidos com um peso molecular de aproximadamente 230 kDa. O splicing alternativo também pode produzir proteínas de 1776 e 1763 aminoácidos **(Tang et al., 1993, 1994)**.

A proteína de fusão NuMA-RARα foi descrita num rapaz de 6 meses de idade com APL que abrigava uma translocação t(11;17)(q13;q21). O doente recebeu terapêutica com ATRA e ficou livre da doença mais de 24 meses após um transplante de medula óssea **(Wells et al., 1996)**. A t(11;17)(q13;q21) resulta numa proteína de 2286 aminoácidos que se prevê ser constituída por 1883 aminoácidos de NuMA, incluindo os seus domínios globular N-terminal e coiled-coil, fundidos com os domínios RARα B-F **(Wells et al., 1997)**. O mecanismo mais provável da ação da NuMA-RARα é a interferência com a função do recetor nuclear. Desconhece-se se um transcrito recíproco RARα-NuMA é expresso nesta doença.

### 2.7.4 Fusão STAT5b-RARα

O mais recente parceiro de fusão com o RARα, identificado num doente com LMA M1 mas com uma proporção de blastos que exibem morfologia APL microgranular **(Arnould et al., 1999)**, é o gene STAT5b. Os blastos leucémicos deste doente não responderam ao ATRA in vitro. Tal como o RARα, o gene STAT5b está localizado no cromossoma 17q21.1-21.2 e estima-se que os dois genes estejam separados por cerca de 3Mb. Não foi detectado nenhum transcrito recíproco RARα-STAT5b.

A fusão STAT5b-RARα contém a maior parte da proteína STAT5b. No entanto, um relatório preliminar indica que a fusão STAT5b - RARα pode formar um homodímero, bem como um heterodímero com RXR em RAREs **(Dong e Tweardy, 2002)** e pode atuar como uma forma negativa dominante de RAR quando co-expressa com o recetor de tipo selvagem num ensaio de repórter. A supressão da região coiled-coil terminal N da proteína Stat5b impediu a formação de homodímeros. Tal como outras formas homodiméricas de RARα em APL, a proteína de fusão STAT5b-RARα tinha uma elevada afinidade para o co-repressor SMRT, libertando-o apenas a $10^{-6}$ M ATRA. Como heterodímero, a fusão tinha uma elevada capacidade de sequestro de RXR. Por conseguinte, esta quimera parece bastante semelhante, em termos de função, às outras oncoproteínas de fusão APL. Um outro potencial da proteína STAT5b-RARα, contudo, é a sua capacidade de interferir com a sinalização STAT. A STAT5b-RARα retém a porção N-terminal do domínio SH2 da STAT5b na proteína de fusão e pode competir com a STA5b de tipo selvagem na ligação aos receptores de citocinas. Os potenciais efeitos pleiotrópicos da fusão STAT5b-RARα podem desregular a capacidade de resposta do STAT5 ou de outros STATs às citocinas e levar a uma alteração da proliferação e/ou sobrevivência celular. Isto pode explicar a resistência ao ácido retinóico do doente que apresentava esta forma variante de APL, apesar do facto de a fusão STAT5b-RARα parecer ter propriedades muito semelhantes às do PML-RARα.

### 2.7.5 PRKAR1A-RARα

PRKAR1A refere-se à proteína cinase, dependente de cAMP, reguladora, tipo I, alfa. A proteína cinase A (PKA) é uma proteína multimérica cuja atividade depende do monofosfato de adenosina cíclico (AMPc). Há apenas um caso relatado de LMA com PRKAR1A-RARα num homem de 66 anos. Apresentava uma contagem normal de leucócitos, tinha uma medula hipercelular com 88% de promielócitos hipergranulares, núcleos regulares e ausência de bastonetes de Auer e células faggot. A MPO era fortemente positiva, mas a expressão de CD13, CD33 e CD11b era fraca. As células eram negativas para CD2, CD19, CD34, CD56, CD117 e HLA- DR **(Catalano et al., 2007).**

### 2.7.6 FIP1L1-RARα

O FIP1 humano é uma subunidade integral do fator de especificidade de clivagem e poliadenilação (CPSF) e desempenha um papel significativo no reconhecimento do sítio poli(A) e no recrutamento cooperativo da poli(A) polimerase para o ARN **(Kaufmann et al., 2004)**. Foram descritos apenas 2 casos de FIP1L1-RARα, e a entidade parece ser sensível ao ATRA. O primeiro caso envolveu uma mulher de 90 anos a quem foi diagnosticada clinicamente APL e que obteve uma remissão completa apenas com a administração oral de ATRA. Não foram descritos mais pormenores no artigo relativamente à apresentação clínica, morfologia ou análise imunofenotípica **(Kondo et al., 2008)**.

O segundo caso envolveu um rapaz de 20 meses de idade a quem foi diagnosticada leucemia mielomonocítica juvenil após ter apresentado leucocitose e anemia. O aspirado da medula óssea revelou hipercelularidade, incluindo 11% de promielócitos, 25% de mielócitos, 12% de metamielócitos e 8% de mielomonoblastos. Estas células eram hipergranulares, mas tinham núcleos regulares e não apresentavam bastonetes de Auer. A análise imunofenotípica não foi publicada. Infelizmente, o doente não recebeu ATRA, fez um transplante alogénico de células estaminais, mas morreu de recidiva alguns meses mais tarde.

### 2.7.7 BCOR-RARα

Como o seu nome indica, o BCOR é um co-repressor da transcrição através da oncoproteína BCL6, e a sua atividade pode ser perturbada pela formação de BCOR-RARα **(Huynh et al., 2000)**. Existe apenas um caso relatado na literatura de um doente do sexo masculino de 45 anos de idade que apresentava leucocitose e coagulopatia. As células leucémicas eram MPO positivas e menos granulares do que as do APL clássico. Curiosamente, o citoplasma continha corpos de inclusão citoplasmáticos redondos e rectangulares de ácido periódico de Schiff e não apresentava corpos de Auer nem células faggot. A análise imunofenotípica revelou negatividade para HLA-DR, mas positividade para CD33, CD13 e CD56. O doente respondeu clinicamente ao ATRA, mas teve várias recaídas com quimioterapia e ATRA **(Yamamoto et al., 2010)**.

## 2.8 M3 Variante APL (M3v)

Alguns anos após a descrição inicial da leucemia promielocítica hiper granular, verificou-se que existiam outros casos de leucemia aguda que apresentavam a mesma anomalia citogenética e a mesma anomalia de coagulação, mas que eram citologicamente diferentes. Estes casos foram reconhecidos como uma forma variante de leucemia promielocítica, designada leucemia promielocítica micro granular ou hipogranular. Esses casos foram posteriormente incorporados na classificação FAB como LMA variante M3 (M3V). Para além das provas citogenéticas e moleculares que indicam a estreita relação entre a LMA M3 e a LMA M3V, verificou-se que as células da M3V podem apresentar um aumento acentuado da granularidade em cultura.

A maioria dos casos de LMA M3V é caracterizada por uma célula com um núcleo reniforme, bilobado, multi-lobulado ou convoluto e grânulos finos esparsos ou citoplasma aparentemente agranular. Uma proporção variável de células pode ter múltiplos bastonetes de Auer, grânulos finos semelhantes a poeira ou grandes inclusões citoplasmáticas ovais, eliptiformes ou algo granulares com as mesmas caraterísticas de coloração dos grânulos primários. A contagem de glóbulos brancos é normalmente mais elevada na M3V do que na M3 AML (Fig. 2.13).

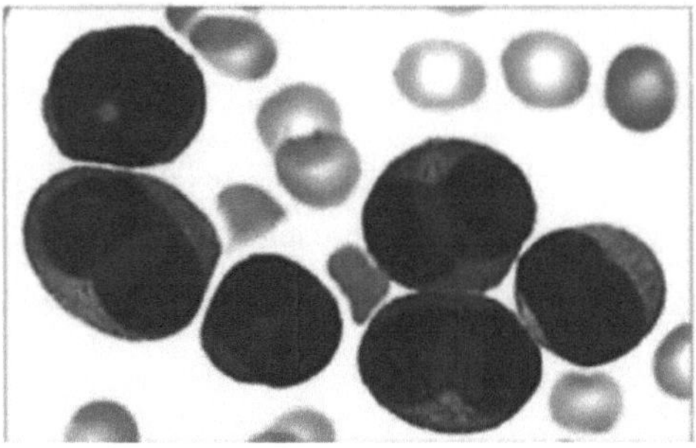

**Figura 2.13: Neste esfregaço de sangue periférico é evidente o aspeto nitidamente dobrado e em placa deslizante dos núcleos na promielocitemia aguda microgranular.**

**(Cortesia: Gamal A Hamid)**

Numa minoria de casos de LMA M3V, a célula caraterística é um promielócito pequeno e anormal com o mesmo núcleo lobulado mas com citoplasma hiperbasófilo. Por vezes, estão presentes projecções citoplasmáticas, pelo que a célula pode assemelhar-se a megacarioblastos. Tais células são observadas na maioria dos casos de LMA M3V, mas geralmente como uma população menor. Apesar destas diferenças morfológicas, os doentes com M3v apresentam a t(15;17), expressam a proteína PML/RARa e respondem ao tratamento com AR. No entanto, a M3v apresenta outras caraterísticas clínicas, fenotípicas e moleculares distintas, sugerindo que evolui geneticamente a partir da APL.

A caraterística hematológica do M3v no início da doença é a hiperleucocitose, enquanto a APL "clássica" se apresenta normalmente com uma contagem baixa de leucócitos. Uma coagulopatia muito grave e a morte por hemorragia do sistema nervoso central e dos pulmões são mais frequentes na M3v do que na APL durante os primeiros 10 dias após o diagnóstico.

O imunofenótipo da APL é considerado altamente específico (HLA- DR-, CD34-, CD11b-, CD15Y, CD9+, CD33+, CD13+). Embora os blastos M3v tenham o mesmo fenótipo, também expressam o antigénio CD2 associado às células T. A análise molecular da translocação t(15;17) mostrou que a incidência de pontos de rutura do tipo bcr3 é mais elevada na LMA M3v do que na LMA M3.

Quando tratada com quimioterapia, o prognóstico da variante M3 é um pouco pior do que o da LMA M3. É provável que este facto esteja relacionado com as contagens de leucócitos mais elevadas, uma vez que os leucócitos têm importância prognóstica na LMA M3/M3V. Uma vez que uma contagem de leucócitos mais elevada continua a ser uma caraterística de prognóstico adverso quando a LMA M3/M3V é tratada com ATRA e quimioterapia, é provável que a M3v também tenha um pior prognóstico com o tratamento de modalidade combinada.

## 2.9 Epigenética

O termo "epigenética" foi originalmente definido nos anos 40 pelo biólogo do desenvolvimento Conrad H. Waddington e, desde então, tem sido utilizado sob diversas formas. Na sua definição original, era uma manifestação de dois conceitos, "epigénese" e "genética" **(Van Speybroeck, 2002)** e, desde então, tem sido objeto de um grande debate filosófico sobre o seu significado exato **(Jablonka e Lamb, 2002)**. Independentemente das suas muitas formas, o termo "epigenética" envolve, em grande medida, dois conceitos principais: 1) o estudo de processos de desenvolvimento hereditários num organismo e 2) o estudo de alterações hereditárias na expressão genética que ocorrem sem uma alteração na sequência do ADN genómico. Em ambos os casos, o foco principal é a forma como a informação reguladora dos genes que não está codificada na sequência de ADN é transmitida de uma geração, quer de células quer de organismos, para a seguinte. Os estudos sobre a metilação do ADN e a estrutura da cromatina, que se tornaram cada vez mais proeminentes nas décadas de 1960 e 1970, identificaram os sistemas moleculares responsáveis pela variação epigenética e tornaram-se, desde então, o ponto focal da teoria epigenética contemporânea **(Henikoff e Matzke, 1997)**.

### 2.9.1 Metilação do ADN

A metilação do ADN nos eucariotas superiores afecta apenas a base pirimidina citosina, que se torna covalentemente modificada na posição do átomo de carbono cinco. Esta modificação só tem lugar quando uma citosina é seguida por uma base guanina, pelo que apenas o dinucleótido CpG é metilado em todo o genoma dos mamíferos (Fig. 2.14).

Curiosamente, a citosina metilada é um alvo de mutação pontual, uma vez que a desaminação da 5-metil-citidina leva à formação da timidina, uma base natural do ADN, que não é reconhecida como mutada pela maquinaria de reparação do ADN **(Rideout et al., 1990)**.

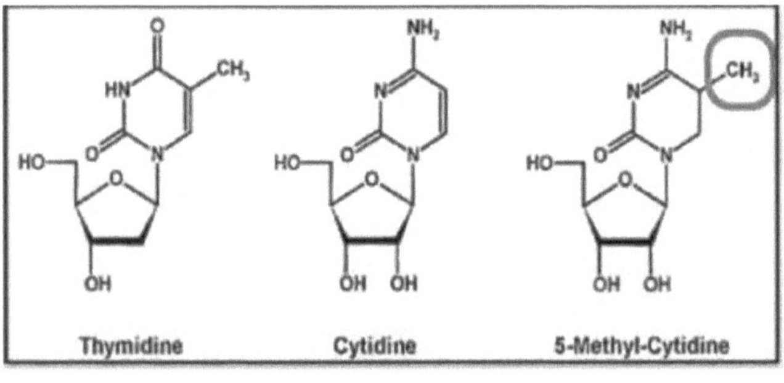


**Figura 2.14: Alterações estruturais devidas à metilação**

Apenas os sítios CpG fisiologicamente não metilados na região promotora e nos primeiros exões dos genes transcritos permanecem inalterados, em parte porque a transcrição ativa parece proteger os sítios CpG contra a metilação **(Clark e Melki, 2002)**. As ilhas CpG compreendem 1-2% do genoma e foram originalmente caracterizadas de forma arbitrária por um conteúdo global de GC superior a 50% e uma ocorrência aproximadamente cinco vezes mais frequente do dinucleótido CpG **(Gardiner-Garden e Frommer, 1987)**.

## 2.9.2 Mecanismo de silenciamento de genes relacionados com a metilação

Embora a investigação intensiva sobre o mecanismo exato de como a metilação conduz ao silenciamento dos genes ainda esteja em curso, há provas de que a hipermetilação do promotor está associada à desacetilação da histona, à alteração da estrutura da cromatina e, por conseguinte, à inibição da transcrição. Foi recentemente demonstrado que o mecanismo de silenciamento de genes está relacionado com o recrutamento de um complexo de proteínas repressoras que contém histona desacetilase e outras proteínas repressoras, como a proteína de ligação à metil-citosina (MBP), resultando na desacetilação da cromatina e da histona, impedindo assim o acesso do complexo de transcrição ativo **(Robertson et al, 2000).** Um dos mecanismos propostos é que, após a hipermetilação do ADN, os repressores da transcrição, ou seja, as proteínas de ligação metil-CpG (MBP), incluindo a proteína de ligação metil-CpG 2 (MECP2), que contém domínios de ligação metil-CpG (MBD) e de repressão da transcrição (TRD), se associam ao complexo co-repressor que inclui a histona desacetilase. O resultado é a desacetilação da histona, a formação de um complexo repressivo estável, um empacotamento nucleossómico mais apertado e, consequentemente, a compactação da cromatina.

### 2.9.3 Inibidores da quinase dependente da ciclina

Todos os organismos expressam proteínas que se ligam diretamente e inibem a atividade das CDK **(Sherr e Roberts, 1995)**. Estes inibidores da quinase dependentes da ciclina (CDKI) constituem outro mecanismo importante através do qual a atividade das CDK é regulada em resposta a diversos estímulos. As células dos mamíferos expressam duas classes de CDKIs que se distinguem pelos seus alvos CDK: a família CIP/KIP de CDKIs, que são inibidores universais de CDK, e os CDKIs INK4, que são específicos para a inibição de CDK4/6 **(Sherr e Roberts, 1995).**

#### 2.9.3.1 A família CDKI CIP/KIP

A família CIP/KIP de CDKI é constituída por três membros: p21CIP1/WAF1 (p21), p27KIP1 (p27) e p57KIP2 (p57). A sobreexpressão destas moléculas provoca uma paragem de G1 em células em cultura e são capazes de inibir a maioria dos complexos ciclina-CDK em células em proliferação in vitro **(Sherr e Roberts, 1995)**.

#### 2.9.3.2 A família INK4 CDKI

A segunda família de CDKIs é a família INK4, constituída por p16INK4a (p16), p15INK4b (p15), p18INK4c (p18) e p19INK4d (p19). A maioria das proteínas INK4, quando ligadas às CDKs, impede a associação das CDK4 e CDK6 com as ciclinas do tipo D e pode também inibir a atividade dos complexos pré-montados ciclina D-CDK4/6. Esta atividade é realizada através de repetições homólogas de anquirina em tandem

**(Sherr e Roberts, 1995)**, que são motivos de cerca de 34 aminoácidos e estão frequentemente envolvidos na interação proteína-proteína **(Bork, 1993)**.

A p15INK4b e a p16INK4a estão ligadas em tandem no cromossoma humano 9p21 numa região de ADN de 40kb; enquanto que a p18INK4c e a p19INK4d estão localizadas nas regiões cromossómicas 1p32.3 e 19p13.2, respetivamente. O locus cromossómico 9p21, referido como o locus INK4/ARF, tem sido fortemente associado à formação de muitos tipos de tumores **(Nobori et al., 1994)**. Para além de p15INK4b e p16INK4a, também codifica um terceiro gene denominado p14ARF, originalmente identificado como um transcrito alternativo de p16INK4a (Fig.2.15)

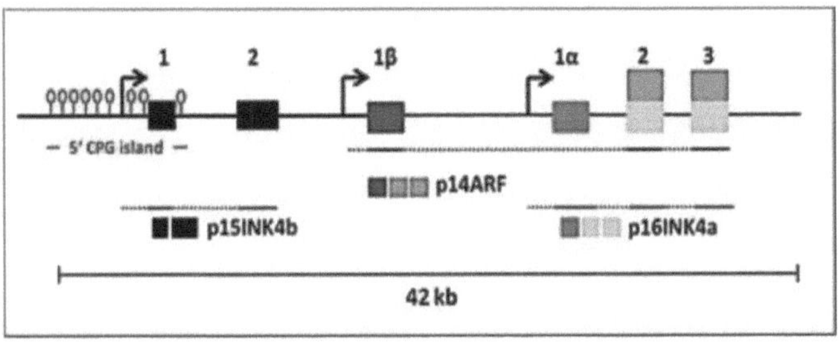


**Figura 2.15: Locus cromossómico 9p21 mostrando os promotores e os exões que estão envolvidos na transcrição dos genes p15INK4b, p14ARF e p16INK4a. A ilha CpG está representada apenas para o gene p15INK4b e estende-se por toda a região do promotor, exão 1 e parte do intrão 1 (Cortesia: Fares et al., 2011).**

Os membros da família INK4 são altamente conservados entre as espécies, com mais de 90% de identidade entre as proteínas humanas e as proteínas correspondentes do rato. No ser humano, as quatro proteínas partilham cerca de 40% de homologia de sequência entre si e têm uma estrutura muito próxima, caracterizada pela presença de repetições em tandem de motivos anquirina. Quatro repetições de anquirina são encontradas em p15INK4b e p16INK4a, e cinco repetições em p18INK4c e p19INK4d **(Yuan et al., 2000)**. A terceira repetição de anquirina é necessária para a interação com CDK4 e CDK6 e é responsável pela atividade inibidora destes CDKIs. O padrão de expressão de cada uma das proteínas INK4 humanas parece ser altamente específico para o tipo de célula e localização no tecido, bem como para o estágio de diferenciação das células **(Schwaller et al., 1997; Thullberg et al., 2000)**. Por exemplo, nas células hematopoiéticas normais, a expressão da p15INK4b é restrita à linhagem e é detectada principalmente em monócitos e linfócitos, mas não em nenhum dos precursores eritróides **(Teofili et al., 1998)**.

A p15INK4b, em particular, é um importante efector a jusante da sinalização antiproliferativa do fator de crescimento transformador β1 (TGF-β1) **(Hannon e Beach, 1994)**. Apesar da sua função comum na regulação do ciclo celular, os quatro membros estão envolvidos de forma diferente na tumorigénese. p16INK4a é um membro da família que tem um papel proeminente nos carcinomas do pâncreas e da bexiga, glioblastomas, leucemias e melanomas, entre outros. Por outro lado, a p15INK4b é silenciada principalmente por um mecanismo epigenético em cancros humanos e a perda da sua expressão através da hipermetilação da sua região promotora está bem documentada em neoplasias hematológicas em particular **(Drexler, 1998; Roussel, 1999)**.

Em contraste com a p15INK4b e a p16INK4a, verificou-se inicialmente que a p18INK4c desempenha um papel mais limitado como supressor de tumores humanos no glioblastoma multiforme humano e no carcinoma hepatocelular **(Solomonet al., 2008; Solomon et al., 2008)** e não se pensa que a p19INK4d esteja envolvida na patogénese do cancro **(Thullberg et al., 2000)**.

### 2.9.3.3 p15 Gene

O CDKN2B (p15, MTS2) é um gene supressor de tumores localizado em 9p21, que codifica para o inibidor da quinase dependente de ciclina p15. O p15 pertence à família de inibidores da quinase dependente de ciclina INK4 (que consiste em p15, p16, p19 e p21) e regula negativamente o ciclo celular através da inibição competitiva das cinases dependentes de ciclina 4 e 6 envolvidas na regulação do ciclo celular dependente de Rb. Embora a maior parte dos genes supressores de tumores, como o Rb e o p53, sejam inactivados por mutação pontual num dos alelos e deleção do alelo homólogo por perda cromossómica, o gene p15 está preferencialmente hipermetilado numa ilha 5'-CpG, o que demonstrou estar associado à perda de transcrição deste gene em células leucémicas **(Aggerholm, 1999;Laura, 2002)**. Além disso, a metilação aberrante do gene p15 parece ter implicações prognósticas importantes para a avaliação do risco, uma vez que os doentes com metilação do gene p15 têm uma sobrevida global mais curta **(Wong, 2000;Tien, 2001)**. Estudos recentes demonstraram que a inativação do gene p15 por metilação da região promotora ocorre frequentemente na APL.

### 2.9.3.4 p15Ink4b como regulador do ciclo celular

Todas as proteínas INK4 apresentam uma especificidade elevada e exclusiva em relação à atividade da quinase dependente da ciclina 4 (CDK 4) e da quinase dependente da ciclina 6 (CDK6) durante a fase inicial e intermédia do ciclo celular **(Sherr e Roberts, 1999)**. A entrada das células da fase quiescente G0/G1 no ciclo é regulada pela ação das cinases CDK4/CDK6 e CDK2, que são activadas pelas ciclinas Ds e Es, respetivamente. As proteínas INK4 inibem os complexos CDKs/ciclina Ds e, portanto, funcionam no controlo do ponto de verificação G1-S. Estudos estruturais demonstraram que as proteínas INK4 exercem a sua atividade inibidora por competição alostérica com as ciclinas Ds para se ligarem às CDK4 e CDK6.

### 2.9.3.5 p15Ink4b como regulador do destino celular durante a mielopoiese inicial

Como regulador do ciclo celular, sugeriu-se que a p15INK4b fosse um dos actores que determinam os equilíbrios finos na diferenciação e proliferação das células mielóides. Em ratinhos knockout para p15Ink4b (p15Ink4b-/-), verificou-se que a perda de p15Ink4b favorece a diferenciação de CMPs em progenitores de granulócitos e macrófagos (GMP), o que resulta num desequilíbrio entre os compartimentos eritroide e mieloide **(Rosu-Myles et al., 2007)** (Fig. 2.16).

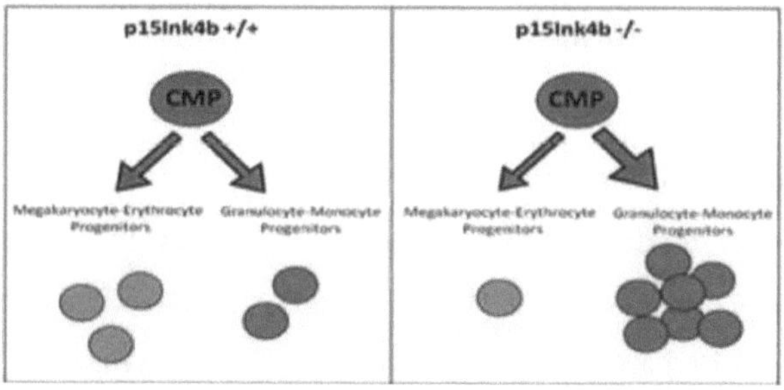


**Figura 2.16. A perda de p15Ink4b resulta num desequilíbrio nos grupos de progenitores mieloides que se diferenciam dos progenitores mieloides comuns (CMPs) (Cortesia: Fares et al., 2011)**

### 2.9.3.6 Função da p15Ink4b na paragem do ciclo celular no desenvolvimento mieloide tardio

Para além do seu papel hipotético na decisão do destino celular dos progenitores mieloides iniciais, a p15Ink4b está implicada nas fases tardias da mielopoiese. Neste caso, o seu papel parece ser a indução da paragem do ciclo celular. Foi demonstrado que a expressão de p15Ink4b aumenta especificamente durante a diferenciação mieloide in vivo, tanto na medula óssea humana como nas células do sangue periférico **(Teofili et al., 2001)**; e in vitro, na mieloblástica M1 murina. A linha celular de leucemia M1 não expressa p53 e prolifera de forma autónoma. Quando a diferenciação terminal é induzida nestas células, a regulação positiva da expressão de p15Ink4b é acompanhada pela inibição da atividade da quinase CDK4, bem como por uma diminuição dos níveis de Rb fosforilada **(Bergh et al., 1999)**. Esta função é ainda apoiada por estudos em células progenitoras hematopoiéticas CD34+ humanas. Quando a expressão da p15INK4b é desencadeada, níveis mais elevados da proteína estão associados à regulação positiva da transcrição de genes conhecidos por induzir a diferenciação mieloide, como o gene do recetor do fator estimulador de colónias 1 (c-fms), o gene da mieloperoxidase (mpo) e a lactoferrina (lf), entre outros **(Furukawa et al., 2000)**.

A sobreexpressão do p15INK4b está também associada a uma diminuição drástica das populações de progenitores blásticos iniciais e a um aumento do número de células que adoptam uma morfologia mieloide **(Teofili et al., 2001)**.

### 2.9.3.7 Inativação da p15INK4b na LMA humana

O silenciamento do p15INK4b por hipermetilação do promotor ocorre quase exclusivamente em cancros do sistema hematopoiético, sendo observado em leucemias agudas de origem mieloide (LMA) e linfoide (LLA) **(Drexler, 1998)**. A hipermetilação aberrante ocorre nas ilhas CpG do gene, que se estendem por toda a região promotora, exão 1 e parte do intrão 1 **(Herman et al., 1996)**.

Apesar da grande diversidade clínica da LMA, com mais de uma centena de alterações citogenéticas descritas **(Vardiman et al., 2002; Trost et al., 2006)**, foi registada uma metilação aberrante da p15INK4b em até 80% dos doentes com LMA primária e secundária. Foi demonstrado que os níveis de hipermetilação se correlacionam com uma redução da expressão do ARNm e dos níveis de expressão da proteína p15INK4b **(Cameron et al., 1999; Matsuno et al., 2005)**. Além disso, foi demonstrado que a densidade da metilação varia muito entre e dentro dos doentes com LMA e que os seus níveis estão estreitamente correlacionados com o grau de repressão transcricional **(Aggerholm et al., 1999; Cameron et al., 1999)**. Em pacientes com LMA adulta e infantil, a hipermetilação de p15INK4b em células isoladas da medula óssea e do sangue periférico é observada em quase todos os subtipos morfológicos de FAB. São geralmente observadas frequências mais elevadas nos subtipos M1, M2, M3 e M4 do que nos subtipos M5, M6 ou M7 e verifica-se que ocorrem na grande maioria das células leucémicas dos doentes **(Aggerholm et al., 1999; Wong et al., 2000; Shimamoto et al., 2005; Tsellou et al., 2005)**. Em doentes com LMA induzida por terapêutica (LMAt), a metilação aberrante da p15INK4b (em mais de 90% dos doentes) é independente do tipo de terapêutica anterior do doente, que varia entre agentes alquilantes, inibidores da topoisomerase II e radioterapia **(Christiansen et al, 2003)**. A p15INK4b é atualmente utilizada como um indicador de prognóstico independente na LMA e na SMD **(Chim et al., 2001; Christiansen et al., 2003; Teofili et al., 2003; Shimamoto et al., 2005; Chim et al., 2006)**. Nas várias categorias de doenças, os níveis de metilação aberrante da p15INK4b têm sido associados a um prognóstico geralmente mau. Em estudos que monitorizam doentes em todos os subtipos de LMA FAB, os doentes sem hipermetilação de p15INK4b no momento do diagnóstico apresentaram taxas de remissão completa mais elevadas, que também se correlacionaram com tempos de sobrevivência mais elevados **(Shimamoto et al., 2005; Deneberg et al., 2010).**

### 2.9.3.8 Hipermetilação de p15INK4b em APL

Na LPA, a presença do rearranjo PML/RARα também tem sido associada a anomalias epigenéticas específicas, incluindo o silenciamento epigenético do gene RARb2. Vários investigadores estudaram a relevância prognóstica da metilação específica do gene nas leucemias. Vários estudos relataram uma elevada incidência de hipermetilação p15 em todos os subtipos FAB de LMA **(Issa et al., 1997)**. No entanto, poucos estudos se debruçaram especificamente sobre a metilação da p15 nas LLA. **Wong et al., (2000)** registaram a metilação da p15 em 100% dos casos de APL, mas apenas foram analisados três casos.

**Chim et al. (2001 e 2003)** referiram pela primeira vez especificamente uma elevada incidência de metilação da p15 (73%) e (79%) em APL, sugerindo que a metilação da p15 era um indicador de mau prognóstico. Além disso, o autor demonstrou que a sobrevivência livre de doença (DSF) a 5 anos dos doentes com metilação anormal da p15 era significativamente inferior à dos doentes sem metilação da p15. Estes resultados foram limitados pela pequena dimensão da amostra e pela heterogeneidade dos tratamentos utilizados.

**Teofili et al., (2003)** também relataram a prevalência e o significado clínico da metilação da p15 na APL, tendo estudado 65 doentes, dos quais (52%) apresentavam metilação da p15. Esta não estava associada a qualquer variável clínica e, por conseguinte, parecia ser um fator independente. Detectaram a presença de bandas de ADN metilado juntamente com bandas de ADN não metilado numa elevada proporção de doentes, salientando que a deteção de ADN p15 metilado em cada amostra de células não implica necessariamente que a transcrição do gene p15 esteja abolida. Ao investigar a expressão do p15, verificaram que todos os doentes com ADN totalmente metilado não expressavam o p15, enquanto todos os doentes com ADN totalmente não metilado o expressavam. Além disso, a expressão da p15 era inconstante entre os doentes que apresentavam ADN metilado e não metilado, sugerindo que a hipermetilação do promotor da p15, por si só, não é o fator crítico que induz um risco acrescido de recaída e que a metilação anormal só confere um mau prognóstico quando resulta na ausência de expressão da p15. Foi ainda demonstrado que um mau resultado clínico estava associado tanto à ausência de ADN não metilado como à ausência de expressão de p15. Os doentes com metilação completa de p15 tinham uma sobrevivência livre de doença (DFS) significativamente mais curta em comparação com os doentes com metilação parcial de p15 ou ausência da mesma (29% vs 64% e 79%, respetivamente, aos 5 anos, P=0,03). Surpreendentemente, este facto não foi associado a uma pior sobrevivência global (OS). Este estudo indica claramente que o estado transcricional, mais do que o padrão de metilação do gene p15, pode representar uma nova ferramenta adicional para uma melhor estratificação dos doentes e para uma melhor conceção de uma terapia adaptada ao risco.

## 2.10Diagnóstico de APL

A leucemia promielocítica aguda (LPA) é caracterizada por uma série de caraterísticas que sustentam a necessidade de um diagnóstico rápido e exato e exigem uma abordagem de tratamento altamente específica. O estabelecimento rápido de um diagnóstico de LPA é fundamental para uma gestão óptima do doente. Este facto está particularmente relacionado com o risco significativo de morte hemorrágica se a diátese hemorrágica não for tratada e com o risco acrescido de recidiva associado a uma menor sobrevivência se os doentes com doença responsiva a retinóides não forem tratados com ATRA em combinação com quimioterapia. De facto, o ATRA tem uma vantagem adicional, na medida em que conduz rapidamente a uma melhoria da coagulopatia associada à doença. As abordagens diagnósticas centram-se essencialmente no estabelecimento da presença de uma fusão PML-RARα subjacente, que prevê uma resposta favorável ao ATRA e ao trióxido de arsénio (ATO), e na identificação de casos com uma fusão PLZF-RARα subjacente, que representam quase 1% das APL e nos quais estes fármacos são ineficazes quando utilizados como únicos agentes terapêuticos. Na prática, estes subtipos biologicamente distintos de APL podem geralmente ser distinguidos com base em caraterísticas morfológicas **(Sainty et al., 2000)**. As técnicas laboratoriais mais frequentemente utilizadas incluem a análise citogenética, a hibridação in situ por fluorescência (FISH), a reação em cadeia da polimerase com transcriptase reversa (RT-PCR) e a imunomarcação do PML. Na raresituação de APL morfologicamente confirmada, mas PML-RARα negativa, a análise citogenética pode revelar um rearranjo de 17q12-21, indicando que o RARα está fundido com um parceiro de fusão alternativo conhecido, cuja identidade pode ser subsequentemente confirmada por RT-PCR. No entanto, se a análise citogenética convencional se revelar inútil em APL PML-RARα negativo, a FISH utilizando sondas RARα ou a análise de Southern pode estabelecer se o RARα está rearranjado e a análise RT-PCR para a presença dos vários genes de fusão RARα alternativos pode então ser efectuada.

### 2.10.1 Diagnóstico citológico

Na leucemia promielocítica aguda hipergranular, a célula predominante é um promielócito altamente anormal. Na maioria dos casos, os blastos representam menos de 30% das células nucleadas da medula óssea. As caraterísticas citológicas distintivas são suficientes para permitir um diagnóstico e os casos são classificados como LMA M3, apesar da baixa percentagem de blastos. A célula predominante é um promielócito, cujo citoplasma é densamente preenchido com grânulos grosseiros vermelhos ou púrpura, que quase obscurecem o núcleo. Existe frequentemente uma assincronia nucleocitoplasmática, com o núcleo a apresentar um padrão de cromatina difuso e um ou mais nucléolos. Quando a forma nuclear pode ser discernida, verifica-se, na maioria dos casos, que é reniforme, dobrada ou bilobada, com apenas uma ponte estreita entre os dois lobos. Os bastonetes de Auer são comuns. Nalguns casos, existem grânulos gigantes ou múltiplos bastonetes de Auer, que estão frequentemente presentes em feixes ou faggots (Fig. 2.17A).

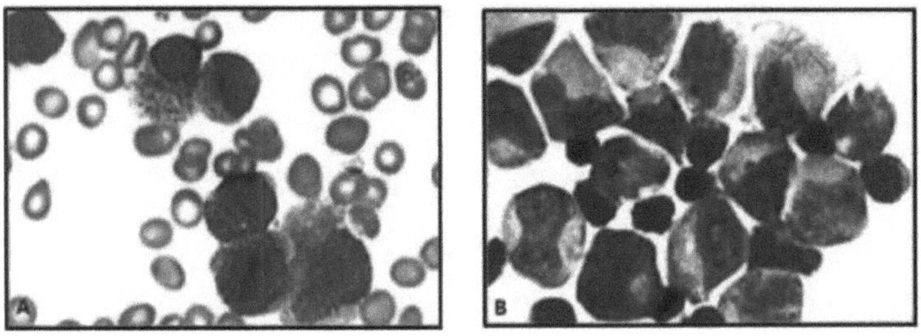

**Figura 2.17: A. Granulação citoplasmática intensa, especialmente na célula superior esquerda, num esfregaço de aspirado de medula óssea de um doente com APL. B. Numerosos Auerrods estão presentes no citoplasma das células APL nesta preparação de citospin. (Cortesia: Pathology e-Atlas).**

Na maioria dos casos, existe uma minoria de células agranulares, com grânulos esparsos ou com grânulos finos de cor vermelha ou ferrugem, semelhantes a poeira, em vez de grânulos grosseiros de coloração brilhante. Também podem ser observadas células sem grânulos mas com lagos de material rosa hialino no citoplasma (Fig. 2.17B). Pode haver diferenciação basofílica na LMA M3, para além da diferenciação neutrofílica dominante.

## 2.10.2 Análise citogenética

A análise citogenética faz parte do "work-up" de rotina obrigatório para qualquer doente recentemente diagnosticado com LMA. O cariótipo demonstrou ser um fator determinante do prognóstico nesta doença, prevendo a probabilidade de indução de remissão bem sucedida, o risco de recaída e a sobrevivência global, e está a ser cada vez mais utilizado para ditar a abordagem terapêutica em ensaios clínicos de grande escala **(Grimwade, 2001)**. Na maioria dos doentes com APL morfológica, a presença de um rearranjo PML/RARα subjacente é indicada pela deteção da t(15;17) **(Grimwade, 1999)** (Fig.2.18).

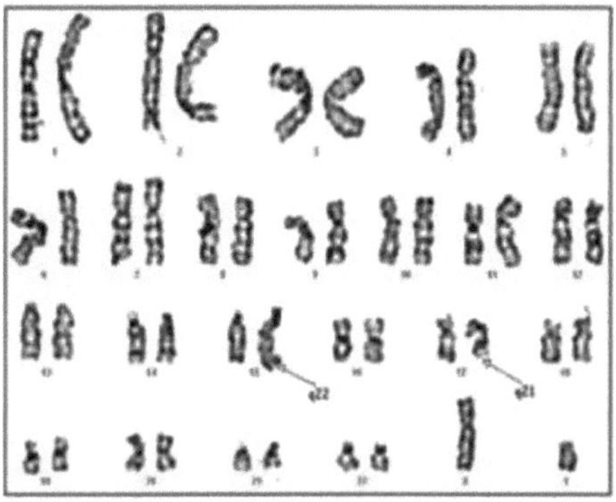

**Figura 2.18: Cariótipo de um doente com APL com t(15;17)**

No entanto, a análise de ensaios clínicos multicêntricos revela que esta anomalia não é identificada em cerca de 15% dos casos de suspeita de APL, a maioria dos quais apresenta rearranjos PML/RARα subjacentes **(Burnett et al., 1999)**. Em alguns casos, isto reflecte uma falha da técnica citogenética; por exemplo, o exame cromossómico direto pode levar à apresentação de um cariótipo falsamente normal, reflectindo elementos residuais da medula óssea normal cujo crescimento é favorecido em relação aos blastos APL **(Berger et al., 1981)**. Esta lacuna é geralmente ultrapassada por uma cultura mais prolongada de blastos leucémicos antes da avaliação citogenética, que desde então tem sido adoptada como prática padrão para a análise de casos com suspeita de APL. No entanto, apesar desta abordagem, nalguns casos de APL com cariótipo normal, a RT-PCR detecta transcrições de fusão PML-RARα e RARα-PML recíprocas, o que implica que a t (15;17) estava presente, mas não tinha sido detectada pela análise citogenética **(Burnett et al., 1999)**. Os rearranjos PML/RARa podem também resultar de eventos de inserção, nos quais os cromossomas 15 e 17 têm tipicamente um aspeto normal, ou de aberrações mais complexas envolvendo múltiplos cromossomas **(Grimwadeet al., 2000)**. A ocorrência destes fenómenos implica claramente que são necessárias técnicas moleculares adicionais, tais como RT-PCR, Southern, imunofluorescência PML ou FISH, para complementar a citogenética convencional e confirmar o diagnóstico de APL.

No entanto, a citogenética convencional não deve ser abandonada, uma vez que é claramente fundamental para a identificação de translocações alternativas, cuja caraterização tem proporcionado conhecimentos consideráveis sobre a patogénese da APL como um todo. Além disso, a análise citogenética tem valor na identificação de aberrações cromossómicas secundárias, cujo significado biológico e clínico é atualmente incerto. A maioria dos estudos sugeriu que a presença de anomalias citogenéticas adicionais não confere um efeito deletério no resultado **(Grimwade, 2001)**. De facto, as provas preliminares sugerem que também se observa um resultado favorável nos casos em que a t(15;17) coexiste com caraterísticas citogenéticas que, de outra forma, poderiam prever um prognóstico desfavorável, tais como aberrações 3q, -5/del(5q), -7 ou ocorre num cariótipo complexo **(Grimwade, 2001)**.

Raramente, em aproximadamente 1% a 2% dos casos de APL, quando o rearranjo PML-RARα não está presente, foram identificadas translocações citogenéticas variantes. Verificou-se que estas variantes envolvem o gene RARα no cromossoma 17, mas não o gene PML no cromossoma 15, apoiando assim o papel central do RARα na patogénese da APL.

A variante APL mais comum e mais bem estudada é a t(11;17)(q23;q21), que funde o ZBTB16 (anteriormente PLZF [promyelocytic leukemia zinc finger]) com o RARα e resulta na produção da proteína de fusão PLZF-RARα e da proteína de fusão recíproca RARα-PLZF **(Chen et al., 1994 ; Chen et al., 1993 ; Licht et al., 1995)**. A segunda variante mais comum de APL é a t(5;17)(q35;q21), que resulta na fusão do NPM (gene da nucleofosmina) com o RARα e na produção da proteína de fusão NPM-RARα. A produção da proteína de fusão recíproca também foi descrita **(Redner et al., 1996)**. As outras variantes são muito menos comuns e são representadas apenas por alguns relatos de casos na literatura. Como mencionado anteriormente, acredita-se que todas codificam os domínios C-terminal B a F do RARα e mapeiam para o segundo intrão do gene RARα **(Redner, 2002)**.

Nalguns casos, foi encontrado um rearranjo de 17q12-21, o locus para RARα; contudo, o parceiro de fusão ainda não foi identificado. Estes incluem t(14;17) (q22;q21), t(8;17) (p21;q21), t(1;17) (p36;q21) e t(7;17) (q36;q22) **(Kim et al., 2010)**. Estes casos podem representar rearranjos crípticos da APL t(15;17) clássica ou de uma das outras variantes de APL conhecidas, ou podem, de facto, representar novas variantes. Foi também recentemente descrito um caso de um gene quimérico PML/RARa no cromossoma 12 (t(12;15;17)(q24;q24;q11) **(Bennour et al., 2013)**.

Outros investigadores encontraram casos morfológica e imunofenotípicamente diagnosticados de APL sem rearranjos RARα; contudo, o RARα pode ainda estar envolvido nestes casos através de uma mutação críptica ou de mecanismos epigenéticos **(Redner, 2002)**.

A APL pode ser negativa para a t(15;17) apenas através de estudos citogenéticos por várias razões, incluindo uma divisão metafásica deficiente, anomalias cromossómicas complexas, fusão PML/RARα críptica ou o facto de estar presente uma translocação variante **(Kim et al., 2010)**. Apesar de os estudos citogenéticos poderem raramente ser negativos para a t(15;17) em doentes com SAF, o teste citogenético deve ser o primeiro teste realizado num doente com suspeita de SAF, porque a maioria dos doentes possui a t(15;17). Nos casos em que os testes citogenéticos são negativos, podem ser utilizados testes moleculares rápidos, como a hibridização in situ por fluorescência, a reação em cadeia da polimerase em tempo real e a análise Southern blot, bem como a imunofluorescência PML, para identificar a fusão PML/RARα **(Brockman et al., 2003)**. Mais recentemente, a sequenciação de todo o genoma também tem sido utilizada para identificar eventos citogeneticamente crípticos em doentes com APL e é um recurso cada vez mais útil nos casos em que se suspeita de APL, mas a translocação não pode ser identificada por métodos mais convencionais **(Welch et al., 2011)**.

### 2.10.3 Hibridação fluorescente in situ (FISH)

A FISH pode constituir uma abordagem de segunda linha valiosa para caraterizar os casos em que a citogenética convencional não revela a translocação clássica t(15;17). Uma vantagem potencial da técnica de FISH é a grande variedade de amostras que podem ser utilizadas para análise. Estas incluem células cultivadas para cariotipagem convencional que permitem a avaliação de cromossomas (FISH metafásico) e/ou núcleos (FISH interfásico). Além disso, podem ser utilizados esfregaços de medula óssea e de sangue periférico, ou citospinas, para a FISH interfásica. Isto pode ser particularmente útil em situações em que a análise citogenética convencional e/ou a RT-PCR não são bem sucedidas, especialmente quando a amostra contém muito poucas células.

Embora as tintas cromossómicas possam ser úteis na caraterização de translocações complexas ou variantes, não são adequadas para a investigação da maioria dos casos com fusões PML-RARα devidas a inserções, uma vez que a quantidade de material derivado do rearranjo dos cromossomas 15 ou 17 é geralmente demasiado pequena para ser discernida. Por conseguinte, a caraterização de fusões PML-RARα crípticas depende de sondas específicas do locus que flanqueiam ou abrangem o ponto de quebra cromossómico. Estão disponíveis comercialmente sondas específicas para os loci PML e RARα. No entanto, é importante ter em atenção o tamanho e a localização destas sondas, uma vez que estes factores têm de ser tidos em conta na avaliação dos resultados obtidos, particularmente em doentes sem a clássica t(15;17). Idealmente, devem ser utilizadas sondas cosmídeas relativamente pequenas que sejam específicas para a fusão PML-RARα, uma vez que a sua geração por pequenos eventos de inserção pode ser potencialmente ignorada quando são utilizadas sondas muito maiores. Além disso, os conjuntos de sondas concebidos para detetar o gene de fusão recíproco RARα- PML não produzirão sinais de fusão em situações em que a fusão PML-RARα resulte de inserções ou translocações variantes simples, uma vez que, nesses casos, o recíproco não é formado **(Grimwade et al., 2000)**. Uma outra advertência diz respeito à interpretação da FISH interfásica, uma vez que os cromossomas 15 e 17 normais podem estar muito próximos em alguns núcleos, dando assim origem a sinais falsos positivos. Para resolver esta questão, é importante estabelecer um limiar de positividade utilizando várias amostras normais (percentagem média de células positivas+3s.d.), que é de cerca de 10% com as sondas atualmente disponíveis.

### 2.10.4 RT-PCR no diagnóstico molecular de APL

Das várias técnicas moleculares disponíveis, a RT-PCR apresenta uma série de vantagens, desde que sejam tomadas precauções para evitar falsos positivos devido a contaminação e falsos negativos devido a má qualidade do ARN, falhas nas etapas de RT ou PCR ou utilização de primers inadequados devido à ocorrência de pontos de quebra invulgares **(Grimwade, 1999)**. A RT-PCR pode fornecer uma confirmação relativamente rápida de um diagnóstico clínico de APL **(Diverio et al., 1996)** e, neste contexto, o sangue periférico, bem como a medula óssea, são adequados para análise. Além disso, pode ser utilizado para determinar rapidamente os padrões de pontos de quebra da PML, que, em alguns estudos, foram correlacionados com uma variedade de caraterísticas da doença e considerados como fornecendo informações de prognóstico **(Burnett et al., 1999; Gallagher et al., 1995; Guglielmi et al., 1998; Slack et al., 1998; Borrow et al., 1992; Vahdat et al., 1994; Jurcic et al., 2001)**. Vários estudos sugeriram que a presença de um ponto de rutura PML bcr-3 (forma S) pode conferir um pior prognóstico. No entanto, este efeito foi mais acentuado em estudos em que o ATRA foi utilizado como agente único de terapia de indução e pode estar relacionado com a diminuição da sensibilidade ao ATRA observada in vitro em casos bcr-3 **(Cassinat et al., 2001)**. No entanto, uma vez que tais pontos de quebra ocorrem em apenas 5% dos doentes e são heterogéneos a nível molecular **(Reiter et al., 2000)**, os números estudados até à data foram insuficientes para excluir a possibilidade de quaisquer diferenças estarem relacionadas com o acaso e não com um efeito biológico genuíno. A determinação do ponto de rutura do PML é também pertinente para a escolha de iniciadores para a monitorização subsequente da MRD utilizando abordagens convencionais de ponto final ou de RT-PCR quantitativa em tempo real (q-PCR) **(Grimwade, 2002)**. A análise de diagnóstico por RT-PCR tem a vantagem adicional de permitir a deteção de transcrições recíprocas RARα-PML, que constituem um potencial alvo adicional para a monitorização da MRD, disponível em aproximadamente 75% dos doentes **(Burnett et al., 1999; Li et al., 1997)**.

A importância do diagnóstico molecular para a gestão óptima dos doentes com suspeita de APL foi inicialmente sugerida por **Miller et al. (1992)** e subsequentemente sublinhada por vários estudos prospectivos, incluindo o recente ensaio MRC ATRA. Verificou-se que os doentes com evidência exclusivamente molecular da fusão PML-RARα partilhavam o prognóstico favorável dos doentes com t(15;17) documentada, enquanto os casos sem evidência molecular e citogenética de um rearranjo PML/RARa subjacente apresentavam um pior resultado **(Burnett et al., 1999)**.

## 2.10.5 Imunofenotipagem (citometria de fluxo)

O diagnóstico de SAF baseia-se tradicionalmente na identificação morfológica das células leucémicas, seguida da deteção citogenética molecular confirmatória da t(15;17) e de outras translocações variantes raras através de cariotipagem, hibridação in situ por fluorescência (FISH) e reação em cadeia da polimerase com transcriptase reversa (RT-PCR). Para facilitar o diagnóstico rápido de APL, a citometria de fluxo (FCM) tem sido amplamente utilizada e extensivamente estudada, especialmente desde que a FCM se tornou um procedimento de rastreio de rotina do sangue e da medula óssea nos Estados Unidos para essencialmente todas as malignidades hematológicas. Imunofenotipicamente, a variante hipergranular apresenta uma dispersão lateral aumentada, não expressa o antigénio leucocitário humano DR (HLA-DR) e o CD34, e tem uma expressão brilhante do CD33, uma expressão brilhante da mieloperoxidase citoplasmática e uma expressão variável do CD13. A variante microgranular tem caraterísticas imunofenotípicas semelhantes no que diz respeito a CD13, CD33 e mieloperoxidase, mas pode apresentar uma expressão fraca de HLA-DR e fraca de CD34 e é também mais provável que apresente uma expressão aberrante de

CD2. Ambas as formas, no entanto, expressam CD117, são tipicamente CD34 e HLA-DR negativos, e raramente expressam CD15. Muitos casos expressam também CD64, e cerca de 15% a 20% têm expressão de CD56, o que se verificou estar associado a uma remissão completa mais curta e a uma sobrevivência mais fraca **(Sainty et al., 2000)**.

A variante PLZF/RARα APL é novamente única na medida em que está mais frequentemente associada à expressão de CD56 em comparação com o APL clássico **(Yamanouchi et al., 2011)**. Em geral, o APL com translocações complexas e variantes apresenta caraterísticas morfológicas e imunofenotípicas semelhantes às do APL clássico. A exceção, contudo, é a t(11;17) PLZF-RARa.

### 2.10.6 Imunofluorescência/Imunocoloração

Uma vez que a APL constitui uma emergência hematológica, o diagnóstico rápido é de importância primordial. Embora as abordagens convencionais de RT-PCR **(Diverio et al., 1996)**, bem como as técnicas mais recentes de q-PCR, possam fornecer um resultado no prazo de 1 dia, tem havido um interesse considerável na imunofluorescência utilizando anti-soros policlonais ou monoclonais de PML, que pode ser efectuada em 4 horas, sendo o diagnóstico de APL PML-RARα positivo confirmado através da deteção de um padrão de coloração nuclear microparticulado caraterístico **(Grimwade et al., 1996; Dyck et al.,1995; Falini et al., 1997)**. A técnica é fiável desde que: (1) seja excluída a rutura celular (através da utilização de contraste de fase ou de contracoloração nuclear); (2) as células sejam suficientemente finas para evitar a sobreposição de blastos; e (3) o material examinado contenha um número suficiente de blastos de APL (ou seja, o sangue periférico derivado de doentes com leucopenia dará resultados falsos negativos se não houver blastos). A técnica também é adequada para a análise de esfregaços de buffy coat e de medula óssea brutos não fixados e não corados (frescos ou armazenados a -20°C), prestando-se à análise de material de arquivo. É agora claro que a deteção de um padrão de coloração nuclear microparticulado por imunofluorescência PML- em blastos é específica para casos de LMA que expressam a proteína de fusão PML-RARα, identificando assim o grupo de doentes susceptíveis de beneficiar de retinóides e trióxido de arsénio. Nos casos em que o RARα se encontra fundido com um parceiro alternativo, por exemplo, PLZF, NuMA, NPM, ou em casos documentados de LPA sem um rearranjo do RARα, foi registado um padrão de coloração nuclear da PML de tipo selvagem **(Grimwade et al., 2000; Grimwade et al., 1997; Wells et al., 1997; Hummel et al., 1999)**.

A imunofluorescência do PML provou ser muito valiosa para estabelecer rapidamente um diagnóstico clínico de APL e fornecer um teste de confirmação em casos considerados como tendo rearranjos t(15;17) crípticos com base em análises FISH ou RT-PCR. Embora a coloração por imunofluorescência do PML seja uma abordagem muito útil, não deve ser considerada como um substituto da RT-PCR, uma vez que não consegue distinguir entre pontos de quebra do PML e não tem a sensibilidade necessária para ser útil na deteção de doença residual mínima.

### 2.10.7 Monitorização da doença residual mínima

Tendo em conta o prognóstico relativamente favorável do APL PML-RARα positivo após a terapêutica padrão de primeira linha com ATRA e regimes de quimioterapia à base de antraciclinas, existe agora um consenso crescente de que a utilização de rotina do transplante de células estaminais hematopoiéticas (HSCT) já não é adequada para consolidar a CR1 nesses doentes. No entanto, para conseguir mais melhorias nas taxas de cura, tornou-se cada vez mais importante identificar o subgrupo relativamente pequeno de doentes com mau prognóstico, nos quais a recaída pode ser potencialmente evitada através da modificação do tratamento. Isto pode envolver uma consolidação mais intensiva, a utilização de HSCT na primeira remissão ou abordagens terapêuticas alternativas, como o trióxido de arsénio. Foram identificadas várias caraterísticas pré-tratamento que prevêem um risco acrescido de recidiva, incluindo a contagem de leucócitos e plaquetas **(Burnett et al., 1999; Sanz et al., 2000; Asou et al., 1998)**, o estatuto

CD56 **(Murray et al., 1999; Ferrara et al., 2000)**, a presença de mutações FLT3 **(Kottaridis et al., 2001)** e o padrão de pontos de rutura da PML. Este facto levou ao desenvolvimento de uma abordagem de tratamento adaptada ao risco pelos grupos GIMEMA e PETHEMA, segundo a qual a intensidade da terapêutica de consolidação é modificada de acordo com as contagens de leucócitos e plaquetas apresentadas. Embora este seja claramente um passo na direção certa, as caraterísticas do pré-tratamento não têm atualmente a precisão necessária para garantir uma intensidade de tratamento ideal de acordo com os requisitos de cada caso individual. Este facto gerou uma grande expetativa de que a monitorização da MRD, que já demonstrou fornecer informações prognósticas independentes na APL, cumprisse a sua promessa de permitir uma identificação mais precisa dos doentes que, de outra forma, estariam destinados a recaída, assegurando assim o direcionamento da terapêutica adicional apenas para os doentes com maior probabilidade de beneficiar.

## 2.10.8 RT-PCR quantitativa (q-PCR) "em tempo real" em APL

Vários grupos estabeleceram ensaios q-PCR para a deteção de transcrições de fusão PML-RARα **(Gabert et al., 2000; Slack et al., 2001; Cassinat et al., 2000; Visani et al., 2000; Mitterbauer et al., 2000; Grimwade et al., 1999; Kwong et al., 2001)**, com resultados preliminares encorajadores. Os ensaios baseados na tecnologia de hibridação ou de sonda de hidrólise demonstraram ser altamente reprodutíveis e relativamente sensíveis, detectando menos de 10 cópias de plasmídeo do gene de fusão e uma única célula APL entre $10^4$ e $10^5$ células de enchimento não APL. O estudo de **Cassinat et al., (2000)** forneceu provas preliminares da existência de cinéticas diferentes de obtenção de remissão molecular após ATRA e quimioterapia. A monitorização rigorosa da MRD numa série de 15 doentes realizada por **Mitterbauer et al. (2000)** previu com êxito recaídas em cinco doentes que foram precedidas por um aumento dos níveis de transcrição PML-RARα. Numa análise de 47 doentes provenientes do ensaio MRCATRA, utilizando conjuntos de primers PML-RARα desenvolvidos pelo

Europe Against Cancer Group **(Gabert et al., 2000)**, verificou-se que a q-PCR aumentava as taxas de deteção de MRD em comparação com o ensaio RT-PCR convencional **(Grimwade et al., 1999)**. Além disso, este estudo realçou os benefícios da q-PCR como meio de identificar amostras com ARN inadequado que poderiam potencialmente dar origem a resultados de PCR "falsos negativos". Verificou-se que essas amostras apresentavam níveis muito baixos de expressão de RARα, que foi avaliado como gene de controlo, pelo que não podiam permitir a deteção de MRD em qualquer ponto que se aproximasse da sensibilidade teórica máxima alcançada com ARN de boa qualidade. Uma vez que os ensaios convencionais de "ponto final" detectavam invariavelmente transcrições de RARα em tais amostras subóptimas, os estudos anteriores baseados nesta metodologia não teriam conseguido excluí-las. Para além de reduzir a frequência de resultados "falsos negativos", verificou-se que a q-PCR fornecia um fator de prognóstico independente, de acordo com análises anteriores no mesmo grupo de doentes utilizando RT-PCR convencional **(Burnett et al., 1999)**. A deteção de transcrições PML-RARα no final da consolidação foi preditiva de recidiva subsequente. Os doentes com transcrições PML-RARα detectáveis após o terceiro ciclo de quimioterapia tinham um risco significativamente maior de recidiva (60%) em comparação com os doentes com PCR negativo nesta fase (risco de recidiva de 15%) **(Grimwade et al., 1999)**. Por conseguinte, embora os estudos realizados até à data sobre q-PCR em APL sejam relativamente pequenos, constituem um forte apoio à adoção desta abordagem para a monitorização prospetiva da MRD em ensaios clínicos de grande escala. Além disso, a pronta normalização dos ensaios q-PCR não só facilita o controlo de qualidade, como também oferece, pela primeira vez, uma excelente oportunidade para uma comparação mais fiável dos dados de MRD entre grupos de ensaios nacionais e internacionais.

## 2.11 Factores de prognóstico em APL

A contagem de leucócitos antes do início da terapêutica é o fator de prognóstico mais relevante para a sobrevivência em doentes com APL. A idade é outro fator importante **(De la Serna et al., 2008)**. Em doentes tratados com ATRA e antraciclinas (protocolo AIDA do GIMEMA e PETHEMA), verificou-se que a combinação das contagens de leucócitos e plaquetas pré-terapêuticas (pontuação de Sanz) constitui um fator de risco significativo para a previsão de recaída. Este score distingue três grupos de risco. Em protocolos que contêm ATRA e em monoterapia com antraciclinas, serve como um parâmetro de prognóstico significativo que é utilizado para controlar a intensidade da terapêutica **(Sanz MA, et al., 2000)** [Quadro 2.1].

| | **Baixo risco** | **Risco intermédio** | **Risco elevado** |
|---|---|---|---|
| **Leucócitos/ µl** | ≤ 10,000 | < 10,000 | > 10,000 |
| **Plaquetas/ µl** | > 40,000 | < 40,000 | ≤ 40,000 |

**Tabela 2.1: Escore de prognóstico de APL (Escore de Sanz)***

Outros factores de prognóstico potencialmente desfavoráveis são as mutações do comprimento do FLT3, a isoforma bcr-3, a expressão de CD56 e aberrações citogenéticas adicionais em caso de translocação t(15;17). No entanto, estes parâmetros não são utilizados na estratificação da terapêutica.

Se não forem tratados, os doentes com APL têm uma sobrevivência média inferior a 1 mês. No entanto, apesar do facto de a LPA ter um elevado risco de coagulopatia e morte se não for tratada rapidamente, o prognóstico para os doentes tratados que conseguem obter uma remissão completa é melhor do que o de qualquer outra categoria de LMA. Os doentes com LPA que conseguem uma remissão completa têm um prognóstico favorável de

O prognóstico a longo prazo é bom porque existe um baixo risco de recaída e o transplante de medula óssea já não é o tratamento padrão aquando da primeira remissão completa. Ensaios clínicos recentes demonstraram que mais de 90% dos doentes com APL t(15;17) clássico estão livres da doença e sem tratamento ao fim de 5 anos **(Wang e Chen, 2008; Sanz e Lo-Coco, 2011)**. A elevada taxa de cura deve-se ao desenvolvimento de regimes de tratamento que combinam ATRA e ATO **(Welch et al., 2011)**. Os doentes com menos de 30 anos e os que apresentam uma contagem de glóbulos brancos inferior a 10 000/ul e uma contagem de plaquetas superior a 40 000/ul tendem a ter o prognóstico mais favorável. Os doentes que recaem têm tipicamente uma sobrevivência de apenas 1 a 3 anos **(Sanz e Lo-Coco, 2011)**.

A maioria dos doentes com APL com translocações variantes também pode ser tratada com sucesso com ATRA e ATO; no entanto, o prognóstico pode não ser tão favorável como nos doentes com fusão PML/RARα. Por exemplo, alguns investigadores descobriram que, apesar de os doentes com fusão NPM/RARα responderem ao ATRA, podem ter um maior risco de recaída **(Qiu et al., 2008)**. No entanto, **(Chen et al., 2010)** registaram o caso de um doente com APL t(5;17) NPM-RARα que alcançou uma sobrevivência a longo prazo com ATO. Os doentes com PLZF/RARα e STAT5B/RARα são resistentes ao ATRA e podem ter um pior prognóstico em comparação com as outras variantes de APL **(Welch et al., 2011)**.

## 2.12Tratamento de APL

Ao contrário de quase todas as outras doenças, para as quais o tratamento só é iniciado depois de se estabelecer o diagnóstico correto, nos doentes com suspeita de LLA o tratamento tem de começar antes de o diagnóstico ser confirmado. O tratamento de doentes com SAF representa uma verdadeira emergência no tratamento de doentes com leucemia aguda, principalmente devido à hemorragia, que continua a representar uma das principais causas de morte precoce **(Asouet al., 2007; De la Sernaet al., 2008)**.

### 2.12.1 Curso de terapia de primeira linha

Os conceitos de tratamento em APL consistem em terapia de indução com o objetivo de alcançar uma remissão hematológica completa (RC), terapia pós-remissão que consiste em três ciclos de consolidação e terapia de manutenção de até 2 anos, que se destina a manter a RC. Uma vez que só os doentes com remissão molecular conseguem uma sobrevivência livre de doença a longo prazo, atingir e manter um estado de remissão molecular de PML-RARα é o objetivo final da terapêutica.

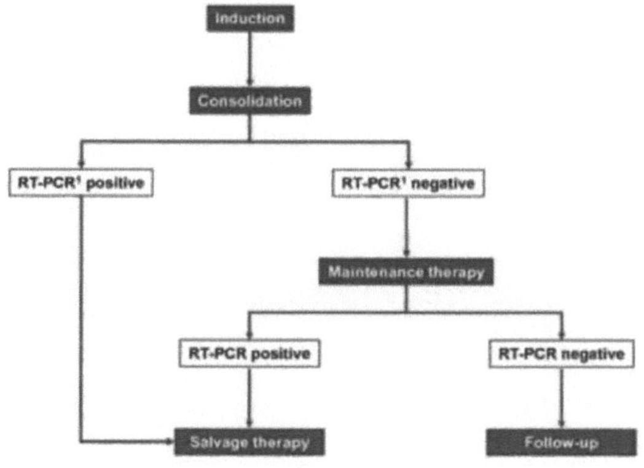


**Figura 2.19: Algoritmo da terapêutica de primeira linha**

## 2.12.1.1 Indução

Uma vez suspeitado o diagnóstico com base nos achados clínicos e no esfregaço de sangue periférico (mesmo sem esperar por um exame da medula óssea), e antes de o diagnóstico ser confirmado por estudos citogenéticos ou moleculares, o ATRA deve ser iniciado na dose padrão de 45 mg/m2 por dia em doses divididas e administrado de emergência, tanto para resolver a coagulopatia como para iniciar a terapêutica de indução. É importante determinar a classificação de risco com base na contagem de leucócitos e plaquetas **(Sanz et al., 2004)**. Se o doente apresentar uma doença de risco baixo ou intermédio (leucócitos < 10000/uL) e uma coagulopatia significativa, o ATRA é continuado durante 1 a 3 dias antes de se iniciar a quimioterapia (quimioterapia específica) para melhorar a coagulopatia, desde que os leucócitos não estejam a aumentar rapidamente. A quimioterapia é iniciada após 1 a 3 dias de ATRA porque, em doentes com doença de risco baixo e intermédio, o risco de síndrome de diferenciação APL é menor **(de Botton et al., 2003)**. No entanto, se o doente apresentar doença de alto risco (WBC >10000/uL), a administração de ATRA isoladamente pode induzir mais leucocitose com exacerbação da coagulopatia e pode contribuir para o desenvolvimento da síndrome de diferenciação APL. Por conseguinte, nos doentes que apresentam doença de alto risco, o ATRA e a quimioterapia são iniciados em simultâneo e, mais uma vez, antes de o diagnóstico de APL ser confirmado por citogenética ou estudos moleculares.

A dose padrão de ATRA é continuada até se atingir a RC pelos critérios do sangue periférico e da medula óssea, desde que o doente esteja a tolerar bem o ATRA. O ATRA tem toxicidades pouco apreciadas que podem ser incorretamente diagnosticadas. As erupções cutâneas são relativamente comuns e podem ser atribuídas a outras causas **(Kurzrock et al., 1993; Hakimian et al., 1993; Astudillo et al., 2002; Jagdeo et al., 2007)**. O relatório recente de uma série não aleatória sugeriu que os pacientes têm um resultado menos favorável se receberem menos do que a duração total do ATRA **(Thepot et al., 2008)**. No entanto, a maioria dos doentes que recebem pelo menos 2 semanas de ATRA (no caso de ser descontinuado por toxicidade proibitiva) atingem posteriormente a RC. A toxicidade do ATRA tem manifestações proteicas, que são frequentemente atribuídas a outras causas, incluindo necrose da medula óssea, pancreatite e hipercalcemia **(Hatake et al., 1997)**. Muitos oncologistas hematologistas pediátricos iniciam o ATRA com uma dose mais baixa de 25 mg/m2 por dia para doentes com menos de 20 anos, devido à perceção geral de que as crianças e os jovens adultos toleram menos bem o ATRA do que os adultos mais velhos, com uma incidência relativamente elevada de pseudotumor cerebral, e existem dados que sugerem que meia dose de ATRA ou mesmo menos pode ser tão eficaz como a dose padrão **(Castaigneet al., 1993; Chen et al., 1996)**. Dados recentes in vitro sugerem que o ácido retinóico em doses baixas induz a diferenciação, mas não a perda de células iniciadoras da leucemia (a célula estaminal putativa) em comparação com doses mais elevadas **(Nasr et al., 2008)**. Por conseguinte, o ATRA é iniciado e continuado na dose padrão em adultos, a menos que se desenvolvam toxicidades proibitivas atribuíveis ao ATRA, o que não é comum.

### 2.12.1.2 Consolidação

Após o fim da terapêutica de indução da APL, é de grande importância consolidar a RC alcançada com ciclos adicionais de quimioterapia. A obtenção de taxas de remissão molecular de cerca de 95% em doentes que recebem pelo menos mais dois ciclos de quimioterapia à base de antraciclinas após a indução levou à adoção desta estratégia como padrão para a consolidação **(Sanz et al., 2005)**. A terapêutica de consolidação baseia-se na pontuação de risco de Sanz para APL (baixo risco WBC<10x$10^9$ /L e Plt>40x$10^9$ /L, risco intermédio WBC<10x$10^9$ /L e Plt<40x$10^9$ /L, e alto risco WBC≥10x109/L). Este sistema de pontuação serve como um preditor significativo de recaída e é utilizado como um parâmetro de prognóstico para controlar a intensidade da terapia de consolidação **(Sanzet al., 2000)**. São administrados 2 ou 3 ciclos de quimioterapia à base de antraciclinas para doentes de risco baixo e intermédio em primeira remissão completa (CR1). É administrado ATRA durante 1 a 2 semanas em cada ciclo de consolidação, com base em comparações de séries históricas consecutivas. Para os doentes com doença de alto risco (leucócitos>10000/uL), podem ser administradas doses intermédias ou elevadas de Ara-C, dependendo da idade, como primeira consolidação, tal como no estudo GIMEMA APL 2000, ou ATO durante 2 ciclos de 25 dias cada, tal como no segundo estudo North American Intergroup C9710 **(Powell,2007)**. Dada a duração mais curta da consolidação, a preferência vai para o Ara-C em dose intermédia, reservando o ATO para a doença recidivante se o doente não tiver sido tratado com ATRA mais ATO na indução inicial.

Numa pequena fração de doentes com doença residual mínima (DRM) persistente, após a consolidação, dado o mau prognóstico neste subgrupo, o TCTH alogénico deve ser considerado como uma opção, se tiverem um dador adequado disponível **(Breccia et al., 2004)**. Este grupo em particular corre um risco elevado de progressão rápida, pelo que a ATO pode ser incluída para a redução da carga da doença e para entrar na RC molecular antes do transplante.

### 2.12.1.3 Manutenção

A terapêutica de manutenção em APL continua a ser uma questão controversa. Vários estudos realizados em terapia pós-consolidação não confirmaram um benefício claro da terapia de manutenção, especialmente no grupo de doentes PCR negativos após a consolidação **(Avvisati et al., 2011)**. É importante salientar que, no grupo de doentes PCR negativos, uma pequena parte deles irá definitivamente recair, especialmente aqueles com a forma hiperleucocítica da doença no início (WBC ≥10x109/L). A terapêutica de manutenção padrão inclui ATRA+6-MP+Mtx; esta combinação indica uma vantagem sobre a monoterapia com ATRA em ensaios aleatorizados de doentes adultos com APL **(Fenaux et al., 1999; Sanz et al., 2000)**.O benefício da terapêutica de manutenção depende sobretudo de vários factores de risco (grupo de risco, utilização e dose de antraciclinas durante a indução e consolidação, bem como a intensidade das terapêuticas anteriores). A terapêutica de manutenção durante 1 a 2 anos com ATRA intermitente e quimioterapia de baixa dose com 6-mercaptopurina e metotrexato é administrada, o que pode ser particularmente benéfico em doentes com doença de alto risco. Não existem dados comparativos prospectivos que indiquem se 1 ou 2 anos de manutenção é melhor. Por conseguinte, até à conclusão de mais estudos, a manutenção é continuada durante 2 anos, exceto se se desenvolver toxicidade.

## 2.13APL recidivante/refratário

Após a conclusão da terapêutica de consolidação em APL de novo, que foi introduzida na RC, é necessário um acompanhamento regular na expetativa de uma eventual recaída da doença. A maioria das recaídas ocorre nos primeiros três anos após a conclusão da consolidação **(Gallagher et al., 2003)**. A taxa de recidiva estimada é de cerca de 30% e depende do perfil de risco individual **(Fenaux et al., 1999; Sanz et al., 2004; Lengfelder et al., 2000, 2002)**. As recaídas tardias na APL são raras e os doentes que mantiveram a sua RC durante 5 anos podem ser considerados curados **(Doueret al., 2013)**. A monitorização da MRD tem significado clínico na APL, uma vez que a persistência ou a recorrência de uma RT-PCR positiva do transcrito PML/RARa (sensibilidade 1x10- 4) em remissão hematológica está associada a uma recaída precoce **(Diverio et al., 1998)**. A APL recidivante pode ser considerada através do conceito de recidiva molecular e hematológica.

### 2.13.1 Recaída molecular

A recidiva molecular é um nível subclínico (invisível) de recidiva da doença; no entanto, é a introdução na recidiva hematológica maciça. A recorrência da positividade da PCR é normalmente visível primeiro na medula óssea e, ocasionalmente, as transcrições de PML/RARa não se tornam detectáveis no sangue periférico até à altura da recaída hematológica **(Santamaria et al., 2007; Grimwade et al., 2009)**. A positividade da PML/RARa deve ser detectada em dois testes PCR sucessivos no espaço de duas semanas, para evitar falsos positivos.

### 2.13.2 Recaída hematológica

Atualmente, o ATO é considerado a melhor opção de tratamento para a APL recidivante, dada a sua elevada eficácia antileucémica e o perfil de toxicidade relativamente favorável **(Douer, 2002; Chenet al., 2007)**. No início da década de 1990, o grupo de Shangai efectuou estudos preliminares com ATO como terapêutica de salvamento **(Shen et al., 1997)**, que foram posteriormente reproduzidos na população ocidental. Numerosos estudos recentes confirmaram a eficácia elevada e sustentada do ATO na APL recidivante/refractária. Nesses estudos, a taxa de RC foi de 80% a 90% e a sobrevivência global foi de 50% a 70% num período de 1 a 3 anos **(Au et al., 2003; Lazo et al., 2003; Niu et al., 1999; Raffoux et al., 2003; Shigeno et al., 2005)**. As provas actuais sugerem que a utilização de, pelo menos, 2 ciclos de ATO resulta na obtenção de uma segunda RC molecular em quase 80% dos casos **(Tallman, 2007)**. A consolidação óptima após a segunda RC é desconhecida. De acordo com as recomendações do grupo europeu de peritos em APL de 2007, recomenda-se uma terapêutica de consolidação com ATO+ATRA (ATO 0,15 mg/kg 25 dias com pausa ao fim de semana e aplicação concomitante de ATRA 45 mg/m2 33 dias), após a indução com arsénio. Os doentes que recaíram após ATO podem entrar em remissão após ATO+ATRA **(Au et al., 2002)**. Após a conclusão da terapia de consolidação, a remissão deve ser avaliada por teste RT-PCR na medula óssea ou no sangue periférico.

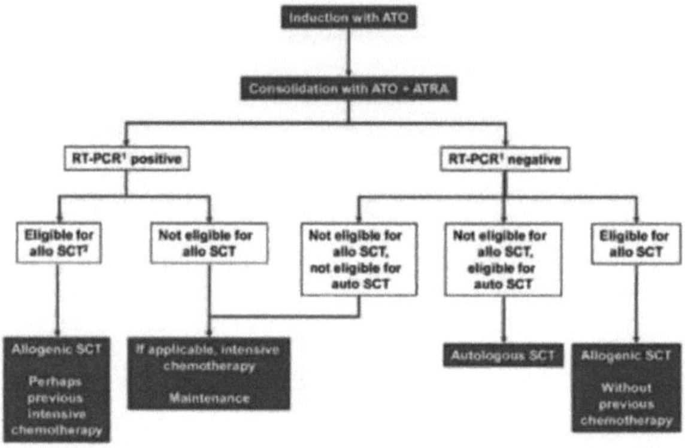


**Figura 2.20: Algoritmo da terapia de resgate**

# Metodologia

## 3.1 Espécimes de doentes e controlos

Os doentes que frequentam os Departamentos de Hematologia Clínica e Oncologia Médica do Sher-I-Kashmir Institute of Medical Sciences (SKIMS) para tratamento da leucemia promielocítica aguda (LPA) foram selecionados para a doença. Foi recrutado um total de 33 doentes que visitaram o SKIMS para o tratamento da LPA entre os meses de junho de 2013 e janeiro de 2016. Todos os 33 doentes foram incluídos no estudo depois de o seu diagnóstico ter sido confirmado por avaliação clínica, juntamente com citopatologia e citoquímica da medula óssea, e categorizados como LMA M3/M3V de acordo com a classificação franco-americana e britânica (FAB) e a classificação da OMS de leucemias agudas. Foram colhidas amostras de sangue periférico de todos os doentes na fase inicial e em fases de acompanhamento definidas de acordo com o protocolo de tratamento seguido. Também foi recolhida medula óssea de alguns doentes com APL para estudos comparativos com o sangue periférico. Para os controlos, foram colhidas amostras de sangue de 50 casos correspondentes em termos de idade e sexo, sem sinais de qualquer doença maligna hematológica e/ou qualquer outra doença maligna, no Departamento de Doentes Externos (OPD) do SKIMS. A idade média dos grupos de doentes e de controlo era de 30 anos.

Os dados relativos a todos os doentes com SAF foram obtidos através de entrevistas pessoais com os doentes e ou tutores, registos médicos e relatórios de hematologia e medula óssea. Os dados recolhidos incluíam o sexo, a idade, a residência, a profissão, a contagem basal total de glóbulos brancos e de plaquetas, a contagem diferencial de células do sangue periférico, a contagem de promielócitos da medula óssea, a contagem diferencial de células da medula óssea, o perfil de coagulação, o ensaio de D-dímero, o Sans Score e o protocolo de tratamento seguido. Todos os doentes e ou tutores foram informados sobre o estudo e as amostras de sangue só foram colhidas depois de os doentes ou os seus tutores assinarem um consentimento previamente informado. A recolha e utilização de amostras de sangue para este estudo foram previamente aprovadas pelo Comité de Ética Institucional competente.

## 3.2 Recolha/armazenamento de amostras

### Colheita de sangue periférico:

Foram colhidos 8-10 ml de sangue periférico de cada doente com APL, bem como de indivíduos saudáveis de controlo, e distribuídos em vacuetas de heparina sódica para análise citogenética e em frascos de EDTA (200μl de 0,5M, pH=8,0) para análise de ARN e ADN. As amostras foram misturadas suavemente para evitar qualquer coagulação.

### Colheita de medula óssea:

Uma vez que a análise citogenética da medula óssea era necessária apenas para referência comparativa no que diz respeito aos objectivos do nosso estudo, apenas 13 dessas amostras foram obtidas aleatoriamente de entre os doentes alistados em ambiente clínico na altura da aspiração da medula óssea destinada ao diagnóstico citopatológico. A aspiração da medula óssea foi efectuada pelos médicos; foram utilizadas uma agulha fina e uma seringa para aspirar uma pequena quantidade de medula óssea. Foram colhidos 2-3 ml de amostras de medula óssea de alguns doentes com APL em vacueta de heparina sódica para análise citogenética.

O sangue heparinizado e a medula óssea foram imediatamente colocados em cultura para determinar o estado citogenético dos doentes, ao passo que as amostras de sangue em frascos de EDTA foram imediatamente precedidas de extração de ADN genómico e ARN, sendo depois armazenadas a menos 80° C para processamento posterior.

## 3.3 Análise citogenética

0,5-1 ml de sangue periférico (PB) heparinizado de todos os doentes com APL e o mesmo volume de medula óssea (BM) heparinizada de 10 doentes com APL na linha de base e 3 na recaída foram submetidos a análise citogenética. Subsequentemente, apenas as amostras de PB dos doentes foram avaliadas citogeneticamente na fase de consolidação e durante/final da fase de manutenção do tratamento para determinar se a citogenética do sangue periférico é uma ferramenta válida de diagnóstico e monitorização no que se refere à resposta ao tratamento ou não.

Para cada doente, as culturas foram efectuadas em duplicado. Num dos tubos de cultura, foi adicionado PHA e no outro foi feita a cultura sem adição de PHA. A medula óssea de 13 doentes com APL também foi cultivada para comparação com a citogenética modificada do sangue periférico. Para a cultura da medula óssea, não foi adicionado PHA. As amostras foram incubadas durante 48-72 horas a 37°C. A colheita e a bandagem GTG (Giemsa banding using trypsin) foram efectuadas utilizando métodos citogenéticos padrão. Os cariótipos foram organizados de acordo com o Sistema Internacional de Nomenclatura Citogenética Humana 2009 **(ISCN, 2009).**

### 3.3.1 Cultura celular

O objetivo deste processo é obter um número adequado de metáfases de boa qualidade para permitir a análise cromossómica. Para o efeito, as células são cultivadas num meio de cultura celular adequado, como o RPMI 1640.

Os meios de cultura são suplementados com L-glutamina, soro fetal bovino (FBS-10%) e antibióticos como a estreptomicina, a penicilina, etc., para facilitar uma cultura bem sucedida. Os antibióticos são adicionados para evitar o crescimento de microrganismos, que podem ter um efeito adverso no crescimento das células.

*Protocolo*

> Foram colocados 4 ml de meio de cultura RPMI 1640 + 1 ml de FBS a 10% em tubos de cultura estéreis de 15 ml.

> Para cada amostra de cada doente, foram colocados 2 tubos identificados com exatidão com a identificação do doente.

- Foram adicionados 0,5 ml (6-8 gotas) de sangue total/medula óssea heparinizado a cada tubo de cultura.

- Foram adicionados 50µl de PHA apenas aos tubos de cultura rotulados como "PHA added".

- Antibióticos: Penicilina-50U (1000U/ml) + Gentamicina-2ul/ml cada por volume de cultura foram adicionados aos tubos.

- Os tubos foram agitados suavemente e incubados a $37^0$ C durante 48-72 horas.

### 3.3.2 Colheita de culturas

Incluiu paragem mitótica, tratamento hipotónico e de fixação.

### Paragem mitótica:

*Princípio*

Para efetuar a análise citogenética padrão, as células foram imobilizadas na fase de metáfase. Para o efeito, utilizou-se um agente de paragem mitótica, como a colchicina, que é o mais frequentemente utilizado. A colchicina detém as células na metáfase ao impedir a formação das fibras do fuso, que normalmente puxariam as cromátides irmãs para pólos opostos para serem incorporadas nas células filhas. Também provoca a condensação cromossómica, um processo que foi acentuado com o aumento do tempo de exposição e da concentração. Quanto mais longo for o tratamento com colchicina, maior será o número de cromossomas metafásicos espalhados. No entanto, um tratamento prolongado provoca uma redução do comprimento dos cromossomas, uma vez que estes continuam a condensar-se com o tempo.

*Protocolo*

- Foram adicionados a cada tubo 50 µl de solução de Colchicina (1mg/10 ml) e 100 µl de Brometo de Etídio (1mg/10 ml). Os tubos foram agitados suavemente e incubados durante uma hora.

## Tratamento hipotónico:

Foi utilizada uma solução hipotónica, como KCI 0,075 M.

*Princípio*

O potencial osmótico resultante induz o movimento interno de água através da membrana celular, provocando o inchaço das células e assegurando que os cromossomas são adequadamente dispersos no interior das células. Isto é fundamental para a geração subsequente de preparações metafásicas adequadamente espalhadas.

O pré-aquecimento da solução hipotónica a 37°C pode aumentar a eficácia, acelerando o transporte de água através da membrana celular, que tem um componente lipídico, o que lhe confere uma maior capacidade de alongamento. Muitos tipos de células são sensíveis ao tratamento hipotónico, sendo facilmente danificadas por um tratamento excessivo, e algumas são resistentes ao inchaço. Observa-se que as células respondem bem nos primeiros 10-20 minutos de exposição **(Clouston et al, 2001).**

*Procedimento*

> No final do período de incubação, os tubos de cultura foram suavemente agitados e centrifugados a 1100 rpm durante 10 minutos.

> O sobrenadante foi eliminado e as células foram bem misturadas utilizando um ciclomisturador.

> Adicionaram-se 8 ml de solução hipotónica previamente aquecida ao sedimento de células e misturou-se bem.

> Os tubos foram mantidos num banho-maria a 37° C durante 20 minutos.

## Fixação:

A fixação do sedimento celular é fundamental para obter preparações de boa qualidade.

*Princípio:*

Esse processo mata e preserva as células. Lixa as hemácias, endurecendo as membranas celulares e a cromatina, o que melhora a morfologia e, de certa forma, prepara os cromossomas para o procedimento de bandagem nos estudos citogenéticos convencionais. O fixador consiste em três partes de metanol e uma parte de ácido acético e é sempre preparado de fresco, uma vez que os dois componentes reagem gradualmente, produzindo produtos que são prejudiciais para a geração de preparações de boa qualidade. A primeira etapa de fixação é crítica **(Clouston et al., 2001)**.

*Protocolo:*

> Após 20 minutos, os frascos foram centrifugados a 1100 rpm durante 10 minutos e o sobrenadante foi eliminado.

> Misturou-se a paleta e adicionou-se, gota a gota, o fixador refrigerado recentemente preparado, mantendo os frascos no ciclomisturador. O volume total foi completado até 5 m com fixador.

> A suspensão foi deixada à temperatura ambiente durante 30 minutos para permitir a fixação das células.

> Após 30 minutos, os frascos foram novamente centrifugados a 1000 rpm durante 10 minutos e o sobrenadante foi eliminado.

> Foram efectuadas 3 lavagens do fixador no sedimento celular.

> Após 3 lavagens com fixador, as lâminas foram preparadas.

### 3.3.3 Preparação de lâminas

Tal como a fixação, a preparação das lâminas é crucial para a qualidade final da preparação. Depois de as células terem sido fixadas em aceto-metanol 1:3, foram colocadas em lâminas de vidro e secas ao ar, utilizando condições específicas para obter uma distribuição cromossómica e uma morfologia óptimas.

*Princípio:*

medida que o fixador se evapora, a tensão superficial exerce uma pressão descendente tal que cada célula é efetivamente esmagada entre o menisco e a lâmina. A membrana celular (que presumivelmente já se encontra enfraquecida pela ação de dilatação da solução hipotónica) estica-se ainda mais à medida que a célula se torna mais plana e ocupa uma área maior na superfície da lâmina. Quanto mais tempo demorar a evaporação, mais a célula é esmagada, mais fina se torna a membrana e maior é o grau de espalhamento dos cromossomas. No entanto, se a evaporação for prolongada, o estiramento excessivo provoca o aparecimento de fraquezas e orifícios na membrana, de tal forma que os cromossomas se perdem e resultam em metáfases quebradas; se a evaporação for demasiado rápida, a membrana celular não se estica suficientemente e é visível como uma camada "citoplasmática" escura sobre uma metáfase inadequadamente espalhada. A velocidade de secagem de uma lâmina é muito importante. A taxa de evaporação depende muito não só do estado da superfície da lâmina e da forma como a suspensão celular foi aplicada, mas também das condições atmosféricas, como a humidade e a temperatura, prevalecentes no laboratório no momento da preparação da lâmina. As condições óptimas são aproximadamente 20°C, com um nível de humidade entre 40 e 45% **(Spurbeck et al., 1996).**

*Protocolo:*

> Após a última mudança de fixador, foram adicionados ao sedimento cerca de 0,3-0,5 ml de fixador recentemente preparado e misturados bem.

> Foram recolhidas lâminas húmidas e refrigeradas (previamente lavadas e armazenadas a 4°C).

> Com uma pipeta Pasteur, deixaram-se cair 2-3 gotas da suspensão celular na superfície da lâmina, começando a uma distância de ¼ do bordo da lâmina. A suspensão de células foi largada na extremidade afastada da etiqueta e trabalhada

em direção à etiqueta.

> As lâminas foram então deixadas a secar.

**Verificação dos diapositivos:**

O controlo das lâminas foi efectuado com um microscópio de contraste de fase para verificar a frequência e a morfologia da metáfase.

*Princípio:*

A microscopia de contraste de fase tira partido do facto de a luz que passa através de um material para outro com um índice de refração/espessura ligeiramente diferente sofrer uma mudança de fase. Estas irregularidades da frente de onda traduzem-se em variações de brilho das estruturas, pelo que são detectáveis pelo olho.

Assim, a microscopia de contraste de fase permite a avaliação da lâmina não corada. No exame com contraste de fase, os cromossomas devem ter um aspeto cinzento-pálido e estar isentos de material proteico. Se tiverem um aspeto muito negro e brilhante, ou se estiverem encapsulados numa camada de material citoplasmático, poderão surgir problemas com o bandeamento G. As metáfases devem estar bem distribuídas, com poucos cromossomas sobrepostos. Assim, se não se obtiver uma qualidade óptima das placas metafásicas, foram feitos mais ajustes na preparação de lâminas adicionais **(Barch et al., 1997)**.

### 3.3.4 Coloração de Giemsa com tripsina e corante de Giemsa (GTG)

A técnica de bandagem permite a deteção e caraterização de cromossomas.

*Princípio:*

A coloração GTG é obtida com uma coloração após a digestão dos cromossomas com tripsina. Produz uma série de bandas claras e escuras. A coloração de Giemsa, que tem maior afinidade para a região rica em A-T da heterocromatina, resulta em bandas escuras que tendem a ser heterocromáticas, de replicação tardia e ricas em AT. As regiões claras tendem a ser eucromáticas, de replicação precoce e ricas em G-C **(Barch et al., 1997)**.

*Protocolo:*

> As lâminas foram mantidas na incubadora durante 24 horas a 55-60° C para envelhecimento.

> No dia seguinte, as lâminas foram colocadas à temperatura ambiente.

> As lâminas foram tratadas com solução de tripsina-EDTA durante alguns segundos.

> As lâminas foram colocadas em PBS refrigerado durante 1 minuto para parar a reação enzimática.

> As lâminas foram lavadas 2-3 vezes em água destilada tripla.

> As lâminas foram coradas com corante Giemsa tamponado a 2% durante 4-5 minutos.

> As lâminas foram lavadas em água triplamente destilada e secas ao ar.

> As lâminas foram examinadas ao microscópio ótico para verificar se a formação de bandas era óptima.

> Para cada amostra, o tempo de reação enzimática foi optimizado, pelo que as restantes lâminas foram tratadas.

> As lâminas foram montadas com DPX.

> As placas metafásicas foram observadas e analisadas num microscópio Olympus BH-2 ligado a uma estação de trabalho de cariotipagem (Cytovision 3.9).

### 3.3.5 Análise do cariótipo:

*Princípio:*

Para facilitar a análise, os cromossomas de cada propagação metafásica são dispostos numa ordem prescrita, o que constitui um cariótipo.

A análise do cariótipo foi efectuada com a ajuda de uma estação de trabalho de cariotipagem (Cytovision 3.9) dos EUA. Os cromossomas foram identificados com o ideograma padrão e o cariótipo foi organizado de acordo com o Sistema Internacional de Nomenclatura Citogenética (ISCN), 2009 **(Verma et al., 1989; Schaffer et al., 2009)**.

## 3.4 Extração e quantificação do ARN:

*Isolamento de células do sangue periférico:*

1. O sangue periférico foi colhido com muito cuidado em tubos de colheita de sangue revestidos com EDTA.

2. O sangue foi diluído com um volume igual de RPMI.

3. O sangue periférico diluído foi colocado em camadas sobre Ficoll-Hypaque numa proporção de 3:1 e centrifugado a 2500 rpm durante 10 minutos.

4. A população de glóbulos brancos (buffy coat) na interface Ficoll-Hypaque foi cuidadosamente removida com uma pipeta Pasteur de plástico e transferida para um novo tubo.

*Lise celular*

5. Colocou-se 0,25 ml de buffy coat em tubos de microcentrífuga de 1,5 ml isentos de RNase/DNase.

6. Foi adicionado 1 ml de reagente TRIZOL por cada 5-10 X $10^6$ glóbulos brancos e

As células foram lisadas por pipetagem repetida ou por passagem através de seringa e agulha. A amostra homogeneizada foi incubada a 25° C durante 5-10 minutos para lisar completamente todas as células.

*Separação de fases*

7. Foram adicionados 0,2 ml de clorofórmio por 1 ml de reagente TRIZOL utilizado para a homogeneização inicial.

8. Os tubos foram bem tapados e agitados vigorosamente com as mãos durante 15 segundos.

9. Os tubos foram incubados a 25° C durante 2-3 minutos e seguidos de centrifugação a 14.000 rpm durante 15 minutos a 4° C. (Por centrifugação, a mistura separa-se em três camadas, uma fase inferior vermelha, fenolclorofórmio, uma interfase e uma fase superior aquosa incolor. O ARN encontra-se na fase aquosa superior. O volume da fase aquosa será de cerca de 60% do volume do reagente TRIZOL utilizado para a homogeneização inicial (1 ml).

*Precipitação de ARN*

10. A fase aquosa foi transferida para tubos de microcentrífuga frescos de 1,5 ml.

11. O ARN foi precipitado da fase aquosa misturando 0,5 ml de álcool isopropílico a 100% por 1 ml de reagente TRIZOL utilizado para a homogeneização inicial.

12. As amostras foram incubadas a 25° C durante 5 minutos e subsequentemente centrifugadas a 14.000 rpm durante 10 minutos a 4° C.

*Lavagem de ARN*

13. O sobrenadante foi eliminado e o sedimento de ARN foi lavado com 1 ml de etanol a 75%.

14. O pellet foi agitado em vórtex e centrifugado a 8.000 rpm durante 5 minutos a 4° C.

15. O sobrenadante foi cuidadosamente eliminado sem danificar o sedimento.

16. O sedimento de ARN foi seco ao ar numa incubadora a 37° C durante 5-10 minutos.

*Re-dissolver o ARN*

17. O sedimento de ARN foi dissolvido em 35-40 ul de água sem RNase e incubado durante 10 minutos a 37° C.

18. O ARN dissolvido foi armazenado a -70° C para análise posterior.

### 3.4.1 Quantificação e análise do ARN:

> A concentração do ARN obtido foi medida num espetrofotómetro MicroVolume UV-Vis (Thermo Scientific Nano Drop 2000) a 260 nm de comprimento de onda.

> A pureza do ARN foi verificada utilizando o rácio A260/ A280.

> A qualidade do ARN obtido a partir das amostras foi analisada num gel de agarose a 1%.

## 3.5 Reação em cadeia da polimerase

*Princípio e aplicação*

A reação em cadeia da polimerase (PCR), uma técnica poderosa desenvolvida por uma equipa dirigida por Kary Mullis na Cetus Corporation, é utilizada para amplificar um segmento de ADN in vitro **(Mullis et al., 1987)**. Este método pode produzir uma grande quantidade de uma sequência específica de ADN a partir de um modelo de ADN complexo numa reação enzimática simples. Este método utiliza uma ADN polimerase e dois primers de oligonucleótidos para sintetizar um ADN específico a partir de uma sequência modelo de cadeia simples. Os oligonucleótidos têm normalmente sequências diferentes e são complementares a sequências que se encontram em cadeias opostas do ADN modelo e flanqueiam o segmento de ADN que deve ser amplificado. O comprimento dos iniciadores, normalmente de 20 bases ou mais, deve ser suficiente para ultrapassar a probabilidade estatística de a sua sequência ocorrer aleatoriamente no número esmagadoramente elevado de sequências de ADN não alvo na amostra. A PCR é efectuada numa série de ciclos. Cada ciclo começa com um passo de desnaturação para tornar o ADN alvo de cadeia simples. Segue-se um passo de recozimento durante o qual os iniciadores se recozem às suas sequências complementares de modo a que as suas extremidades hidroxilo 3' fiquem viradas para o alvo. Finalmente, cada iniciador é estendido através da região alvo pela ação da ADN polimerase. Uma vez que os produtos de uma ronda de amplificação servem de modelos para o ciclo seguinte, os ciclos de três passos são repetidos até que seja produzida uma quantidade suficiente de produto. O principal produto desta reação exponencial é um segmento de ADN de cadeia dupla cujos terminais são definidos pelos terminais 5' dos primers de oligonucleótidos e cujo comprimento é definido pela distância entre os primers. Além disso, são geradas moléculas de ADN mais longas durante a reação. Por exemplo, os produtos de uma primeira ronda de amplificação bem sucedida são moléculas de ADN de tamanho heterogéneo, cujos comprimentos podem exceder a distância entre os locais de ligação dos dois iniciadores. Na segunda ronda, estas moléculas geram moléculas de ADN de comprimento definido que se acumulam de forma exponencial nas rondas posteriores de amplificação e formam os produtos dominantes da reação. Embora as moléculas mais longas continuem a ser formadas a partir do modelo de ADN original em cada ronda, acumulam-se apenas a uma taxa linear e, por conseguinte, não contribuem significativamente para o produto final.

As primeiras experiências de PCR utilizaram o fragmento de Klenow da Escherichia coli DNA polimerase I a uma temperatura de 37°C e produziram frequentemente produtos-alvo incompletamente puros, conforme avaliado por eletroforese em gel. No entanto, o isolamento de uma DNA polimerase resistente ao calor de *Thermus aquaticus* (Taq) **(Chien et al., 1976)** permite que o recozimento e a extensão do iniciador sejam efectuados a uma temperatura elevada, reduzindo assim o recozimento não compatível com sequências não alvo. Esta maior seletividade resulta na produção de grandes quantidades de ADN alvo praticamente puro. Outra vantagem importante da Taq polimerase é que escapa à inativação a temperaturas mais elevadas e não precisa de ser substituída após cada passo de desnaturação. Este facto permitiu a automatização da PCR utilizando máquinas com capacidade de aquecimento e arrefecimento controlado. Isto resulta em melhorias substanciais na especificidade e rendimento das reacções de amplificação e no tamanho do produto amplificado. Por exemplo, entre 0,5μg e 1,0μg de ADN alvo até 2kb de comprimento podem ser obtidos a partir de 30-35 ciclos de amplificação com apenas 10-6μg de ADN genómico.

*Procedimento*

Foram tomadas todas as precauções para assegurar a amplificação do ADN sem contaminação. A prevenção da transferência através da separação das etapas pré e pós-PCR e a utilização de pontas sem aerossóis foram rigorosamente seguidas. Os resultados foram considerados válidos apenas na reprodução dos mesmos em duas experiências independentes.

## Equipamentos e reagentes

*1.* Termociclador de ADN (CG Palm cycler. Austrália; Bio-Rad. EUA).

*2.* Micropipetas

*3.* Tubos PCR de 0,2 ml.

*4.* ADN genómico: 250 μg/μl

5. Tampão PCR 10x: 100mM Tris-HCI, pH 8,3; 500mM KCI; 15m

MMgCl2.

6. Desoxirribonucleótido trifosfato: 10 mM de cada dATP, dCTP, dGTP e dTTP.

7. Primers: 10μM em água desionizada estéril.

8. Taq DNA polimerase: 5 unidades/μl.

*Protocolo*

A reação de amplificação foi realizada em 25μl de volume de reação em tubos PCR de 0,2ml. A reação continha os seguintes volumes de reagentes:-

1. Tampão PCR 10x com MgC124 .0ul

2. Mistura 10mM dNTP1 ,0μl

3. Primário 10,5μl

4. Primário 20,5μl

5. Taq DNA polimerase (5U/ μl) 0,25μl

6. ADN genómico3 .0μl

7. Água destilada15 ,75μl

Volume total25 ,0μl

Os reagentes acima mencionados foram pipetados para um tubo de PCR de parede fina de 0,2 ml e colocados num termociclador de ADN. Foi utilizado o seguinte perfil de temperatura para a amplificação:-

1. Desnaturação inicial 95°C durante 5 minutos.
2. Desnaturação95°Cdurante 30 segundos.
3. Recozimentox°Cpor 30 segundos.
4. Extensão72°Cpor 30 segundos.
5. Extensão final95°Cdurante 5 minutos.

O perfil de temperatura das etapas 2-4 foi utilizado durante 35 ciclos antes da extensão final * x era 3-5°C inferior à temperatura de fusão (Tm) dos iniciadores e foi calculado utilizando as seguintes fórmulas.

1. Para iniciadores com 14-25 nucleótidos de comprimento:

Tm =[2°C x(número de bases A e T)]+[4°C x(número de bases G e C)]

2. Para iniciadores com mais de 25 nucleótidos de comprimento:

Tm = 81,5°C + 16,6 log [Na+] + 0,41 (%GC) - 500/N

N é o comprimento do duplex em pares de bases:

## 3.6 Reação em cadeia da polimerase com transcriptase reversa: (RT-PCR).

*Princípio*

A reação em cadeia da polimerase com transcrição reversa (RT-PCR) é uma das muitas variantes da reação em cadeia da polimerase (PCR). Esta técnica é normalmente utilizada para detetar a expressão de ARN. A RT-PCR é utilizada para detetar qualitativamente a expressão genética através da criação de transcrições de ADN complementar (cDNA) a partir do ARN.

A RT-PCR tornou-se a tecnologia de referência para a deteção e/ou comparação dos níveis de ARN por várias razões: (a) não requer processamento pós-PCR, (b) pode ser medida uma vasta gama ($>10^7$ -fold) de abundância de ARN, e (c) permite obter dados qualitativos e quantitativos.

Embora tanto a RT-PCR como a PCR tradicional produzam múltiplas cópias de determinados isolados de ADN através da amplificação, as aplicações das duas técnicas são fundamentalmente diferentes. A PCR tradicional é utilizada para amplificar exponencialmente sequências de ADN alvo. A RT-PCR é utilizada para clonar genes expressos através da transcrição reversa do ARN de interesse para o seu complemento de ADN através da utilização de transcriptase reversa. Subsequentemente, o cDNA recém-sintetizado é amplificado utilizando a PCR tradicional.

O modelo inicial para uma reação de PCR pode ser ADN ou ARN. O ADN é normalmente o modelo adequado para estudar o genoma da célula ou tecido (como nas doenças genéticas hereditárias, mutação somática num tumor ou rearranjo somático em linfócitos) e para a deteção de vírus de ADN.

Para obter informações sobre a expressão genética numa célula ou tecido ou sobre a presença de ARN genómico num retrovírus como o VIH, o ARN é o modelo adequado. O ARN pode ser melhor do que o ADN genómico para a deteção de alterações estruturais em genes longos, uma vez que a amplificação do transcrito de ARN com splicing, em vez da sequência genómica, reduz consideravelmente o comprimento do ADN a manipular sem perder nenhuma das regiões codificadoras onde se podem esperar deleções clinicamente significativas.

A RT-PCR combina a síntese de cADN a partir de modelos de ARN com a PCR para fornecer um método rápido e sensível de análise da expressão genética. O modelo para a RT-PCR pode ser o ARN total ou o ARN selecionado poli (A+). As reacções de RT podem ser iniciadas com iniciadores aleatórios, oligo(dT) ou um iniciador específico do gene (GSP) utilizando uma transcriptase reversa. A RT-PCR pode ser efectuada em duas etapas ou numa única etapa. Na RT-PCR em duas etapas, cada etapa é realizada em condições óptimas. A síntese de cDNA é realizada primeiro em tampão RT e um décimo da reação é retirado para a PCR. Na RT-PCR de uma etapa, a transcrição reversa e a PCR são realizadas sequencialmente num único tubo, em condições optimizadas tanto para a RT como para a PCR (Fig. 3.1).

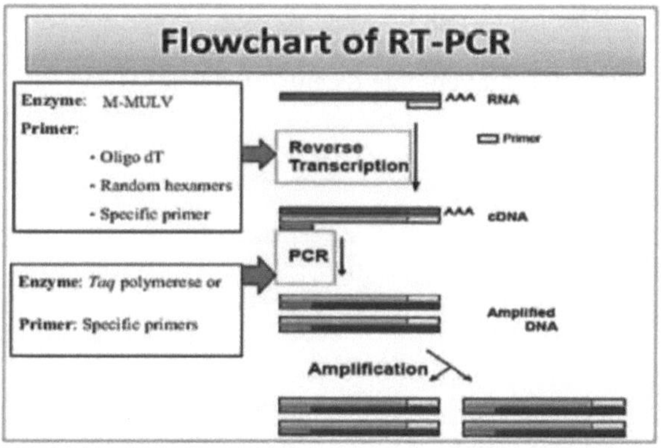


**Figura 3.1: Esquema geral da RT-PCR. (Cortesia: Methee Sriprapun)**

## 3.6.1 Síntese da primeira cadeia de cDNA:

A reação de cDNA de primeira cadeia pode ser realizada como uma reação individual ou como uma série de reacções paralelas com diferentes modelos de ARN. Por conseguinte, a mistura de reação pode ser preparada combinando os reagentes individualmente ou pode ser preparada uma mistura principal que contenha todos os componentes, exceto o ARN modelo. Para a síntese de cDNA, utilizámos o kit de síntese de cDNA de primeira cadeia Thermo Scientific Maxima. Este kit utiliza a Transcriptase Reversa Maxima, uma enzima avançada derivada da evolução in vitro da RT do M-MuLV. Esta enzima apresenta uma elevada termoestabilidade, robustez e uma maior taxa de síntese de cDNA em comparação com a M-MuLV RT de tipo selvagem. O 5X Reaction Mix contém os restantes componentes da reação: tampão de reação, dNTP's, oligo (dt)18 e primers de hexâmeros aleatórios.

*Procedimento*

1. Todos os componentes do kit foram descongelados, misturados e centrifugados brevemente antes da utilização.

2. A síntese de cDNA foi efectuada em gelo (Cool Box).

3. Os constituintes foram adicionados em tubos sem RNAase nas proporções descritas no [Quadro 3.1] para perfazer um volume final de 20ul.

4. Os constituintes foram misturados suavemente e centrifugados.

**Tabela 3.1: Componentes do kit de síntese de cDNA.**

| | |
|---|---|
| **Mistura de reação 5X** | 4ul |
| **Maxima Enzyme Mix** | 2ul |
| **Modelo de ARN** | 1pg-5ug |
| **Água sem Nuclease** | a 20ul |
| **Volume total** | 20ul |

5. Os tubos foram incubados a 25° C durante 10 minutos, seguidos de 50° C durante 15 minutos num termociclador.

6. A reação foi terminada por aquecimento a 85° C durante 5 minutos.

7. O cDNA sintetizado foi imediatamente submetido a análise por RT-PCR ou armazenado a -20° C.

### 3.6.2 RT-PCR para transcrições de fusão PML-RARα

A reação de PCR multiplex foi efectuada num volume de reação de 25ul utilizando conjuntos de primers reverse e forward para os transcritos de bcr1, bcr2 e bcr3 apresentados na (fig. 3.2a,b) [Quadro 3.2] **(Van Dongen et al., 1999)**. 6-8ul do produto da PCR foi fraccionado por eletroforese num gel de agarose a 2%

corado com brometo de etídio e visualizado num transiluminador UV (Flourchem, HD2-Cell Biosciences) a 365 nm.

*Procedimento*

O método de amplificação descrito por **(Van Dongen et al., 1999)** foi seguido para estudos qualitativos de RT-PCR para diferentes transcrições de fusão PML-RARα. No caso de PML/RARα, devido ao splicing alternativo das regiões de cluster de ponto de quebra (bcr) no locus PML do cromossoma 15, foram encontrados produtos de PCR de vários tamanhos, variando de 345 a 381 pb, com o primer RARA-B, que é considerado um "primer reverso universal" para todas as três formas de translocações observadas em APL (isoforma curta: intrão 3 (bcr-3); isoforma variante longa: exão 6 (bcr-2); e isoforma longa: intrão 6 (bcr-1). Foi observado um único produto de 381 ou 345 pb com o iniciador PML-A1 que correspondia aos pontos de quebra da translocação intrão 6-bcr 1 ou exão 6-bcr 2 e foram observados produtos de 376 pb com o iniciador PML-A2 correspondentes a bcr-3 cujo ponto de quebra está localizado no intrão 3. Os primers PML-A2 e o conjunto de primers PML-RP auto-concebido apresentaram um produto PCR adicional de 450 pb que serviu de controlo interno (IC) e assegurou a boa qualidade do cADN utilizado [Quadro 3.2]. Por conseguinte, os resultados da PCR para PML/RARα foram interpretados como isoforma longa (l), variante longa (v) ou isoforma curta (s) (Fig. 3.2b).

(A)

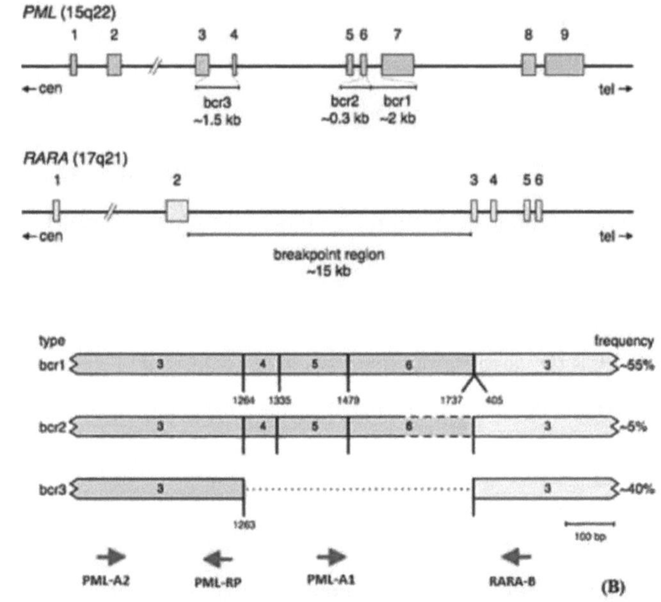


**Figura 3.2: A, Diagrama esquemático da estrutura exão/intrão dos genes PML e RARA, envolvidos na t(15;17)(q22;q21).B, três tipos de transcrições PML-RARα, relacionadas com as diferentes regiões de ponto de quebra do PML. (Cortesia: JJM Van Dongen et al., 1999)**

| **Tabela 3.2 : Primers para a análise dos transcritos de fusão PML-RARa (bcr-1, bcr-2, bcr-3)** | | **Tm (° C)** | **Tamanho do produto de transcrição (bp)** | **Pneu de transcrição** |
|---|---|---|---|---|
| **PML-A1** | **5'-CAGTGTACGCCTTCTCCATCA-3'** | **54 C°** | **A1+RARA-B = (381)pb (345)pb** | **bcr-1 bcr-2** |
| **PML-A2** | **5'- CTG C T G G AGG CT GTGGAC-3'** | **54 C°** | **A2+RARA-B = (376)bp** | **bcr-3** |
| **RARA-B** | **5'-GCTTGTAGATGCGGGGTAGA-3'** | **54 C°** | | |
| **PML-RP** | **5'-CTGACTGTACCACAGCCATAGG-3'** <br> *JJM van Dongen et al., Leukemia (1999) 13, 1901-1928* | **54 C°** | **A2+RP= (450)bp** | **Controlo interno** |

# Programa PCR padronizado

Foi utilizado o seguinte perfil de temperatura para a amplificação de diferentes transcrições de fusão PML-RARα.

1. Desnaturação inicial 95°C durante 5 minutos.

2. Desnaturação 94°C durante 30 segundos.

3. Recozimento 54°C durante 30 segundos.

4. Extensão 72°C durante 30 segundos.

5. Extensão final 72°C durante 7 minutos.

O perfil de temperatura dos passos 2-4 foi utilizado durante 35 ciclos antes da extensão final.

| **Tabela 3.3 : Primers *para* a análise semi-quantitativa de p15 e *b-actina* por RT-PCR** | | **Tm (° C)** | **Tamanho do produto (bp)** |
|---|---|---|---|
| **p15(F)** | **5-TGGGGGGG CGGCAGCGATGAG-3'** | **54 C°** | **450 pb** |
| **p15(R)** | **5'-AGGTGGGTGGGGGGGTGGGAAAT-3',** | **54 C°** | |
| **b-actina(F)** | **5- TGACGGGGTCACCCACACTGT-J** | **54 C°** | **680 pb** |
| **b-actina(R)** | **5- CTAGAAGCATTTGCGGTGGAC-3'**<br>*Teofili et al; Leukemia (2003) 17, 919-924* | **54 C°** | |

A expressão semi-quantitativa do gene p15 foi efectuada comparando a intensidade da banda p15 com a intensidade da banda da *b-actina*. Esta estratégia permitiu-nos comparar os níveis relativos de transcrição do p15 em diferentes amostras de doentes. Além disso, a amplificação *da b-actina* serviu de controlo para a reação de RT-PCR do p15, para verificar a integridade e a amplificabilidade dos ARNs, bem como a eficiência do passo de transcrição reversa.

## Programa PCR padronizado

Foi utilizado o seguinte perfil de temperatura para a amplificação do mRNA do p15.

1. Desnaturação inicial 95°C durante 5 minutos.

2. Desnaturação 94°C durante 30 segundos.

3. Recozimento 54°C durante 30 segundos.

4. Extensão 72°C durante 30 segundos.

5. Extensão final 72°C durante 7 minutos.

O perfil de temperatura dos passos 2-4 foi utilizado durante 35 ciclos antes da extensão final.

## 3.7 Reação em cadeia de polimerização quantitativa em tempo real (qRT-PCR)

A reação em cadeia da polimerase em tempo real (PCR em tempo real) é uma modificação recente da PCR que está a alterar rapidamente a natureza da investigação científica biomédica. Foi introduzida pela primeira vez em 1992 por Higuchi e colaboradores e tem registado um rápido aumento da sua utilização desde então **(Higuchi et al., 1992, 1993)**. O princípio dos ensaios q-PCR é simples: após a RT do ARN em cADN, é necessária uma química de deteção adequada para assinalar a presença de produtos de PCR, um instrumento para monitorizar a amplificação em tempo real e software adequado para a análise quantitativa. A PCR em tempo real permite a quantificação precisa de ácidos nucleicos específicos numa mistura complexa, mesmo que a quantidade inicial de material tenha uma concentração muito baixa. Isto é conseguido através da monitorização da amplificação de uma sequência alvo em tempo real, utilizando tecnologia fluorescente. Assim, à medida que o número de cópias do gene aumenta durante a reação, a fluorescência aumenta. Isto é vantajoso porque a eficiência e a taxa da reação podem ser vistas. Na PCR quantitativa (q-PCR), os produtos da PCR são marcados com uma molécula repórter fluorescente e a quantidade de produto é determinada pela medição da intensidade de fluorescência da reação. O sinal fluorescente pode ser medido durante o processo de amplificação (q-PCR em tempo real). A análise q-PCR em tempo real é realizada durante a fase exponencial de uma reação de amplificação, em que existe uma relação direta entre a quantidade de produto, a intensidade do sinal e a quantidade de modelo inicial presente. Nesta fase, a quantidade de produto gerado pela reação não é limitada pelo esgotamento dos reagentes necessários, pela acumulação de inibidores ou pela inativação da polimerase.

Os produtos químicos de deteção podem ser baseados em sondas ou não sondas, também designados por "específicos" e "não específicos", respetivamente. A química não baseada em sonda mais amplamente utilizada detecta a ligação do SYBR Green I ao ADN ds (doublestranded). Em solução, o corante não ligado apresenta pouca fluorescência; durante o ensaio PCR, quantidades crescentes de corante ligam-se ao ADN ds nascente. Quando monitorizado em tempo real, isto resulta num aumento do sinal de fluorescência à medida que a polimerização prossegue. O produto da PCR pode ser verificado através da representação gráfica da fluorescência em função da temperatura para gerar uma curva de fusão do amplicon. Uma desvantagem importante é que a sua especificidade continua a depender da especificidade dos primers.

Os produtos químicos baseados em sondas utilizam sondas fluorescentes específicas de amplicões e só é gerado um sinal fluorescente se a sonda hibridar com o seu alvo complementar. Por conseguinte, os produtos químicos baseados em sondas introduzem um nível adicional de especificidade, combinando efetivamente a RT-PCR com uma etapa de validação previamente realizada separadamente após a PCR.

### 3.7.1 Deteção baseada em sonda

A quantificação baseada em sondas utiliza sondas fluorescentes repórteres baseadas em ADN específico da sequência. As sondas específicas da sequência resultam na quantificação apenas da sequência de interesse e não de todo o dsDNA. A sonda contém um repórter fluorescente e um supressor para evitar a fluorescência. Os repórteres fluorescentes comuns incluem derivados de fluoresceína, rodamina e cianina. A extinção é o processo de redução do rendimento quântico de um determinado processo de fluorescência. As moléculas de extinção aceitam a energia do fluoróforo e dissipam-na por extinção proximal ou por transferência de energia por ressonância de fluorescência (FRET). A maioria dos sistemas repórteres utiliza a FRET ou interações semelhantes entre as moléculas dadoras e as moléculas supressoras para criar diferenças nos níveis de fluorescência quando as sequências alvo são detectadas. O repórter fluorescente e o supressor estão localizados na proximidade um do outro para que o supressor impeça a fluorescência. Quando a sonda localiza e hibridiza com o alvo complementar, o repórter e o supressor são separados. A separação alivia a extinção e é gerado um sinal fluorescente. O sinal é então medido para quantificar a quantidade de ADN.

### 3.7.1.1 Sonda TaqMan

As sondas TaqMan são sondas de hidrólise concebidas para aumentar a especificidade da PCR quantitativa. O método foi descrito pela primeira vez em 1991 por investigadores da Cetus Corporation, tendo a tecnologia sido subsequentemente desenvolvida pela Roche Molecular Diagnostics para ensaios de diagnóstico e pela Applied Biosystems para aplicações de investigação.

O princípio da sonda TaqMan baseia-se na atividade de exonuclease 5'-3' da Taq polimerase para clivar uma sonda com marcação dupla durante a hibridação com a sequência-alvo complementar e a deteção baseada em fluoróforos. Tal como noutros métodos de PCR quantitativa, o sinal de fluorescência resultante permite medições quantitativas da acumulação do produto durante a fase exponencial da PCR; no entanto, a sonda TaqMan aumenta significativamente a especificidade da deteção. As sondas TaqMan receberam o nome do jogo de vídeo Pac-Man (Taq polimerase + PacMan = TaqMan), uma vez que o seu mecanismo se baseia no princípio do Pac-Man.

### Princípio

A sonda TaqMan é constituída por dois tipos de fluoróforos, que são as partes fluorescentes da proteína repórter (a proteína fluorescente verde (GFP) é um fluoróforo frequentemente utilizado). Enquanto a sonda está ligada ou desligada do modelo de ADN e antes de a polimerase atuar, o fluoróforo supressor (Q) (geralmente um corante colorido de comprimento de onda longo, como o vermelho) reduz a fluorescência do fluoróforo repórter (R) (geralmente um corante colorido de comprimento de onda curto, como o verde). Para tal, recorre-se à Transferência de Energia por Ressonância de Fluorescência (ou Forster)

(FERT), que consiste na inibição de um corante causada por outro sem emissão de um protão. O corante repórter encontra-se na extremidade 5' da sonda e o inibidor na extremidade 3'. Depois de a sonda TaqMan se ligar à sua parte específica do ADN modelo após a desnaturação (alta temperatura) e de a reação arrefecer, os primers recobrem o ADN. A Taq polimerase adiciona então nucleótidos e remove a sonda TaqMan do ADN modelo. Isto separa o supressor do repórter e permite que o repórter liberte a sua energia.

Este valor é depois quantificado por computador. Quanto mais tempo decorrer a desnaturação e o recozimento, mais oportunidades existem para a sonda TaqMan se ligar e, por sua vez, mais luz emitida é detectada (Fig. 3.3).

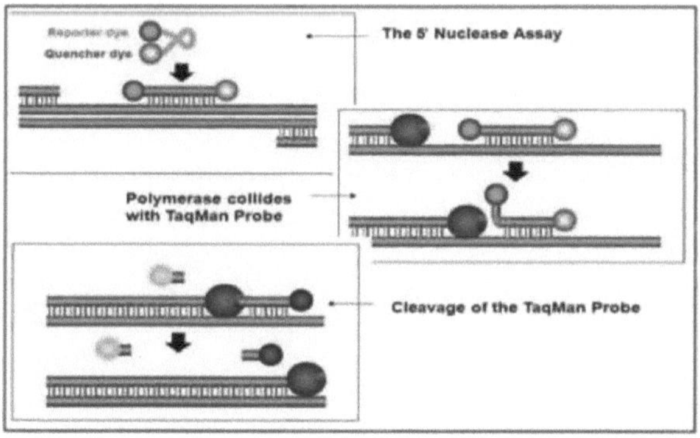


**Figura 3.3: Princípio de funcionamento da sonda TaqMan. (Cortesia: Varity Summers)**

### 3.7.2 Quantificação em tempo real de transcrições de fusão PML-RARα

Para a quantificação do gene de fusão híbrido PML-RARα por q-PCR em tempo real, utilizámos o kit de PCR em tempo real PML/RARα (APL) da Geno-Sen. Os reagentes de PCR PML/RARα da Geno-Sen constituem um sistema pronto a utilizar para a deteção e quantificação de PML/RARα utilizando a reação em cadeia da polimerase (PCR). A mistura principal específica contém reagentes e enzimas para a amplificação específica da isoforma bcr-1 ou da isoforma bcr-3 do gene de fusão PML/RARα e para a deteção direta no canal de fluorescência Cycling A.FAM. Subsequentemente, o gene de referência (*abl*) foi detectado em

Cycling A.FAM numa reação separada para determinar a razão entre o transcrito de fusão e o gene *abl*.

Os padrões positivos externos (PML Bcr-1 S 1-5), (PML Bcr-3 S 1-5) e (*abl* S 1-5) foram fornecidos com o kit, o que permitiu a determinação da carga genética. O gene de referência, ou seja, ***abl***, permitiu determinar o rácio PML/RARα Vs abl e controlar simultaneamente a possível inibição da PCR. O kit continha os seguintes conteúdos em frascos com tampas com codificador de cores para distinguir entre os diferentes reagentes (Fig. 3.4).

| Color Code | Contents | Cat. No. 91116010 100 rxns | Cat. No. 91116011 50 rxns | Cat. No. 91116012 25 rxns |
|---|---|---|---|---|
| | | | | |
| R1 Blue | PML-Bcr-1 Super Mix RG. | 25 rxns x 4 Vials | 25 rxns x 2 Vials | 25 rxns x 1 Vials |
| R2 Blue | PML Bcr-3 Super Mix R6 RG . | 25 rxns x 4 Vials | 25 rxns x 2 Vials | 25 rxns x 1 Vials |
| R3 Blue | Abl Super Mix . R5 RG | 25 rxns x 4 Vials | 25 rxns x 2 Vials | 25 rxns x 1 Vials |
| R4 Yellow | PML/RARa Mg Sol R4 RG | 1 vials | 1 vial | 1 vial |
| PML Bcr-1-S1 Red | *PML Bcr-1 Standard 1 1 X $10^6$ copies/µl* | 1 Vial of 200µl | 1 Vial of 200µl | 1 Vial of 200µl |
| PML-Bcr-1-S2 Red | *PML Bcr-1 Standard 2 1 X $10^5$ copies/µl* | 1 Vial of 200µl | 1 Vial of 200µl | 1 Vial of 200µl |
| PML-Bcr-1-S3 Red | *PML Bcr-1 Standard 3 1 X $10^4$ copies/µl* | 1 Vial of 200µl | 1 Vial of 200µl | 1 Vial of 200µl |
| PML -Bcr-1-S4 Red | *PML Bcr-1 Standard 4 1 X $10^3$ copies/µl* | 1 Vial of 200µl | 1 Vial of 200µl | 1 Vial of 200µl |
| PML-Bcr-1-S5 Red | *PML Bcr-1 Standard 5 1 X $10^2$ copies/µl* | 1 Vial of 200µl | 1 Vial of 200µl | 1 Vial of 200µl |
| Abl-S1 Red | *abl Standard 1 1 X $10^6$ copies/µl* | 1 Vial of 200µl | 1 Vial of 200µl | 1 Vial of 200µl |
| Abl-S2 Red | *abl Standard 2 1 X $10^5$ copies/µl* | 1 Vial of 200µl | 1 Vial of 200µl | 1 Vial of 200µl |
| Abl-S3 Red | *abl Standard 3 1 X $10^4$ copies/µl* | 1 Vial of 200µl | 1 Vial of 200µl | 1 Vial of 200µl |
| Abl-S4 Red | *abl Standard 4 1 X $10^3$ copies/µl* | 1 Vial of 200µl | 1 Vial of 200µl | 1 Vial of 200µl |
| Abl-S5 Red | *abl Standard 5 1 X $10^2$ copies/µl* | 1 Vial of 200µl | 1 Vial of 200µl | 1 Vial of 200µl |
| PML Bcr-3-S1 Red | *PML Bcr-3 Standard 1 1 X $10^6$ copies/µl* | 1 Vial of 200µl | 1 Vial of 200µl | 1 Vial of 200µl |
| PML-Bcr-3-S2 Red | *PML Bcr-3 Standard 2 1 X $10^5$ copies/µl* | 1 Vial of 200µl | 1 Vial of 200µl | 1 Vial of 200µl |
| PML-Bcr-3-S3 Red | *PML Bcr-3 Standard 3 1 X $10^4$ copies/µl* | 1 Vial of 200µl | 1 Vial of 200µl | 1 Vial of 200µl |
| PML -Bcr-3-S4 Red | *PML Bcr-3 Standard 4 1 X $10^3$ copies/µl* | 1 Vial of 200µl | 1 Vial of 200µl | 1 Vial of 200µl |
| PML-Bcr-3-S5 Red | *PML Bcr-3Standard 5 1 X $10^2$ copies/µl* | 1 Vial of 200µl | 1 Vial of 200µl | 1 Vial of 200µl |
| W White | Molecular Grade Water. | 1 Vials of 1 ml | 1 Vial of 1 ml | 1 Vial of 1 ml |

**Figura 3.4: Componentes do kit de quantificação PML-RARα da Geno-sen.**

*R = Reagentes*

*S = Padrões de quantificação W = Água de grau molecular.*

## Procedimento

A reação foi realizada no bloco de arrefecimento. O número desejado de tubos de PCR foi colocado na caixa de arrefecimento e etiquetado em conformidade. Para cada doente, os tubos foram etiquetados em duplicado (um para o tanscript bcr-1/bcr-3 e o segundo para o gene *abl*). Foram incluídos tubos de PCR para padrões e pelo menos um controlo negativo (água, grau PCR) por cada execução de PCR. Para gerar uma curva-padrão, foram utilizados todos os padrões fornecidos (PML Bcr-1 S 1-5) (PML Bcr-3 S 15) e (*abl* S 1-5) para cada execução da PCR. Antes de cada utilização, todos os reagentes foram completamente descongelados e misturados por pipetagem ou por breve agitação em vórtex.

## Protocolo

Para cada amostra, foi utilizado o seguinte esquema de pipetagem (Fig. 3.5).

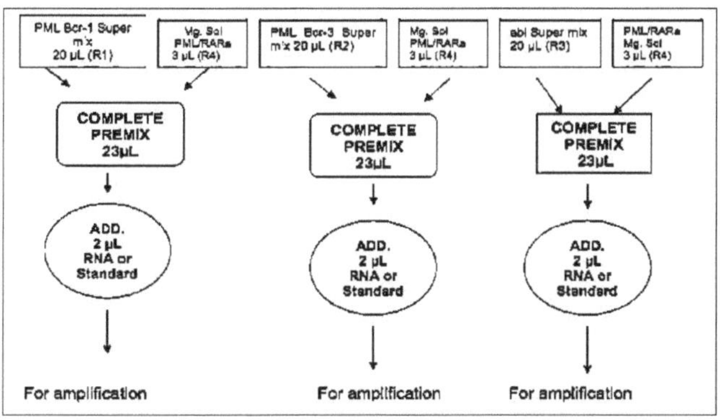


**Figura 3.5: Protocolo para a quantificação dos transcritos de fusão bcr-1 e bcr-3**

A quantificação foi efectuada na plataforma Agilent Stratagene Mx-3000-P Realtime- PCR.

O perfil térmico utilizado é para a síntese e amplificação integradas de cDNA e foi utilizado o seguinte perfil de temperatura.

Para a síntese de cDNA:

Primeira retenção 50°C durante 15 minutos

Segunda retenção 95°C durante 10 minutos

Para amplificação:

1. Desnaturação 95°C durante 15 segundos .
2. Recozimento 55°C durante 20 segundos .
3. Extensão 72°C durante 15 segundos .

O perfil de temperatura para a amplificação da etapa 1-3 foi utilizado durante 40 ciclos.

### 3.7.3 Quantificação dos transcritos de fusão bcr-1 / bcr-3.

Os padrões de quantificação fornecidos no kit (PML Bcr-1 S 1-5), (PML Bcr-3 S 1-5) e (*abl* S 1-5) foram tratados da mesma forma que as amostras extraídas e foi utilizado o mesmo volume, ou seja, (2µl) em vez da amostra (Fig. 3.5). Para gerar uma curva-padrão, foram utilizados os 5 padrões. O número de cópias do gene de fusão Bcr-1 ou Bcr-3, bem como o do gene *abl,* foi detectado em relação aos padrões de referência utilizados. A curva padrão gerada reflectiu o funcionamento dos padrões. Os valores das transcrições de fusão desconhecidas de bcr-1 ou bcr-3 foram calculados como percentagem do *gene* de fusão bcr-1 ou bcr-3/abl (gene de referência).

$$\% \text{ age of fusion transcript detected} = \frac{\text{bcr-1/bcr-3 copy number/ul}}{\textit{abl} \text{ copy number/ul}} \times 100$$

## 3.8 Extração e quantificação do ADN genómico

O ADN de elevado peso molecular foi isolado das amostras de sangue utilizando o protocolo modificado de extração fenol-clorofórmio-proteinase-K e o kit de extração de ADN Himedia.

### 3.8.1 Método do fenol-clorofórmio: (Blin e Stafford, 1976)

*Princípio*

O ADN é extraído das células dos mamíferos através da lise das membranas celulares com detergentes como o SDS. O conteúdo proteico das células é então precipitado por solventes orgânicos, como a mistura fenol-clorofórmio-isoamilo, ou por vários sais, como o cloreto de sódio, o acetato de amónio ou o acetato de potássio. Finalmente, o ADN é precipitado com etanol ou isopropanol e o sedimento de ADN é dissolvido em Tris-EDTA.

*Protocolo*

- 1,5 ml de sangue conservado em EDTA foi colocado num tubo falcon (50 ml) ao qual foram adicionados 15 ml de solução de lise e mantidos a -20°C durante 30 minutos.

- A mistura acima foi centrifugada a 3000-4000 rpm a 4°C e decantada para descartar o sobrenadante.

- O sedimento remanescente foi suspenso em 10 ml de solução salina com EDTA (SE) e agitado em vórtice por breves instantes para garantir que não restavam aglomerados de células.

- À suspensão, foi adicionado 1 ml de SDS a 10% e proteinase K a uma concentração final de 100 µg/ml e incubado a 37°C num banho de água durante a noite.

- No dia seguinte, foi adicionado um volume igual de fenol saturado TE e a mistura foi misturada suavemente por inversão dos tubos num agitador suspenso durante 15 minutos.

- O tubo foi então centrifugado a 3000-4000 rpm a 4°C durante 15 minutos.

- A fase aquosa sobrenadante foi recolhida num novo tubo de polipropileno, sem perturbar a interfase, com a ajuda de uma micropipeta equipada com uma ponta de furo largo.

- Ao sobrenadante da etapa anterior, adicionou-se um volume igual de TE saturado de fenol: clorofórmio: álcool isoamílico (25:24:1) e a mistura foi agitada num agitador suspenso durante 15 minutos, repetindo-se as etapas 6 e 7.

> Ao sobrenadante assim obtido num novo tubo, adicionou-se um volume igual de clorofórmio: álcool isoamílico (24:1), agitou-se o tubo e repetiu-se as etapas 6 e 7.

> Ao sobrenadante da etapa anterior, adicionou-se 1/10 de volume de solução refrigerada de acetato de sódio 3M (pH 5,2) e 2,5 volumes de etanol refrigerado ou igual volume de isopropanol e misturou-se invertendo suavemente o tubo. Se surgisse um precipitado visível de ADN genómico, este era transferido para um tubo de microcentrífuga de 1,5 ml e centrifugado a 6000 rpm durante 5 minutos. O sedimento assim obtido foi lavado com 500µl de etanol a 70% e centrifugado novamente. A lavagem foi repetida.

> Se o precipitado de ADN genómico não fosse visível, o tubo era então deixado em repouso a -70°C durante 10 minutos ou a -20°C durante uma noite. No dia seguinte, o tubo foi centrifugado a 6000 rpm a 0°C durante 45 minutos. O sedimento assim obtido foi lavado duas vezes com etanol a 70%, como acima descrito.

> O sedimento de ADN seco ao ar/vácuo foi dissolvido em 200µl de tampão de armazenamento de ADN e armazenado a 4°C ou a -20°C durante períodos mais longos.

### 3.8.2 Quantificação do ADN

A concentração do ADN obtido foi medida num espetrofotómetro a 260 nm de comprimento de onda, utilizando a fórmula:

ADN µg/ml = A260 x 50 x fator de diluição.

A pureza do ADN foi verificada utilizando o rácio A260/ A280.

A qualidade do ADN isolado das amostras de sangue foi analisada por eletroforese em gel de agarose a 1%.

## 3.9 Análise de ADN; eletroforese em gel de agarose (AGE)

*Princípio*

A eletroforese é uma técnica de separação de moléculas com base no peso molecular e na carga eléctrica. A matriz utilizada na EGA é a agarose, à qual se adiciona o corante brometo de etídio. A agarose é um polissacárido linear obtido a partir de algas marinhas e é constituída pela unidade básica repetida agarobiose, que compreende unidades alternadas de galactose e 3,6 anidrogalactose. O corante brometo de etídio, que é adicionado ao gel, intercala-se entre as bases do ADN, convertendo assim a hélice torcida numa estrutura linear. Após a eletroforese com o tampão Tris Borato/acetato como eletrólito, o ADN carregado negativamente no gel move-se em direção ao elétrodo positivo (ânodo).

*Procedimento*

1. Os bordos do tabuleiro de gelagem foram selados com fita adesiva para formar um molde. O tabuleiro foi colocado numa bancada nivelada e um pente adequado para formar as ranhuras das amostras no gel foi posicionado 0,51,0 mm acima da placa para formar um poço completo quando a agarose é vertida no molde.

2. A 1 g de agarose foram adicionados 50 ml de tampão TAE 1x (ver apêndice) num frasco cónico e o nível da pasta foi marcado com um marcador no frasco. O volume foi suficiente para preparar um gel de 3-5 mm de espessura.

3. Aquecer a pasta num banho de água a ferver até à dissolução da agarose. O volume da solução foi verificado com a ajuda da marca efectuada no balão e foi completado com água quando

necessário. Deixou-se arrefecer a solução de gel até cerca de 50°C e adicionou-se brometo de etídio a uma concentração final de 0,5μg/ml. A solução de gel foi misturada cuidadosamente por agitação suave.

4. A agarose quente foi vertida para o tabuleiro de gel selado e deixada a solidificar completamente durante 30-45 minutos à temperatura ambiente.

Quando o gel estava bem solidificado, o pente e a fita foram cuidadosamente retirados e o gel foi montado na cuba de eletroforese. Adicionou-se tampão de eletroforese (1x TAE) à cuba para cobrir o gel até uma profundidade de cerca de 1-2 mm.

5. 2µl de amostras de ADN, 3µl de tampão de carregamento de gel 6x (ver apêndice) e 10µl de água desionizada foram misturados em tubos de microcentrífuga e carregados nos poços juntamente com um marcador de tamanho molecular num dos lados do gel.

6. A eletroforese foi efectuada a 80 volts até que o corante tivesse migrado uma distância suficiente através do gel. A corrente eléctrica foi desligada e o gel foi examinado num iluminador UV e fotografado.

7. O ADN de elevado peso molecular foi utilizado para investigação molecular posterior.

## 3.13 PCR específica da metilação (MS-PCR)

*Princípio*

A PCR sensível à metilação é a técnica mais importante utilizada para estudar o estado de metilação das ilhas CpG localizadas nas regiões promotoras do gene. A técnica emprega a amplificação diferencial da região promotora utilizando iniciadores específicos concebidos contra as citosinas metiladas (5-MeC) e não metiladas após o tratamento com bissulfito de sódio. A deteção de 5-MeC através da conversão com bissulfito foi inicialmente descrita por **(Frommer et al., 1992)** e activada por **(Clark et al., 1994)**.

O tratamento do ADN genómico com bissulfito de sódio converte as citosinas não metiladas em uracilas, preservando as metiladas (5-MeC). Por sua vez, as uracilas transformam-se em timinas na subsequente amplificação por PCR do ADN modificado com bissulfito. Quando comparada com a sequência original, a presença de uma timina, em vez de uma citosina, antes de uma guanosina indica a presença de citosina não metilada na cadeia de ADN original. A preservação de uma citosina é uma prova de que a metilcitosina estava presente originalmente **(Clark et al., 1994)**. Utilizando ADN convertido em bissulfito, a PCR é efectuada com iniciadores concebidos para incluir pelo menos dois dinucleótidos CpG em cada iniciador direto e inverso. São concebidos dois conjuntos de primers: Um, para sequências metiladas, que mantém a complementaridade CpG; um segundo, para sequências não metiladas, que é complementar a uma sequência TpG. A presença de uma banda utilizando os primers metilados é prova de metilação na sequência original **(Cottrell e Laird, 2003)**. Esta técnica é sensível, mas não fornece informações sobre a densidade da metilação.

O mecanismo da reação de conversão do bissulfito envolve as seguintes etapas:

1. *Sulfonação*: adição de bissulfito à ligação dupla 5-6 da citosina.

2. *Desaminação hidrolítica*: desaminação do derivado de citosina-bissulfito resultante para dar um derivado de uracil-bissulfito.

3. *Dessulfonação alcalina*: remoção do grupo sulfonato por um tratamento alcalino subsequente para dar uracilo. A extensão da formação de sulfonação é controlada pelo pH, pela concentração de bissulfito e pela temperatura.

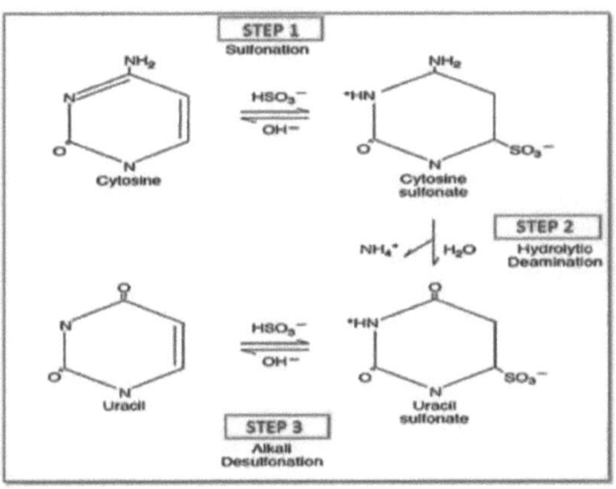


**Figura 3.6: Diagrama esquemático da reação de conversão do bissulfito.**

As condições importantes para uma conversão de bissulfito "bem sucedida" são

1. ADN limpo e totalmente desnaturado.

2. Bissulfito recentemente preparado.

3. pH baixo para a reação de desaminação.

4. pH elevado para a reação de dessulfonação.

5. Hidroquinona para reduzir a oxidação do bissulfito.

Após o tratamento com bissulfito, as citosinas não metiladas serão convertidas em resíduos de timina e as citosinas metiladas permanecerão intactas. A conversão da citosina em uracilo pelo bissulfito é notavelmente selectiva e eficiente quando realizada segundo o protocolo "padrão". A taxa de conversão química foi estimada em cerca de 99,5 a 99,7% de todas as citosinas, mas é mais frequentemente de 95 a 98% devido à qualidade variável do ADN.

*Procedimento para a conversão em bissulfito*

1. Foram recolhidos 5µl de ADN genómico (50ug) num tubo de microcentrifugação.

2. Em seguida, foram adicionados 2,2 µl de NaOH 3M recentemente preparado e o volume final foi de 20ul; o tubo foi agitado em vórtice e centrifugado a 6000g durante 1min.

3. A mistura foi então incubada a 37°C durante 15 min e depois a 90°C durante 2 min.

4. A mistura foi então transferida e centrifugada a 6000g durante 1min.

5. Em seguida, adicionaram-se 200 µl de metabissulfito de sódio saturado pH 5,0 (BDH) à mistura gelada e agitou-se em vórtice durante 1 min.

6. À mistura agitada foram adicionados 12µl de hidroquinona (10 mM); o conteúdo foi então agitado em vórtice e centrifugado a 6000g durante 1min.

7. A mistura foi então coberta com 200 µl de óleo mineral para evitar a evaporação e limitar a oxidação e incubada durante 4 a 16 h a 55°C num banho de água com uma tampa.

8. O óleo mineral foi então removido e a dessalinização foi efectuada utilizando

a resina Wizard DNA Clean-Up da Promega, de acordo com as instruções do fabricante.

9. O eluente foi recolhido num tubo de microcentrifugação após centrifugação da minicoluna a 6000g durante 1min.

10. Ao eluente foram adicionados 5,5µl de NaOH (3M) e a mistura foi incubada a 37°C durante 15 min e depois centrifugada a 6000g durante 1min.

11. Finalmente, foram adicionados 33,3 µl de acetato de amónio de pH 7,0, seguidos de 330 µl de etanol absoluto refrigerado, os conteúdos foram bem misturados e mantidos a -20 °C durante a noite.

12. O conteúdo foi então centrifugado a 14.000 rpm durante 15 minutos a 4°C no dia seguinte para eliminar o ADN modificado.

13. O ADN foi então transferido para um novo tubo de microcentrifugação e ressuspenso em 10 µl de água destilada e armazenado imediatamente a -20 °C até nova utilização.

### 3.13.1 MS-PCR para hipermetilação do promotor do gene p15

A análise MS-PCR do gene P15 foi efectuada para o seu promotor utilizando conjuntos de iniciadores [Tabela 3.4] **(Chim et al., 2003)**. Utilizaram-se cerca de 5,0 ul do ADN convertido em bissulfito (normal e leucémico) de cada amostra para a preparação da MS-PCR. O ADN humano metilado universal (Zymo Research, EUA) foi utilizado como controlo positivo para os alelos metilados, enquanto o ADN de indivíduos saudáveis normais foi utilizado como controlo para os alelos não metilados. A água foi utilizada como controlo negativo da PCR em ambas as reacções.

*Procedimento*

As sequências de iniciadores concebidas para a região do promotor do gene P15 foram previamente descritas por **Chim et al. (2003).** As sequências de iniciadores do promotor do gene P15 para a reação não metilada amplificaram um produto de 154 pb; e para a reação metilada amplificaram um produto de 148 pb. A temperatura de recozimento para as reacções não metiladas e metiladas do promotor do gene p15 é indicada na [Tabela 3.4]. Os produtos da PCR foram analisados em gel de agarose a 2%, tal como descrito acima, por eletroforese em gel de agarose.

| **Tabela 3.4: Primers, Tm & bp size para a análise da hipermetilação do promotor do gene p15** | **Tm (° C)** | **Tamanho do produto (bp)** |
|---|---|---|
| **p15 M F: 5'- GCG TTC GTA TTT TGC GGT T -3'**<br>**p15 M R: 5'- CGT ACA ATA ACC GAA CGA CCG A -3'** | **56 C°** | **148 pb** |
| **p15 U F: 5'-TGT GAT GTG TTT GTA TTT TGT GGT T -3'**<br>**p15 U F: 5'-CCA TAC AAT AAC CAA ACA ACC AA -3'**<br>*Chim et al; British Journal of Haematology. 2003. 122:571-578.* | **56 C°** | **154 pb** |

## Programa PCR padronizado

Foi utilizado o seguinte perfil de temperatura para a amplificação dos alelos não metilados e metilados.

1. Desnaturação inicial 95°Cdurante 5 minutos.
2. Desnaturação 95°Cdurante 40 segundos.
3. Recozimento 56°Cdurante 30 segundos.
4. Extensão 72°Cdurante 45 segundos.
5. Extensão final 72°Cdurante 7 minutos.

O perfil de temperatura dos passos 2-4 foi utilizado durante 35 ciclos antes da extensão final.

## 3.14 Plano de tratamento para doentes com APL

Os doentes com APL foram classificados em grupos de baixo risco, risco intermédio e alto risco com base nas suas contagens basais de leucócitos e plaquetas e submetidos a tratamento com protocolos baseados em ICAPL-2006 e trióxido de arsénio (ATO). 05 dos 33 doentes classificados como grupo de risco intermédio foram tratados com o protocolo à base de ATO. Além disso, todos os doentes com recaída foram tratados com o protocolo à base de trióxido de arsénio

(ATO). Os protocolos ICAPL-2006 e ATO estão descritos nas [Tabelas 3.5 e 3.6].

**Quadro 3.5: Protocolo de tratamento ICAPL-2006**

| **Remission Induction (All patients)**<br>DNR $60mg/m^2/d$ (d 2, 4, 6, 8) (>70 yrs only days 2, 4, and 6)<br>ATRA $45mg/m^2/d$ (day 1 until CR)<br>Dexamethasone $2.5mg/m^2/12h$x15 days ( If WBC> $5x10^9/L$)<br>**Consolidation therapy (Risk adapted)** | | |
|---|---|---|
| **Low Risk**<br>WBC≤ 10 x $10^9/L$<br>Plts> 40 x $10^9/L$ | **Intermediate Risk**<br>WBC≤ 10 x $10^9/L$<br>Plts≤ 40 x $10^9/L$ | **High Risk**<br>WBC> 10 x $10^9/L$<br>Plts≤ 40 x $10^9/L$<br>≥60y (→ Intermediate Risk)<br><60 y |
| DNR $25mg/m^2/d$ (d 1, 2, 3, 4)<br>ATRA $45mg/m^2/d$ x 15<br><br>MTZ $10mg/m^2/d$ (d 1, 2, 3)<br>ATRA $45mg/m^2/d$ x 15<br><br>DNR $60mg/m^2/d$ (d 1)<br>ATRA $45mg/m^2/d$ x 15 | DNR $35mg/m^2/d$ (d 1, 2, 3, 4)<br>ATRA $45mg/m^2/d$ x 15<br><br>MTZ$10mg/m^2/d$ (d 1, 2, 3, 4)<br>ATRA $45mg/m^2/d$ x 15<br><br>DNR $60mg/m^2/d$ (d 1, 2)<br>ATRA $45mg/m^2/d$ x 15 | DNR $25mg/m^2/d$ (d 1, 2, 3, 4)<br>Ara-C $1gm/m^2/d$ (d 1, 2, 3, 4)<br>ATRA $45mg/m^2/d$ x 15<br>MTZ $10mg/m^2/d$ (d 1, 2, 3, 4,5)<br>ATRA $45mg/m^2/d$ x 15<br><br>DNR $60mg/m^2/d$ (d 1)<br>Ara-C $150gm/m^2/$every 8hrly (d 1, 2, 3, 4)<br>ATRA $45mg/m^2/d$ x 15 |
| **Maintenance (All patients) x 2 years**<br>ATRA $45mg/m^2/d$ x 15 (every 3 months)<br>Methotrexate $15mg/m^2/d$ (Weekly) | | |

**Quadro 3.6: Protocolo de tratamento com trióxido de arsénio (ATO)**

| **Para adultos** | até à remissão completa ou x 60 dias (máx.) |
|---|---|
| Injeção de AS2O3 10 mg em 500 ml de solução salina de dextrose | até à remissão completa ou x 60 dias (máx.) |
| **Para crianças** | |
| Injeção de AS2O3 0,15mg/kg/dia em solução salina de dextrose | |
| **Remissão completa** | |
| AS2O3 interrompido durante 4 semanas | |
| **Segundo prato** | x 28 dias |
| Injeção de AS2O3 (se o doente continuar em remissão no intervalo). | |

| Manutenção<br><br>Injeção de AS2O3 em 500 ml de solução salina de dextrose | x 10 dias/mês (durante 6 meses) |
|---|---|

## 3.12 Análise de dados

O pacote de software SPSS (Statistical Package for the Social Sciences) foi utilizado para gerir os dados e calcular a média e a mediana para descrever dados quantitativos, comparar proporções, analisar dados de sobrevivência e comparar curvas de sobrevivência. Foram utilizados diferentes testes de homogeneidade de proporções e de probabilidade, incluindo o teste do Qui-quadrado, o teste de Fischer e o teste de Pearson, para determinar a significância dos padrões de distribuição relativamente a diferentes parâmetros clínico-analíticos. Foram analisadas comparações múltiplas entre anomalias cromossómicas, idade, apresentação de contagens de leucócitos, resposta ao tratamento e resultados da indução de remissão. As diferenças foram consideradas estatisticamente significativas quando o valor de 'p' foi <0,05.

Foi utilizada a análise de sobrevivência de Kaplan-Meier para avaliar as probabilidades de tratamento e de resultados de sobrevivência. Foram estimadas a sobrevivência global (OS) e a sobrevivência livre de doença (DFS) relativamente a vários parâmetros clínico-patológicos. A OS foi definida como o tempo decorrido entre o diagnóstico e a morte ou a última visita e a DFS foi definida como o tempo decorrido entre a remissão clínica e a recidiva ou o último acompanhamento (último acompanhamento Foram utilizados testes de qui-quadrado para comparar a média de diferentes variáveis. As curvas de Kaplan-Meier foram construídas através do método log-rank **(Kaplan et al, 1958)**.

# Resultados

## 4.1 Caraterísticas clínico-patológicas dos doentes com leucemia promielocítica aguda (LPA)

Analisámos a evolução de todos os doentes recentemente diagnosticados com APL tratados consecutivamente com protocolos (ICAPL-2006 e ATO) no Departamento de Hematologia Clínica e Oncologia Médica do Sher-i-Kashmir Institute of Medical Sciences Srinagar. Estes doentes foram incluídos no estudo após uma aprovação exaustiva do "Institute Ethics Committee" (IEC) do SKIMS e submetidos a uma avaliação prospetiva da sua resposta à quimioterapia convencional (ICAPL-2006 & ATO) no Department of Immunology & Molecular Medicine, SKIMS, de junho de 2013 a janeiro de 2016. Todos os doentes foram submetidos a uma análise de base da medula óssea e, em conformidade, foram categorizados de acordo com os critérios morfológicos para o diagnóstico de LPA (leucemia promielocítica aguda) [LMA]-M3 ou M3-variante) segundo a classificação franco-americana-britânica.

Foi utilizado um questionário semi-estruturado pré-testado para recolher informações sobre parâmetros clínico-patológicos como a idade, o sexo, a residência, os promielócitos na medula óssea, a morfologia dos promielócitos, a contagem total de leucócitos, a contagem de plaquetas, a pontuação de San para a estratificação do grupo de risco com base na CPT e na contagem de plaquetas na apresentação, o coagulograma e o ensaio do dímero D.

Um total de 33 doentes com consentimento prévio foi recrutado para o estudo entre 2013-2016. De acordo com o escore de San de estratificação de risco de 33 pacientes com APL, 05 (15,2%) pacientes eram de baixo risco, 19 (57,6%) eram de risco intermediário e 09 (27,2%) pacientes eram de classe de alto risco. 22 (66,6%) pacientes tinham menos de 30 anos de idade e 11 (33,4%) mais de 30 anos. Quanto à classificação por género, 21 (63,6%) doentes eram do sexo masculino e 12 (36,4%) do sexo feminino. 26(78,8%) pacientes pertenciam à zona rural e 07(21,2%) à zona urbana. De acordo com a classificação FAB das leucemias agudas, 29(87,8%) pacientes com LPA eram da categoria M3 e 04(12,2%) pacientes pertenciam à categoria M3V. Em termos de contagem de leucócitos, 09(27,3%) apresentavam leucocitose e 24(72,7%) tinham leucopenia aquando do diagnóstico. 05(15,2%) doentes apresentavam uma contagem elevada de plaquetas contra 28(84,8%) doentes com uma contagem baixa de plaquetas.

Durante o curso do estudo, 08(24,2%) pacientes expiraram. 06 (18,1%) doentes expiraram durante a fase de indução da quimioterapia e 02 (6,1%) doentes perderam o seguimento após a fase de manutenção da quimioterapia. Os restantes 27 (81,8%) doentes foram submetidos a tratamento com protocolos baseados em ICAPL- 2006 e Trióxido de Arsénio (ATO) e acompanhados durante o seu curso de tratamento. 22 (81,5%) doentes foram tratados com o protocolo ICAPL- 2006 e 05 (18,5%) doentes com protocolos à base de ATO. Todos os doentes atingiram a remissão hematológica no primeiro mês de tratamento e a remissão molecular no final da fase de consolidação da quimioterapia. Um total de 06 (18,1%) doentes recaíram durante/no final da fase de manutenção do tratamento. As caraterísticas clínico-patológicas destes 33 doentes com APL em diferentes fases de tratamento estão resumidas nas [Tabelas 1 e 2].

**Tabela 4.1: Caraterísticas clínico-patológicas dos doentes com APL**

| S.NO | AGE /SEX | THERAPY | PMYELO | M3/M3V | S.SCORE | COAGULOGRAM | D.DIMER | BASELINE | | CONSOLIDATION | | MAINTENANCE | |
|---|---|---|---|---|---|---|---|---|---|---|---|---|---|
| | | | | | | | | TLC | P.COUNT | TLC | P.COUNT | TLC | P.COUNT |
| APML-1 | 21/M | ATO | 63% | M3 | Intr.Risk | PT-15.3s, INR-1.3, APTT- 27s | Positive | 3.9X$10^9$/L | 13X$10^9$/L | 5.3X$10^9$/L | 163X$10^9$/L | 3.0X$10^9$/L | 119X$10^9$/L |
| APML-2 | 38/M | ICAPL-2006 | 55% | M3 | Intr.Risk | PT-15.8s, INR-1.52, APTT-32s | Negative | 6.7X$10^9$/L | 39X$10^9$/L | 3.7X$10^9$/L | 112X$10^9$/L | 5.2X$10^9$/L | 103X$10^9$/L |
| APML-3 | 11/M | ICAPL-2006 | 83% | M3 | Low.Risk | PT-16.1s, INR-1.72, APTT-34s | Negative | 2.2X$10^9$/L | 63X$10^9$/L | 2.8X$10^9$/L | 142X$10^9$/L | 12.2X$10^9$/L | 33X$10^9$/L RELAPSED |
| APML-4 | 25/M | — | 89% | M3 | Intr.Risk | PT- 14.9s. INR- 1.33, APTT-31s | Positive | 1.7X$10^9$/L | 24X$10^9$/L | PATIENT EXPIRED | | | |
| APML-5 | 20/M | ICAPL-2006 | 93% | M3 | High.Risk | PT-15.3s, INR-1.34, APTT-32s | Positive | 185X$10^9$/L | 10X$10^9$/L | 3.1X$10^9$/L | 108X$10^9$/L | 15.6X$10^9$/L | 29X$10^9$/L RELAPSED |
| APML-6 | 33/M | ICAPL-2006 | 73% | M3 | Intr.Risk | PT-13.3s, INR-1.26, APTT-29s | N/A | 3.7X$10^9$/L | 21X$10^9$/L | 6.2X$10^9$/L | 80X$10^9$/L | 3.6X$10^9$/L | 117X$10^9$/L |
| APML-7 | 30/M | ICAPL-2006 | 90% | M3 | High.Risk | PT-16.7s, INR-1.75, APTT-33s | N/A | 18X$10^9$/L | 8.0X$10^9$/L | 3.5X$10^9$/L | 154X$10^9$/L | 4.6X$10^9$/L | 127X$10^9$/L RELAPSED |
| APML-8 | 11/M | — | 90% | M3V | High.Risk | PT-16.2s, INR-1.45, APTT-36s | Positive | 144X$10^9$/L | 25X$10^9$/L | PATIENT EXPIRED | | | |
| APML-9 | 60/M | ATO | 97% | M3 | Intr.Risk | PT-15.2s, INR-1.34, APTT-30s | N/A | 2.7X$10^9$/L | 11X$10^9$/L | 3.2X$10^9$/L | 202X$10^9$/L | 3.8X$10^9$/L | 188X$10^9$/L |
| APML-10 | 16/F | ICAPL-2006 | 7% | M3 | Low.Risk | PT-14.4s, INR-1.38, APTT-33s | Negative | 2.3X$10^9$/L | 212X$10^9$/L | 3.6X$10^9$/L | 174X$10^9$/L | 4.4X$10^9$/L | 155X$10^9$/L |
| APML-11 | 48/M | ATO | 90% | M3 | Intr.Risk | PT-11.7s, INR-1.10, APTT-26s | Negative | 4.7X$10^9$/L | 28X$10^9$/L | 3.5X$10^9$/L | 33X$10^9$/L | 4.0X$10^9$/L | 59X$10^9$/L |
| APML-12 | 13/M | — | 99.5% | M3 | Intr.Risk | PT-14.3s, INR-1.20, APTT-24s | Positive | 1.2X$10^9$/L | 39X$10^9$/L | PATIENT EXPIRED | | | |
| APML-13 | 6/M | ATO | 89% | M3 | Intr.Risk | PT-13.2s, INR-1.15, APTT-27s | N/A | 1.3X$10^9$/L | 17X$10^9$/L | 2.7X$10^9$/L | 54X$10^9$/L | 4.3X$10^9$/L | 80X$10^9$/L |
| APML-14 | 20/F | ICAPL-2006 | 94% | M3 | Intr.Risk | PT-15.4s, INR-1.27, APTT-31s | N/A | 1.5X$10^9$/L | 25X$10^9$/L | 8.1X$10^9$/L | 142X$10^9$/L | 6.6X$10^9$/L | 129X$10^9$/L |
| APML-15 | 17/F | — | 88% | M3V | High.Risk | PT-16s, INR-1.30, APTT-33s | N/A | 49X$10^9$/L | 23X$10^9$/L | PATIENT EXPIRED | | | |
| APML-16 | 65/F | ATO | 80% | M3 | Intr.Risk | PT-15.8s, INR-1.29, APTT-29s | Negative | 7.0X$10^9$/L | 22X$10^9$/L | 4.5X$10^9$/L | 169X$10^9$/L | 5.0X$10^9$/L | 128X$10^9$/L |
| APML-17 | 14/F | ICAPL-2006 | 83% | M3 | Intr.Risk | PT-22.3s, INR-1.89, APTT-38s | Positive | 7.0X$10^9$/L | 4.0X$10^9$/L | 4.5X$10^9$/L | 177X$10^9$/L | 5.7X$10^9$/L | 129X$10^9$/L |
| APML-18 | 35/F | ICAPL-2006 | 70% | M3 | Intr.Risk | PT-14.8s, INR-1.24, APTT-66s | Negative | 1.3X$10^9$/L | 30X$10^9$/L | 5.7X$10^9$/L | 137X$10^9$/L | 4.4X$10^9$/L | 102X$10^9$/L |
| APML-19 | Turned out to be AML-M4 | | | | | | | | | | | | |
| APML-20 | 20/F | ICAPL-2006 | 92% | M3 | Intr.Risk | PT-17.3s, INR-1.68, APTT-42s | N/A | 3.3X$10^9$/L | 21X$10^9$/L | 6.2X$10^9$/L | 122X$10^9$/L | 16.3X$10^9$/L | 15X$10^9$/L REL & EXPIRED |
| APML-21 | 18/M | ICAPL-2006 | 90% | M3 | Low.Risk | PT-15.4s, INR-1.25, APTT-36s | Negative | 0.9X$10^9$/L | 147X$10^9$/L | 12X$10^9$/L | 232X$10^9$/L | 11.6X$10^9$/L | 189X$10^9$/L |
| APML-22 | 18/F | ICAPL-2006 | 82% | M3 | High.Risk | PT-16.2s, INR-1.31, APTT-35s | Positive | 12X$10^9$/L | 20X$10^9$/L | 9.5X$10^9$/L | 48X$10^9$/L | 18.6X$10^9$/L | 20X$10^9$/L RELAPSED |
| APML-23 | 20/M | — | 90% | M3V | High.Risk | PT-17.6s, INR-1.5, APTT-39s | N/A | 53X$10^9$/L | 40X$10^9$/L | PATIENT EXPIRED | | | |
| APML-24 | 25/F | ICAPL-2006 | 96% | M3 | Intr.Risk | PT-13.3s, INR-1.1, APTT-24s | Negative | 2.3X$10^9$/L | 28X$10^9$/L | 4.9X$10^9$/L | 120X$10^9$/L | 6.1X$10^9$/L | 112X$10^9$/L |
| APML-25 | 32/M | ICAPL-2006 | 77% | M3 | Intr.Risk | PT-13.9s, INR-1.17, APTT-24s | Negative | 4.7X$10^9$/L | 23X$10^9$/L | 0.4X$10^9$/L | 5.0X$10^9$/L | 5.4X$10^9$/L | 63X$10^9$/L |
| APML-26 | 14/M | ICAPL-2006 | 85% | M3 | Intr.Risk | PT-17.1s, INR-1.45, APTT-25s | Positive | 7.6X$10^9$/L | 19X$10^9$/L | 4.1X$10^9$/L | 89X$10^9$/L | 4.9X$10^9$/L | 108X$10^9$/L |
| APML-27 | 22/F | ICAPL-2006 | 79% | M3 | Intr.Risk | PT-14.3s, INR-1.20, APTT-28s | Positive | 1.9X$10^9$/L | 6.0X$10^9$/L | 3.3X$10^9$/L | 246X$10^9$/L | 5.7X$10^9$/L | 179X$10^9$/L |
| APML-28 | 25/M | ICAPL-2006 | 80% | M3 | Intr.Risk | PT-15.8s, INR-1.33, APTT-25s | Positive | 2.8X$10^9$/L | 13X$10^9$/L | 5.9X$10^9$/L | 103X$10^9$/L | 33X$10^9$/L | 17X$10^9$/L RELAPSED |
| APML-29 | 28/F | ICAPL-2006 | 92% | M3V | High.Risk | PT-13s, INR-1.08, APTT-24s | N/A | 39X$10^9$/L | 13X$10^9$/L | 2.3X$10^9$/L | 118X$10^9$/L | 3.5X$10^9$/L | 93X$10^9$/L |
| APML-30 | 13/M | ICAPL-2006 | 60% | M3 | Low.Risk | PT-15s, INR-1.26, APTT-29s | N/A | 5.5X$10^9$/L | 44X$10^9$/L | 2.8X$10^9$/L | 255X$10^9$/L | 5.5X$10^9$/L | 137X$10^9$/L |
| APML-31 | 19/M | ICAPL-2006 | 80% | M3 | High.Risk | PT-18s, INR-1.53, APTT-32s | N/A | 107X$10^9$/L | 35X$10^9$/L | 5.2X$10^9$/L | 186X$10^9$/L | 17X$10^9$/L | 13X$10^9$/L |
| APML-32 | 38/F | ICAPL-2006 | 94% | M3 | Intr.Risk | PT-16.6s, INR-1.38, APTT-37s | Positive | 5.3X$10^9$/L | 8.0X$10^9$/L | 8.3X$10^9$/L | 213X$10^9$/L | 5.5X$10^9$/L | 163X$10^9$/L |
| APML-33 | 65/M | ICAPL-2006 | 91% | M3 | High.Risk | PT-17.4s,INR- 1.47,APTT-33s | N/A | 19X$10^9$/L | 8.0X$10^9$/L | 4.3X$10^9$/L | 188X$10^9$/L | 6.1X$10^9$/L | 202X$10^9$/L |
| APML-34 | 90/M | — | 60% | M3 | Low.Risk | PT-14.7s,INR- 1.22,APTT-37s | N/A | 1.2X$10^9$/L | 98X$10^9$/L | PATIENT EXPIRED | | | |

**Tabela 4.2: Caraterísticas clínicas e resultados laboratoriais de doentes com APL em diferentes fases de tratamento.**

| Particularidades | Linha de base | Consolidação | Manutenção | Recaída (n=6) |
|---|---|---|---|---|

| | (n=33) | (n=27) | (n=27) | |
|---|---|---|---|---|
| **Género** | | | | |
| Masculino | 21(63.6%) | 16(59.3%) | 16(59.3%) | 04(66.7%) |
| Feminino | 12(36.4%) | 11(40.7%) | 11(40.7%) | 02(33.3%) |
| **Idade** | | | | |
| <30 | 22(66.6%) | 17(63.0%) | 17(63.0%) | 05(83.3%) |
| ≥30 | 11(33.4%) | 10(37.0%) | 10(37.0%) | 01(16.7%) |
| **Habitação** | | | | |
| Urbano | 07(21.2%) | 06(22.2%) | 06(22.2%) | 02(33.3%) |
| Rural | 26(78.8%) | 21(77.8%) | 21(77.8%) | 04(66.7%) |
| **Promyelos leucémicos*** | | | | |
| Não L. Promyelo | 00(0.0%) | 27(100.0%) | 21(77.8%) | 00(0.0%) |
| <60% | 02(6.0%) | 00(0.0%) | 06(22.2%) | 06(100%) |
| ≥60% | 31(94.0%) | 00(0.0%) | 00(0.0%) | 00(0.0%) |
| **Promyelo*Morfologia** | | | | |
| M3 | 29(87.8%) | 00(0.0%) | 06(22.2%) | 06(22.2%) |
| M3V | 04(12.2%) | 00(0.0%) | 00(0.0%) | 00(0.0%) |
| **TLC** | 24(72.7%) | 27(100.0%) | 21(77.8%) | 00(0.0%) |
| <10x10⁹/L | | | | |
| >10x10⁹/L | 09(27.3%) | 00(0.0%) | 06(22.2%) | 06(100%) |
| **Plaquetas** | | | | |
| ≤40x10⁹/L | 28(84.8%) | 02(7.5%) | 06(22.2%) | 06(100%) |
| >40x10⁹/L | 05(15.2%) | 25(92.5%) | 21(77.8%) | 00(0.0%) |
| **Terapia** | | | | |
| ICAPL-2006* | 22(66.7%) | 22(81.5%) | 22(81.5%) | 00(0.0%) |
| ATO | 05(15.2%) | 05(18.5%) | 05(18.5%) | 06(100%) |
| **Expirado** | 06(18.2%) | 00(0.0%) | 02(7.4%) | 02(33.3%) |
| **Sobreviveu** | 27(81.8%) | 27(100%) | 25(92.6%) | 04(66.7%) |

*Apenas 22 pacientes foram tratados com o protocolo ICAPL-2006, pois 06 pacientes morreram durante a terapia de indução.

*Promielócitos: Promielócitos

***Objetivo-1***

## 4.2 Estabelecer e avaliar a "citogenética do sangue periférico como ferramenta de diagnóstico e de acompanhamento na APL

A citogenética é considerada um dos factores de diagnóstico e prognóstico mais importantes na leucemia promielocítica aguda (LPA). Tem-se confiado consideravelmente na citogenética convencional para confirmar um diagnóstico morfológico de LPA. O cariótipo demonstrou ser um fator determinante do prognóstico nesta doença, prevendo a probabilidade de indução de uma remissão bem sucedida, o risco de recidiva e a sobrevivência global, além de ser cada vez mais utilizado para ditar a abordagem terapêutica. A citogenética detecta a t(15;17) na maioria dos doentes, identifica alterações citogenéticas secundárias e tem revelado novas translocações na APL, levando à subsequente caraterização molecular das respectivas regiões de ponto de quebra. Assim, a avaliação da t(15;17) em APL por cariotipagem convencional continua a ser considerada como uma ferramenta padrão para a deteção de base e para a monitorização da terapêutica dirigida. No entanto, a técnica convencional de citogenética da medula óssea (BMC) continua a ser confrontada com a questão da qualidade das metáfases produzidas, que são compactas e dismórficas, o que as torna não passíveis de uma banda G proeminente para uma análise fácil e conveniente (Fig. 4.1). No BMC, foram analisados 13 doentes com APL selecionados aleatoriamente (10 novos doentes no início do estudo e 03 doentes com recidiva) para uma referência comparativa com a citogenética do sangue periférico modificada que foi introduzida como parte de uma investigação no nosso estudo. A maioria das metáfases eram demasiado difusas e com bandas fracas, o que dificultava a obtenção de uma disposição cariotípica correspondente correta (Fig. 4.1).

**Tabela 4.3: Citogenética da medula óssea de 13 doentes com APL no início do estudo e na recidiva.**

| **Particularidades** | | **Citogenética (Medula óssea)** | | | | |
|---|---|---|---|---|---|---|
| | | **Metáfase** | | **t(15;17) Positivo** | **Falso negativo** | **Alterações adicionais/ secundárias** |
| | | **Índice** | **Analisado/ 20** | | | |
| **Linha de base (10)** | 01 | Pobres | 08 (40%) | Sim | Não | Não |
| | 02 | Pobres | 11 (55%) | Sim | Não | Não |
| | 03 | Pobres | 05 (25%) | Não | Sim | Não |
| | 04 | Pobres | 09 (45%) | Sim | Não | Não |
| | 05 | Pobres | 08 (40%) | Não | Sim | Não |
| | 06 | Pobres | 09 (45%) | Sim | Não | Não |
| | 07 | Pobres | 08 (40%) | Sim | Não | Não |
| | 08 | Pobres | 05 (25%) | Não | Sim | Não |
| | 09 | Pobres | 08 (40%) | Sim | Não | Não |
| | 10 | Pobres | 09 (45%) | Sim | Não | Não |
| **Recaída (03)** | 01 | Pobres | 05 (25%) | Sim | Não | Não |
| | 02 | Pobres | 07 (35%) | Sim | Não | Não |
| | 03 | Pobres | 04 (20%) | Não | Sim | Não |

No total, 09 doentes com SAF (07 de 10 (70%) doentes na linha de base e 02 de 03 (66,7%) doentes recidivados) puderam ser detectados como positivos para a t(15;17), com apenas 40-55% das metáfases visualizadas, na melhor das hipóteses. Consequentemente, 03 dos 10 (30%) doentes na linha de base e 01 dos 03 doentes pós-recidiva (33,3%) rastreados através do BMC foram falsamente reportados como negativos. Além disso, as alterações cromossómicas adicionais/secundárias também foram negativas no BMC [Tabela 4.3]. As metáfases geradas na PBC sem PHA não eram melhores do que as metáfases geradas na medula óssea, limitando assim uma disposição adequada dos cromossomas num cariograma (Fig. 4.2).

As metáfases geradas na cultura de sangue periférico adicionada à PHA eram qualitativamente melhores em termos de morfologia e o índice de metáfase também era suficientemente adequado para permitir o rastreio das 20 metáfases recomendadas (Fig. 4.3 e 4.4). A fiabilidade da PBC foi ainda acentuada pelo facto de terem sido detectadas anomalias cromossómicas secundárias em poucos doentes com APL (Fig. 4.5). Além disso, foram detectadas alterações da evolução clonal num doente do sexo masculino após uma recaída, como i(9q), para além da caraterística t(15;17) (Fig. 4.6).

Depois de o PB ter sido comprovado como um analito alternativo ao BM para produzir resultados fiáveis, foi efectuada a análise citogenética de todos os doentes com APL a partir do sangue periférico na linha de base, no final da fase de consolidação e durante a fase de manutenção da quimioterapia.

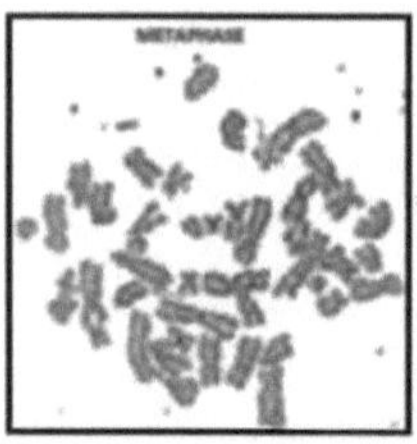

**Figure 4.1: Bone marrow metaphase and karyotype of an APL patient showing t(15;17) having comparatively lesser degree of good morphological and banding distinction.**

**Report: 46,XY,t(15;17)(q22;q21)**

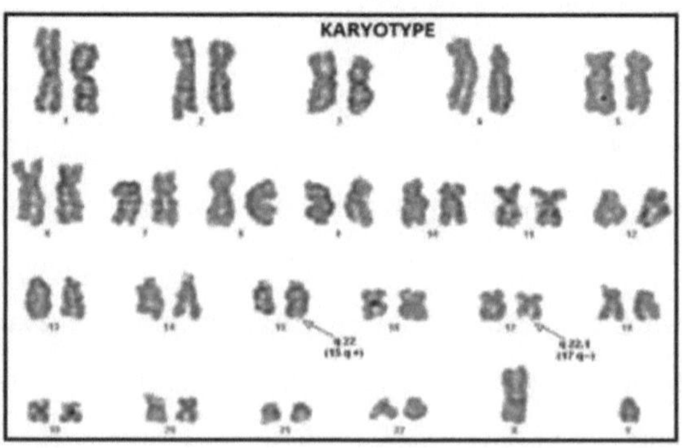

**Figure 4.2: Peripheral blood (without PHA) metaphase and karyotype of an APL patient having poor morphology and banding distinction thus limiting a proper arrangement**

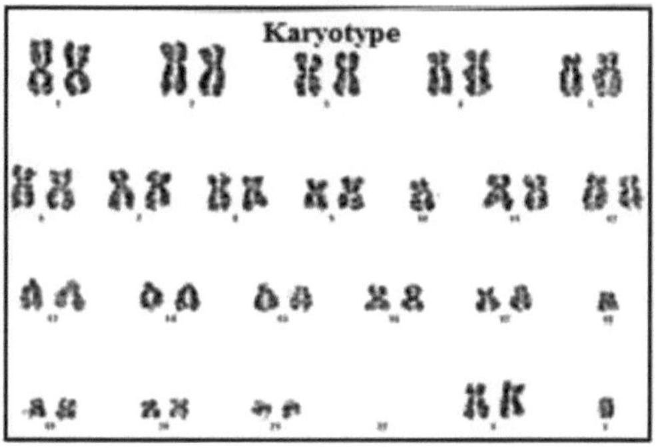


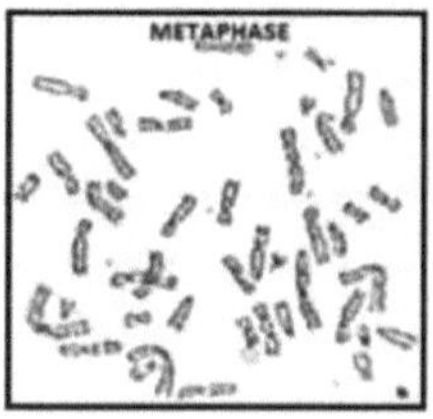


**Figure 4.3: Normal peripheral blood metaphase and karyotype of an APL patient with good morphology and distinct banding pattern.**

**Report: 46,XY.**

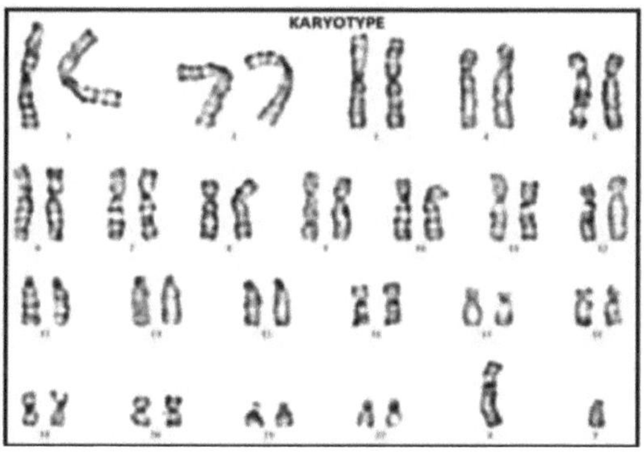

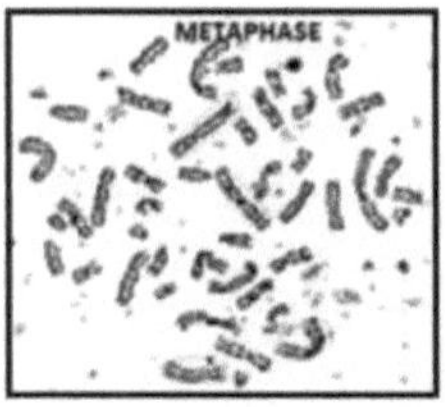


**Figure 4.4: Abnormal peripheral blood metaphase spread and karyotype of an APL patient showing t(15;17) with good chromosome morphology.**
**Report: 46,XY, t(15;17)(q22;q21)**

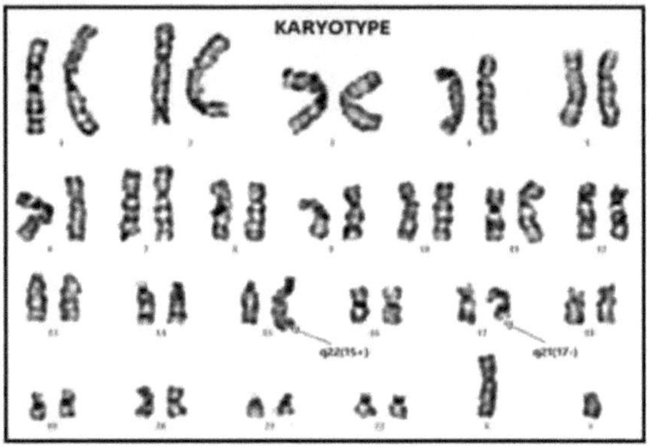


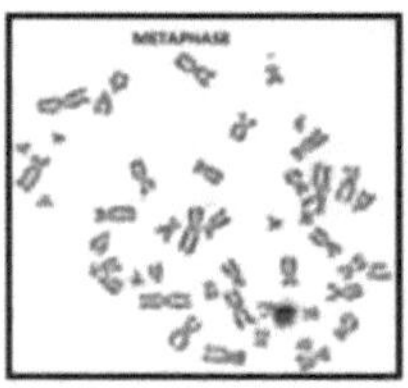

**Figure 4.5: Abnormal peripheral blood metaphase and karyotype of an APL patient showing secondary chromosomal changes.**
**Report: 46, XY,16q(del)**

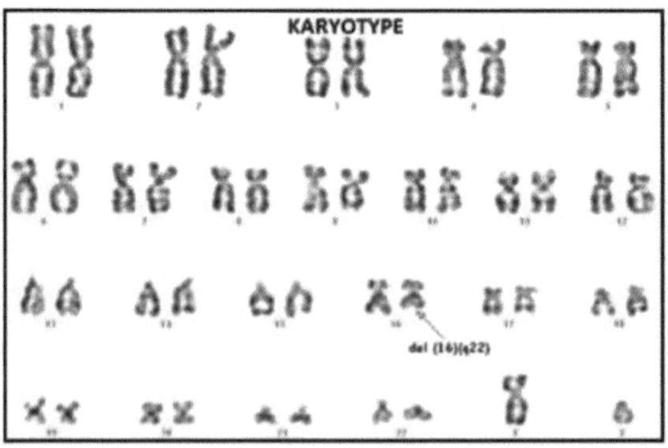

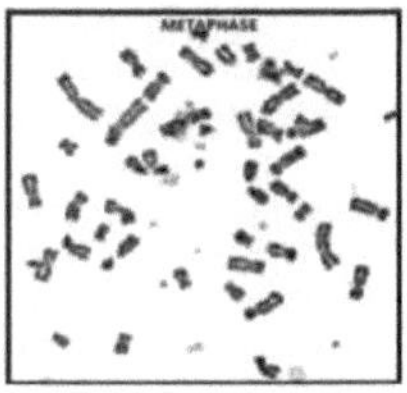

**Figure 4.6: Abnormal peripheral blood metaphase and karyotype of an APL patient post relapse depicting clonal evolution changes in addition to hallmark translocation.**
**Report: 46, XY, t(15;17), i(9q)**

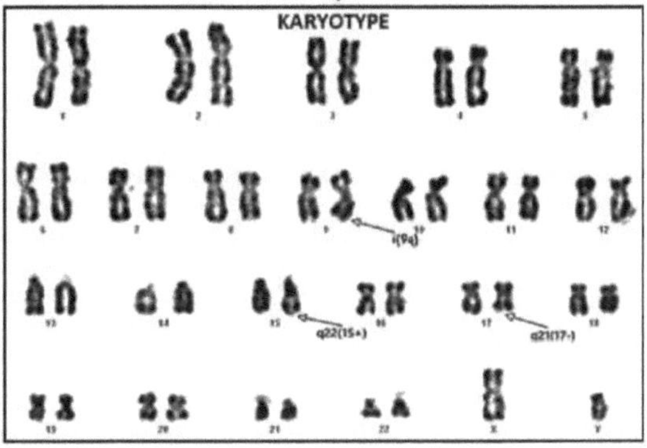


A cariotipagem inicial do sangue periférico adicionada à PHA revelou 29 doentes (87,8%) positivos para a t(15;17), enquanto 02 doentes (6,1%) apresentavam uma translocação críptica ou eram negativos para a t(15;17). Verificou-se que 02 doentes (6,1%) apresentavam alterações cromossómicas secundárias, como a deleção do cromossoma 16q, mas não apresentavam a translocação t(15;17) caraterística.

No início do estudo, 18 (85,8%) dos 21 doentes do sexo masculino eram positivos para a t(15;17), 02 (9,5%) eram negativos e 01 (4,7%) doente apresentava anomalias cromossómicas secundárias. Entre os 12 doentes do sexo feminino, 11 (91,7%) eram positivos para a t(15;17) e 01 (8,3%) apresentava anomalias cromossómicas secundárias.

Entre os 23 pacientes com faixa etária <30 anos, 19 (82,6%) eram positivos para t(15;17), 02 (8,7%) eram negativos e 02 (8,7%) tinham alterações cromossómicas secundárias. Dos 10 pacientes com idade $\geq$ 30 anos, todos (100%) foram positivos para t(15;17).

No que diz respeito à contagem de promielócitos $\geq$60% na medula óssea, a t(15;17) foi detectada em 27(87,0%) doentes, enquanto 02(6,5%) eram negativos e 02(6,5%) doentes apresentavam alterações cromossómicas secundárias. Ambos os doentes (100%) com contagem de promielócitos <60% foram positivos para a t(15;17) [Tabela 4.4].

Em 24 doentes com leucopenia ($<10x10^9$ ), 20(83,4%) eram positivos para a t(15;17) contra 02(8,3%) doentes negativos para esta translocação e 02(8,3%) tinham anomalias cromossómicas secundárias. Todos os 09 (100%) doentes que apresentavam leucocitose ($>10x10^9$ ) eram positivos para a t(15;17).

Os pacientes com baixa contagem de plaquetas ($<40x10^9$ ) tiveram uma maioria de 26 (92,9%) com t (15; 17) contra 03 (60,0%) com contagem de plaquetas ($\geq 40x10^9$ ).

Exceto 06(18,2%) doentes que expiraram na linha de base, os restantes 27(81,8%) doentes 22(81,5%) foram tratados com ICAPL-2006 e 05(18,5%) com protocolos de tratamento ATO e seguidos durante a fase de consolidação e manutenção do tratamento [Tabela 4.4].

No final da fase de consolidação, todos os 27 (100%) doentes eram negativos para a t(15;17). Um total de 06 (22,2%) doentes recidivaram durante/final da fase de manutenção da quimioterapia, tendo 04 (66,7%) dos 06 doentes apresentado também recidiva citogenética [Tabela 4.5] (Fig. 4.7).

Os doentes que sofreram uma recaída estavam a seguir o protocolo de tratamento ICAPL-2006, ao passo que nenhum dos doentes sofreu uma recaída com o protocolo baseado na ATO. 02 (33,3%) dos 06 doentes com recidiva expiraram devido a hemorragia cerebral [Tabela 4.5].

**Tabela 4.4: Perfil citogenético do sangue periférico de doentes com APL no início e em diferentes fases do tratamento.**

| Particularidades | Linha de base (n=33) | | | Consolidação ( =2 )n7 | | | Manutenção ( =2 )n7 | | |
|---|---|---|---|---|---|---|---|---|---|
| | t(15;17) +ve | t(15;17) -ve | Alterações secundárias | t(15;17) +ve | t(15;17) -ve | Alterações secundárias | t(15;17) +ve | t(15;17) -ve | Alterações secundárias |
| **Género** | | | | | | | | | |
| Masculino | 18 | 02 | 01 | -- | 16 | -- | 03 | 13 | -- |
| Feminino | 11 | 00 | 01 | -- | 11 | -- | 01 | 10 | -- |
| **Idade** | | | | | | | | | |
| <30 | 19 | 02 | 02 | -- | 18 | -- | 04 | 14 | -- |
| ≥30 | 10 | 00 | 00 | -- | 09 | -- | 00 | 09 | -- |
| **Habitação** | 06 | 01 | 00 | -- | 06 | -- | 01 | 05 | -- |

| | | | | | | | | | |
|---|---|---|---|---|---|---|---|---|---|
| Urbano | | | | | | | | | |
| Rural | 23 | 01 | 02 | -- | 21 | -- | 03 | 18 | -- |
| **Promielócitos leucémicos** | | | | | | | | | |
| Não L.Promyelo | 00 | 00 | 00 | -- | 27 | -- | 00 | 24 | -- |
| <60% | 02 | 00 | 00 | -- | 00 | -- | 04 | 00 | -- |
| ≥60% | 27 | 02 | 02 | -- | 00 | -- | 00 | 00 | -- |
| **TLC** | | | | | | | | | |
| $<10x10^9/L$ | 20 | 02 | 02 | -- | 27 | -- | 00 | 21 | -- |
| $>10x10^9/L$ | 09 | 00 | 00 | -- | 00 | -- | 04 | 02 | -- |
| **Plaquetas** | | | | | | | | | |
| $<40x10^9/L$ | 26 | 00 | 02 | -- | 02 | -- | 04 | 02 | -- |
| ≥40x10·/L | 03 | 02 | 00 | -- | 25 | -- | 00 | 21 | -- |
| **Terapia** | | | | | | | | | |
| ICAPL-2006* | 18 | 02 | 02 | -- | 22 | -- | 04 | 18 | -- |
| ATO | 05 | 00 | 00 | -- | 05 | -- | 00 | 05 | -- |
| **Expirado** | 06 | 00 | 00 | -- | 00 | -- | 01 | 01 | -- |
| **Sobreviveu** | 23 | 02 | 02 | -- | 27 | -- | 03 | 22 | -- |

*Apenas 22 pacientes foram tratados com o protocolo ICAPL-2006, pois 06 pacientes morreram durante a terapia de indução.

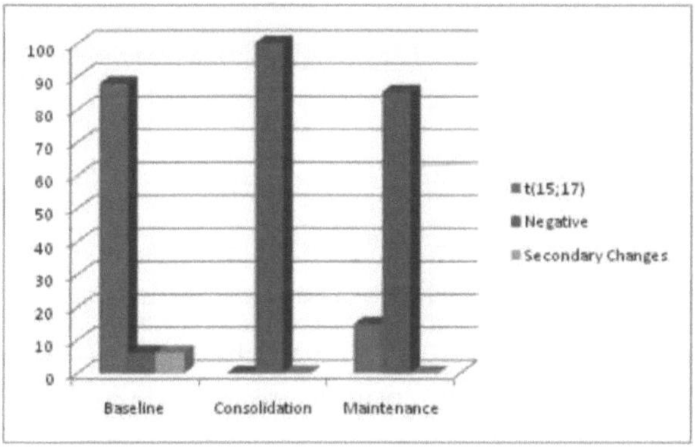


**Figura 4.7: Perfil citogenético de doentes com APL em diferentes fases do tratamento.**

**Tabela 4.5: Perfil citogenético do sangue periférico de doentes com APL recidivante**

| **Particularidades** | **Não** | **Recaída ($^n$ =6)** | | |
|---|---|---|---|---|
| | | **t(15;17) +ve** | **t(15;17) -ve** | **Alterações secundárias** |
| **Género** | | | | |
| Masculino | 04 (66.7%) | 03 (75.0%) | 01 (25.0%) | 00 (0.0%) |
| Feminino | 02 (33.3%) | 01 (50.0%) | 01 (50.0%) | 00 (0.0%) |
| **Idade** <30 **anos** | 05 (83.3%) | 04 (80.0%) | 01 (20.0%) | 00 (0.0%) |
| ≥30 | 01 (16.7%) | 00 (0.0%) | 01 (100.0%) | 00 (0.0%) |
| **Habitação** | | | | |
| Urbano | 02 (33.3%) | 01 (50.0%) | 01 (50.0%) | 00 (0.0%) |
| Rural | 04 (66.7%) | 03 (75.0%) | 01 (25.0%) | 00 (0.0%) |
| **Promielócitos leucémicos** | | | | |
| Não L.promyelo* | 00 (0.0%) | 00 (0.0%) | 00 (0.0%) | 00 (0.0%) |
| <60% | 06 (100.0%) | 04 (66.7%) | 02 (33.3%) | 00 (0.0%) |
| ≥60% | 00 (0.0%) | 00 (0.0%) | 00 (0.0%) | 00 (0.0%) |
| **TLC** | | | | |
| $<10x10^9/L$ | 00 (0.0%) | 00 (0.0%) | 00 (0.0%) | 00 (0.0%) |
| $>10x10^9/L$ | 06 (100.0%) | 04 (66.7%) | 02 (33.3%) | 00 (0.0%) |

| | | | | |
|---|---|---|---|---|
| **Plaquetas**<br><40x10/L<br>≥40x109/L | <br>06 (100.0%)<br>00 (0.0%) | <br>04 (66.7%)<br>00 (0.0%) | <br>02 (33.3%)<br>00 (0.0%) | <br>00 (0.0%)<br>00 (0.0%) |
| **Terapia**<br>ICAPL-2006<br>ATO | <br>06 (100.0%)<br>00 (0.0%) | <br>04 (66.7%)<br>00 (0.0%) | <br>02 (33.3%)<br>00 (0.0%) | <br>00 (0.0%)<br>00 (0.0%) |
| **Expirado**<br>**Sobreviveu** | 02 (33.3%)<br>04 (66.7%) | 01 (50.0%)<br>03 (75.0%) | 01 (50.0%)<br>01 (25.0%) | 00 (0.0%)<br>00 (0.0%) |

* Sem L.promyelo = Sem promielócitos leucémicos

***Objetivo 2***

## 4.3 Análise molecular dos transcritos de fusão PML-RARα por Reação em Cadeia da Polimerase com Transcriptase Reversa (RT-PCR).

Os indivíduos com leucemia promielocítica aguda (LPA) expressam normalmente 1 de 3 transcrições híbridas primárias associadas a uma t(15;17). Os 3 transcritos de fusão resultam de regiões heterogéneas de clusters de pontos de quebra (bcr) no gene da leucemia promielocítica (PML) e são designados por bcr-1 (longo), bcr-2 (variante) e bcr-3 (curto). A RT-PCR dos transcritos envolvidos é uma ferramenta valiosa para monitorizar a APL e o seu tratamento. Além disso, a identificação de uma região específica de ponto de quebra pode ser utilizada para prever a probabilidade de recaída de um indivíduo e, possivelmente, a sua resposta ao tratamento. Para a tipagem de transcrições de doentes com APL por RT-PCR, o ARN foi extraído do sangue periférico dos doentes. A qualidade e a integridade do ARN foram analisadas por eletroforese em gel (Fig. 4.8) antes de serem submetidas a transcrição reversa para cDNA, seguida de análise por PCR utilizando conjuntos de iniciadores específicos para transcrições de fusão PML-RARa. No caso de PML/RARα, devido ao splicing alternativo das regiões de cluster de ponto de quebra (bcr) no locus PML do cromossoma 15, foram encontrados produtos de PCR de vários tamanhos, variando de 345 a 381 pb, com o primer RARA-B, que é considerado um "primer reverso universal" para todas as três formas de translocações observadas em APL (isoforma curta: intrão 3 (bcr-3); isoforma variante longa: exão 6 (bcr-2); e isoforma longa: intrão 6 (bcr-1). Foi observado um único produto de 381 pb (Fig. 4.10) ou 345 pb (Fig. 4.11) com o iniciador PML-A1 que correspondia aos pontos de quebra da translocação no intrão 6 (bcr-1) ou no exão 6 (bcr-2) e foram observados produtos de 376 pb (Fig. 4.12) com o iniciador PML-A2 correspondentes a (bcr-3) cujo ponto de quebra está localizado no intrão 3. Os primers PML-A2, RARA-B e o conjunto de primers PML-RP auto-concebido apresentaram um produto PCR adicional de 450 pb (Fig. 4.9) que serviu de controlo interno e garantiu a boa qualidade do cADN utilizado. Por conseguinte, os resultados da PCR para PML/RARa foram interpretados como isoforma longa (l), variante longa (v) ou isoforma curta (s).

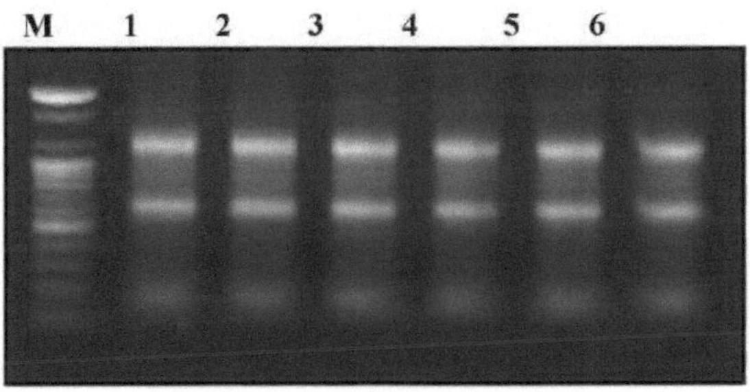


**Figura 4.8: Eletroforese em gel de agarose do ARN isolado do sangue periférico de doentes com APL.**

| | |
|---|---|
| Pista M: | Marcador de tamanho molecular (100 pb) |
| Pista 1-4: | ARN do sangue de doentes com APL |
| Pista 5-6: | ARN do sangue de um indivíduo saudável de controlo |

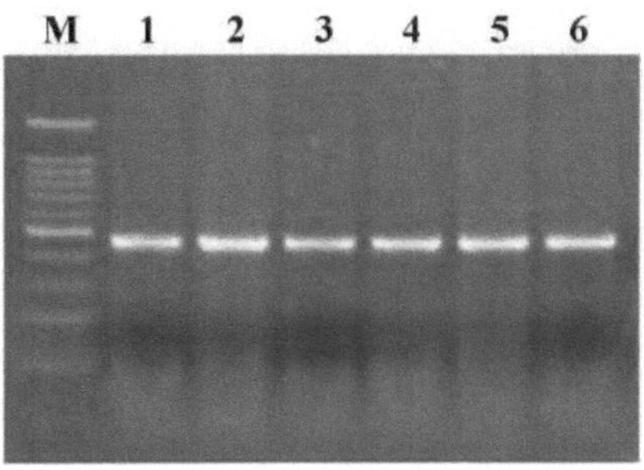


**Figura 4.9: Imagem representativa do gel de amplificação do cDNA (450 pb) transcrito de forma reversa a partir do ARN de doentes com APL.**

| | |
|---|---|
| Pista M: | Marcador de tamanho molecular (100 pb) |
| Pista 1- | 6AcDNA amplificado (450 pb) |

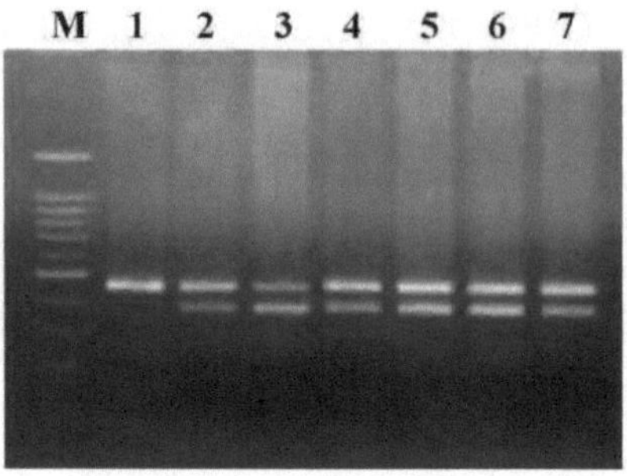


**Figura 4.10: Imagem representativa em gel dos transcritos de fusão bcr-1.**

Pista M: Marcador de tamanho molecular (100 pb)

Pista 1Controlo interno (450 pb) (bcr-1 -ve)

Pista 2Controlo positivo (381 pb) e controlo interno (450 pb)

Pista 3, 4, 5, 6, transcrição de fusão 7bcr-1 (381 pb) e controlo interno (450 pb)

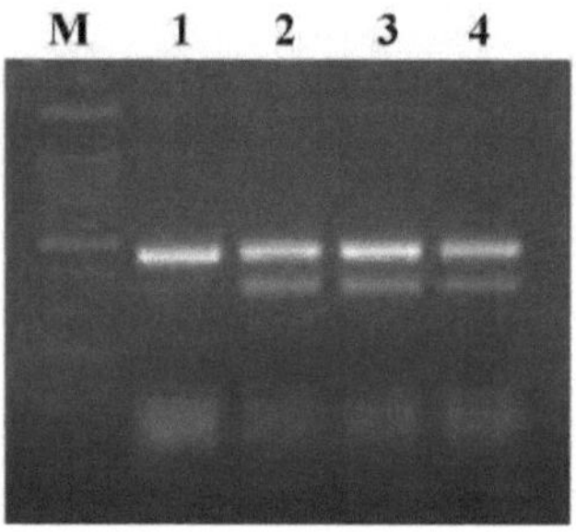


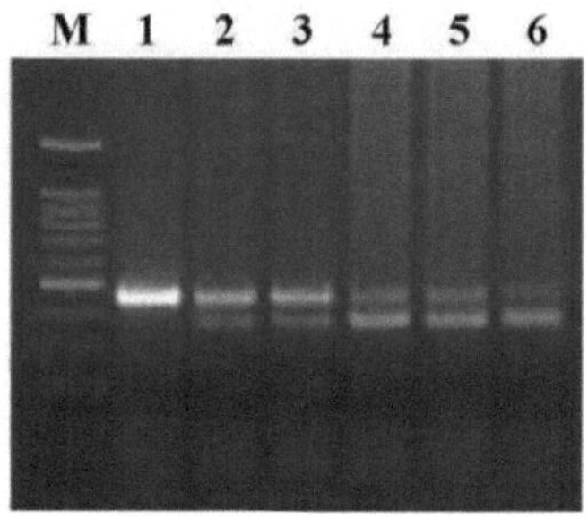


**Figura 4.11: Imagem representativa do gel deFigura 4.12: Imagem representativa do gel de**

**transcrições de fusão bcr-2. transcrições de fusão bcr-3.**

Pista M: Marcador de tamanho molecular (100 pb) Pista M: Marcador de tamanho molecular (100 pb)

Pista 1: Controlo interno (450 pb) (bcr-2 -ve) Pista 1: Controlo interno (450 pb) (bcr-3 -ve)

Pista 2, 3, 4: transcrição de fusão bcr-1 (381 pb) Pista 2, 3, 4, 5, 6: transcrição de fusão bcr-3 (345 pb)

e controlo interno (450 pb) e controlo interno (450 pb)

Para a tipagem de transcrições de doentes com APL por RT-PCR, foi incluída no estudo a mesma série de 33 doentes, 27 dos quais foram seguidos, respetivamente, durante o seu curso de tratamento com base nos protocolos ICAPL-2006 e ATO.

Para o transcrito bcr-1, 19 (57,6%) pacientes foram considerados positivos na linha de base, com predominância do sexo masculino (57,9%) sobre o feminino (42,1%) e a maioria dos pacientes (68,4%) com idade <30 anos. A contagem de promielócitos leucémicos na medula óssea ≥ 60% foi encontrada em 17 (89,5%) contra 02 (10,5%) doentes com contagem de promielócitos ≤ 60%. Além disso, em pacientes com transcrição de fusão bcr-1, 15 (79,0) apresentaram TLC <10x10$^9$ /L e 04 (21,0) pacientes tiveram TLC> 10x10$^9$ /L e, além disso, a contagem de plaquetas <40x10$^9$ /L foi encontrada em 17 (89,5%) pacientes. 16 (84,2%) doentes com transcrição de fusão bcr-1 foram submetidos a tratamento com ICAPL-2006 e 03 (15,8%) com protocolos baseados em ATO [Tabela 4.6].

Apenas 03 (9,1%) pacientes com <30 anos de idade foram encontrados para abrigar transcrições bcr-2 que tinham contagem de promielócitos leucêmicos da medula óssea ≥60%. Foi detectada uma baixa CPT<10x10$^9$ /L em 02(66,7%) doentes, enquanto que todos os 03(100%) doentes tinham uma contagem de plaquetas >40x10$^9$ /L.

11(33,3%) doentes, predominantemente do sexo masculino (81,8%), apresentavam transcrição de fusão bcr-3 e estavam igualmente distribuídos em relação à idade. Todos os doentes apresentavam contagem de promielócitos na medula óssea leucémica >60% e contagem de plaquetas <40x10$^9$ /L. 07(63,6%) pacientes apresentaram leucopenia <10x10$^9$ /L e 04(36,4%) leucocitose >40x10$^9$ /L. 09(81,9%) pacientes foram tratados com ICAPL-2006 e 02(18,1%) com protocolos baseados em ATO [Tabela 4.6].

Na linha de base, 06(18,2%) doentes expiraram, 01(16,7%) com bcr-1 e 05(83,3%) com transcrições de fusão bcr-3. Os restantes doentes foram seguidos durante o seu programa de tratamento. No final da consolidação, todos os 27 (81,9%) doentes foram considerados negativos para todos os transcritos de fusão. No entanto, durante/no final da manutenção, 06(22,2%) doentes recaíram, dos quais 02(33,3%) doentes tinham bcr-1, 01(16,7%) tinha bcr-2 e 03(50,0%) doentes apresentavam transcrições de fusão bcr-3. 02(33,3%) dos 06 doentes com recidiva expiraram, sendo cada um deles positivo para transcrições de fusão bcr-1 e bcr-3 [Tabela 4.6] (Fig. 4.13).

**Tabela 4.6: Tipagem de transcrição de doentes com APL em fases definidas do tratamento.**

| Particularidades | Linha de base (n=33) | | | Consolidação* ( =n2 7) | | | Manutenção (n=06) | | |
|---|---|---|---|---|---|---|---|---|---|
| | bcr-1 | bcr-2 | bcr-3 | bcr-1 | bcr-2 | bcr-3 | bcr-1 | bcr-2 | bcr-3 |
| **Género** | | | | | | | | | |
| Masculino | 11 | 01 | 09 | - | - | - | 02 | 00 | 02 |
| Feminino | 08 | 02 | 02 | - | - | - | 00 | 01 | 01 |
| **Idade** <30 **anos** | 13 | 03 | 06 | - | - | - | 02 | 01 | 02 |
| ≥30 | 06 | 00 | 05 | - | - | - | 00 | 00 | 01 |
| **Promielócitos leucémicos** Não | | | | | | | | | |
| L.promyelo* | 00 | 00 | 00 | - | - | - | 00 | 00 | 00 |
| <60% | 02 | 00 | 00 | - | - | - | 02 | 01 | 03 |
| ≥60% | 17 | 03 | 11 | - | - | - | 00 | 00 | 00 |
| **TLC** | | | | | | | | | |
| $<10x10^9/L$ | 15 | 02 | 07 | - | - | - | 01 | 00 | 01 |
| $>10x10^9/L$ | 04 | 01 | 04 | - | - | - | 01 | 01 | 02 |
| **Plaquetas** | | | | | | | | | |
| $<40x10^9/L$ | 17 | 00 | 11 | - | - | - | 02 | 01 | 02 |
| ≥40x109/L | 02 | 03 | 00 | - | - | - | 00 | 00 | 01 |
| **Terapia** | | | | | | | | | |
| ICAPL-2006* | 15 | 03 | 04 | - | - | - | 02 | 01 | 03 |
| Arsénio | 03 | 00 | 02 | - | - | - | 00 | 00 | 00 |
| **Expirado** | 01 | 00 | 05 | - | - | - | 01 | 00 | 01 |
| **Sobrevivência** | 18 | 03 | 06 | - | - | - | 01 | 01 | 02 |

*Apenas 22 pacientes foram tratados com o protocolo ICAPL-2006, pois 06 pacientes morreram durante a terapia de indução.

* Ausência de promielócitos leucémicos.

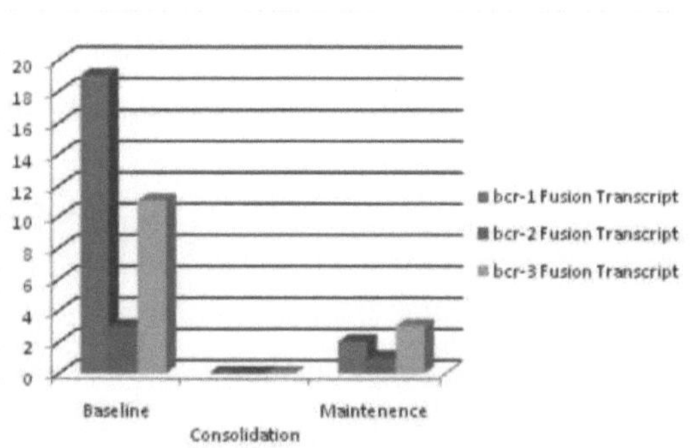


**Figura 4.13: Representação gráfica da tipagem de transcrição de doentes com APL na fase de tratamento de base, de consolidação e de manutenção**

### 4.3.1 Implicações prognósticas dos diferentes tipos de transcritos em doentes com APL

Entre 19 (57,6%) doentes com transcrição bcr1, 02 (10,5%) expiraram enquanto 17 (89,5%) doentes sobreviveram e a diferença entre os dois grupos foi significativa (p= 0,007). Nos doentes com transcrição de fusão bcr-2, a taxa de sobrevivência foi de 100%, contra 45,5% nos doentes com transcrição bcr-3 [Tabela 4.7].

O nosso estudo constatou que 50% dos doentes com APL apresentaram recidiva com um tipo de transcrição curta (bcr-3) e tiveram um prognóstico desfavorável em comparação com os doentes com transcrições longas (bcr-1) e variáveis (bcr-2), que apresentaram recidiva em 11,1% e 33,3% dos doentes, respetivamente [Tabela 4.7]. Neste estudo, observámos que os doentes com a isoforma longa (bcr-1) tiveram uma remissão em 88,8% dos doentes, em comparação com 66,7% e 50% nos doentes com bcr-2 e bcr-3, respetivamente. A diferença entre a remissão nos três grupos foi favorável para bcr-1 com uma associação significativa (p=0,006) em comparação com os outros dois transcritos (bcr-2 e bcr-3) [Tabela 4.7] (Fig. 4.14).

**Tabela 4.7: Implicações prognósticas de diferentes tipos de transcritos em doentes com APL.**

| Sobrevivência | | | | | Remissão | | | |
|---|---|---|---|---|---|---|---|---|
| Variável | Não | Morte | Sobrevivência | P.Valor | Não | Recaída | Remissão | P.Valor |
| bcr-1 | 19(57.6%) | 02(10.5%) | 17(89.5%) | **0.007** | 18(66.7%) | 02(11.1%) | 16(88.8%) | **0.006** |
| bcr-2 | 03(9.1%) | 00(0.00%) | 03(100.0%) | 0.4 | 03(11.1%) | 01(33.3%) | 02(66.7%) | 1.0 |
| bcr-3 | 11(33.3%) | 06(54.5%) | 05(45.5%) | 1.0 | 06(22.2%) | 03(50.0%) | 03(50.0%) | 1.0 |

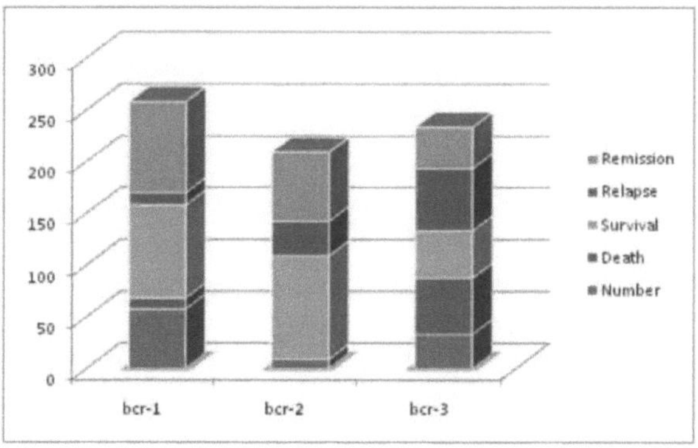

**Figura 4.14: Representação gráfica da implicação prognóstica dos diferentes tipos de transcrição em doentes com APL.**

O significado clínico de diferentes transcrições de genes de fusão foi determinado em termos de sobrevivência global (OS) e sobrevivência livre de doença (DFS) dos doentes que expressam estas transcrições de fusão. A estimativa da sobrevivência global (OS) para os doentes que expressam a transcrição de fusão bcr-1, bcr-2 e bcr-3 foi de 89,5%, 100% e 45,5%, com uma OS média mínima de 16,2 meses (± 4,54) para os doentes que expressam a transcrição de fusão bcr-3. A diferença na OS entre os grupos de doentes foi significativa com o valor de log rank (p = 0,015) (Fig. 4.15a). O resultado clínico de acordo com o transcrito do gene de fusão foi analisado em 27 doentes com APL em termos da sua sobrevivência livre de doença. Foi calculada uma SLD estimada de 88,9%, 66,7% e 50,0% para os doentes que expressam o transcrito de fusão bcr-1, bcr-2 e bcr-3. Os doentes que expressam transcrições de fusão bcr-3 apresentaram uma DFS média mínima de 30,0 meses (± 1,5). A diferença na DFS entre os três grupos de doentes foi insignificante, teste log-rank: P = 0,212 (Fig. 4.15b).

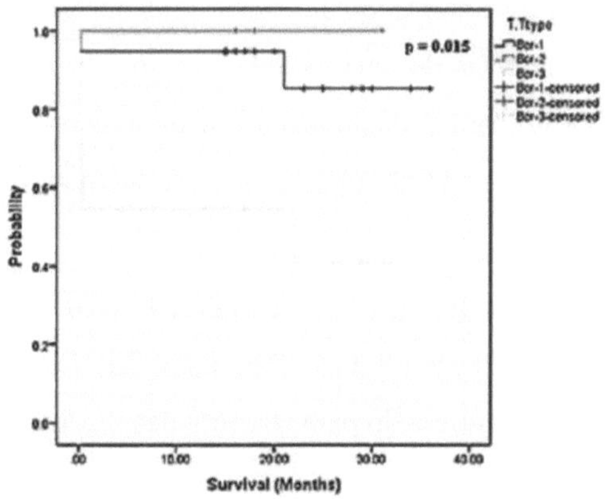


(a)

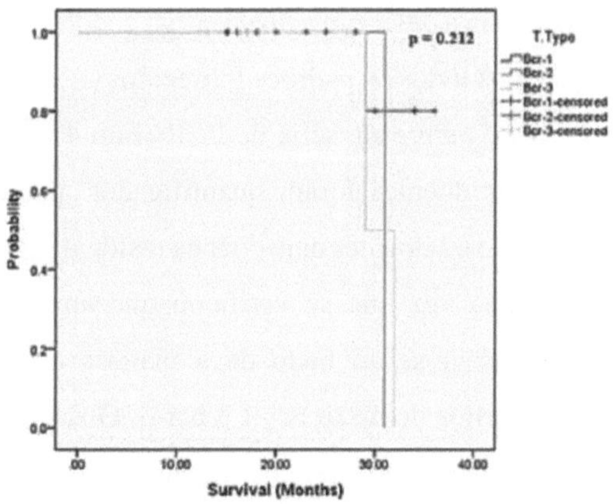


(b)

**Figura 4.15: Kaplan Meier (a) Sobrevivência global e (b) Gráficos de sobrevivência livre de doença de doentes com APL de acordo com transcrições de genes de fusão.**

## *Objetivo-3*

**4.4 Quantificação da Transcrição de Fusão bcr-1 & bcr-3 por Reação em Cadeia da Polimerase Quantitativa em Tempo Real (q-PCR):** A deteção e quantificação do gene de fusão PML/RARα tem relevância clínica, uma vez que fornece um diagnóstico específico, informação prognóstica e previsão de recaída ao monitorizar a doença residual durante o acompanhamento. A identificação de pequenas quantidades de doença residual em remissão prevê fortemente a iminência de uma recaída. Assim, a q-PCR do gene híbrido PML/RARα é realizada para o diagnóstico e a monitorização da doença residual mínima, com o objetivo de abordar melhor o tratamento pós-remissão na APL.

Utilizámos o ensaio q-PCR para a quantificação do rearranjo PML/RARα na mesma série de 33 doentes com elevada sensibilidade. Para tal, o ARN extraído do sangue periférico dos doentes foi quantificado para transcrições dos genes de fusão bcr-1 e bcr-3 utilizando o kit de quantificação de transcrições PML-RARα baseado na sonda Taqman (Genosens q-PCR kit) da Genome diagnostics. Os padrões positivos externos (PML Bcr-1 S 1-5), (PML Bcr-3 S 1-5) e (abl S 1-5) foram fornecidos com o kit, o que permitiu a determinação da carga genética. Para gerar uma curva-padrão, foram utilizados todos os padrões fornecidos (PML Bcr-1 S 15), (PML Bcr-3 S 1-5) e (abl S 1-5) em cada série de PCR (Fig. 4.16 a,b). Por q-PCR para PML-RARα, todos os doentes foram quantificados quanto a transcrições de fusão PML-RARα, exceto 03 doentes cuja doença residual mínima (DRM) não pôde ser determinada, uma vez que se verificou que abrigavam transcrições bcr-2 por RT-PCR. Isto deve-se ao facto de a maioria dos kits disponíveis quantificar apenas os transcritos de fusão bcr-1 e bcr-3. Observou-se que o desempenho deste ensaio era fiável no diagnóstico e no acompanhamento posterior dos doentes com APL.

Os doentes recrutados para o estudo foram quantificados relativamente aos transcritos do gene de fusão PML-RARα (bcr-1 e bcr-3) na linha de base, após a consolidação e durante/fim da manutenção. Na linha de base, todos os doentes, no que diz respeito aos tipos de transcrições bcr-1 e bcr-3, foram positivos com a respectiva carga de transcrições apresentada nas [Tabelas 4.8 e 4.9]. No final da consolidação, todos os doentes tinham atingido a remissão molecular, tal como indicado pelo estado negativo de q-PCR para os transcritos do gene de fusão. No entanto, durante/final da fase de manutenção do tratamento, 06 doentes recaíram, tal como autenticado pelo q-PCR positivo.

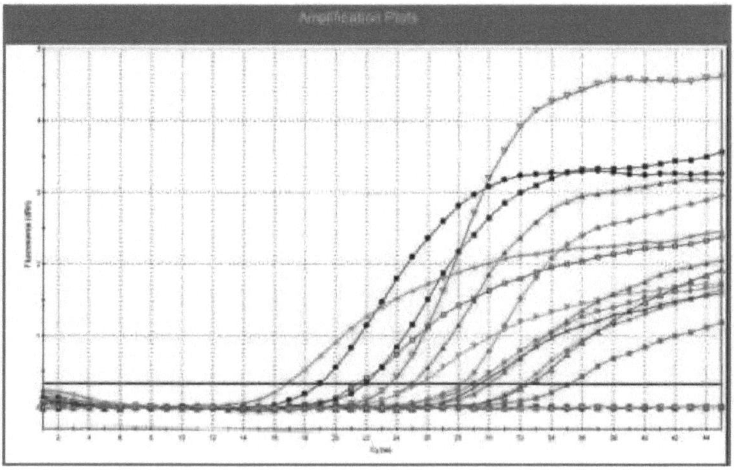

**Figura 4.16: (a) Gráfico de fluorescência em tempo real de amostras de doentes juntamente com padrões**

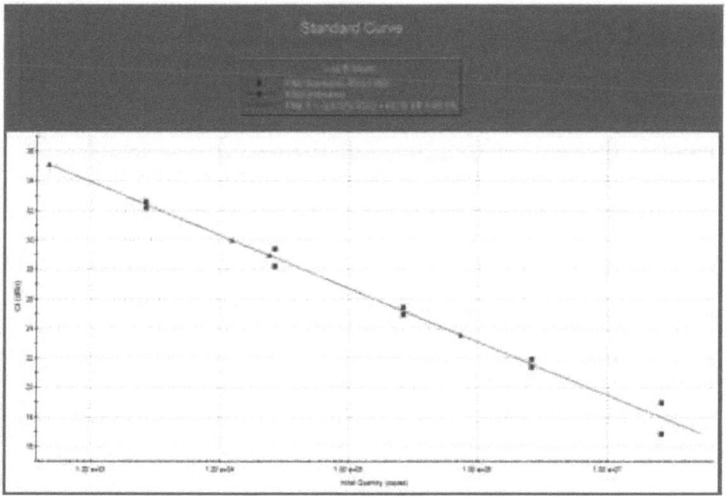

**Figura 4.16: (b) Curva-padrão que reflecte o funcionamento dos padrões**

| Replicate | Well Type | Threshold (dRn) | Ct (dRn) | Quantity (copies) | RSq (dRn) | Slope (dRn) | |
|---|---|---|---|---|---|---|---|
| 1 | Standard | Reference | Reference | Reference | Reference | Reference | |
| 1 | Standard | 0.3266 | 18.97 | 2.67e+007 | 0.988 | -3.613 | |
| 2 | Standard | Reference | Reference | Reference | Reference | Reference | |
| 2 | Standard | 0.3266 | 21.90 | 2.67e+006 | 0.988 | -3.613 | |
| 3 | Standard | Reference | Reference | Reference | Reference | Reference | |
| 3 | Standard | 0.3266 | 24.94 | 2.67e+005 | 0.988 | -3.613 | |
| 4 | Standard | Reference | Reference | Reference | Reference | Reference | |
| 4 | Standard | 0.3266 | 28.22 | 2.67e+004 | 0.988 | -3.613 | |
| 5 | Standard | Reference | Reference | Reference | Reference | Reference | |
| 5 | Standard | 0.3266 | 32.20 | 2.67e+003 | 0.988 | -3.613 | |
| 6 | Standard | Reference | Reference | Reference | Reference | Reference | Standards |
| 6 | Standard | 0.3266 | 16.84 | 2.67e+007 | 0.988 | -3.613 | |
| 7 | Standard | Reference | Reference | Reference | Reference | Reference | |
| 7 | Standard | 0.3266 | 21.39 | 2.67e+006 | 0.988 | -3.613 | |
| 8 | Standard | Reference | Reference | Reference | Reference | Reference | |
| 8 | Standard | 0.3266 | 25.42 | 2.67e+005 | 0.988 | -3.613 | |
| 9 | Standard | Reference | Reference | Reference | Reference | Reference | |
| 9 | Standard | 0.3266 | 29.38 | 2.67e+004 | 0.988 | -3.613 | |
| 10 | Standard | Reference | Reference | Reference | Reference | Reference | |
| 10 | Standard | 0.3266 | 32.58 | 2.67e+003 | 0.988 | -3.613 | |
| 11 | Unknown | Reference | Reference | Reference | Reference | Reference | |
| 11 | Unknown | 0.3266 | 23.55 | 7.576e+004 | 0.988 | -3.613 | → ABL |
| 12 | Unknown | Reference | Reference | Reference | Reference | Reference | |
| 12 | Unknown | 0.3266 | 28.94 | 2.429e+004 | 0.988 | -3.613 | → bcr-3 transcript |
| 13 | Unknown | Reference | Reference | Reference | Reference | Reference | |
| 13 | Unknown | 0.3266 | 29.99 | 1.248e+004 | 0.988 | -3.613 | → ABL |
| 14 | Unknown | Reference | Reference | Reference | Reference | Reference | |
| 14 | Unknown | 0.3266 | 35.11 | 4.771e+002 | 0.988 | -3.613 | → bcr-3 transcript |
| 15 | NTC | Reference | Reference | Reference | Reference | Reference | |
| 15 | NTC | 0.3266 | No Ct | No Ct | 0.988 | -3.613 | |
| 16 | NTC | Reference | Reference | Reference | Reference | Reference | |
| 16 | NTC | 0.3266 | No Ct | No Ct | 0.988 | -3.613 | |

**Figura 4.17: Relatório de texto gerado pelo sistema da execução em tempo real (Q-PCR) correspondente.**

## Cálculos:

$$\text{Fusion gene load} = \frac{\text{bcr-1/ bcr-3 copy number}}{\text{ABL copy number}} \text{ X } 100$$

## 4.4.1 Quantificação do transcrito de fusão bcr-1 por Reação em cadeia da polimerase quantitativa em tempo real (q-PCR)

Da série de 33 doentes com APL que expressam transcrições de fusão PML-RARα, 19 (57,6%) foram detectados como expressando a transcrição bcr-1. Na linha de base, o ensaio q-PCR do transcrito de fusão bcr-1 revelou que 14 (73,7%) doentes tinham uma carga de fusão no intervalo de 51-100% com um rácio de homens: mulheres de 1:1. 05 (26,4%) pacientes tinham carga de fusão bcr-1 na faixa de 150%, com predominância de 04 (80%) pacientes do sexo masculino. A maioria desses pacientes tinha menos de 30 anos de idade. 01 (5,3%) paciente expirou durante a fase de indução da quimioterapia e os demais foram tratados com protocolo baseado em ICAPL-2006 e ATO.

No final da fase de consolidação do tratamento, observou-se que todos os 18 (100%) doentes eram negativos para o transcrito de fusão bcr-1 por q-PCR. No entanto, durante/após a fase de manutenção, 02 (11,1%) doentes, ambos do sexo masculino e com idade inferior a 30 anos, recaíram. Ambos os doentes recidivantes tinham uma carga de transcrição de fusão bcr-1 na ordem dos 1-50%. Dos 02 doentes com recaída, 01 expirou devido a hemorragia cerebral [Quadro 4.8] (Fig. 4.18).

**Tabela 4.8: Valores de q-PCR para o transcrito de fusão bcr-1 em doentes com APL em diferentes fases de tratamento.**

| Variável | Base de referência ( =1 )n9 | | | Consolidação (n=18) | | | Manutenção ( =n1 8) | | |
|---|---|---|---|---|---|---|---|---|---|
| | 0% | 1-50% | 51-100% | 0% | 1-50% | 50-100% | 0% | 1-50% | 50-100% |
| **Género** | | | | | | | | | |
| Masculino | 00 | 04 | 07 | 10 | -- | -- | 08 | 02 | 00 |
| Feminino | 00 | 01 | 07 | 08 | -- | -- | 08 | 00 | 00 |
| **Idade** | | | | | | | | | |
| <30 | 00 | 04 | 09 | 12 | -- | -- | 10 | 02 | 00 |
| ≥30 | 00 | 01 | 05 | 06 | -- | -- | 06 | 00 | 00 |
| **Promielócitos leucémicos** | | | | | | | | | |
| Não L promyelos* | 00 | 00 | 00 | 18 | -- | -- | 16 | 00 | 00 |
| <60% | 00 | 00 | 02 | 00 | -- | -- | 00 | 02 | 00 |
| ≥60% | 00 | 05 | 12 | 00 | -- | -- | 00 | 00 | 00 |
| **TLC** | | | | | | | | | |
| <10x10$^9$/L | 00 | 05 | 10 | 17 | -- | -- | 16 | 00 | 00 |
| >10x10$^9$/L | 00 | 00 | 04 | 01 | -- | -- | 00 | 02 | 00 |
| **Plaquetas** | | | | | | | | | |
| <40x10$^9$/L | 00 | 03 | 12 | 00 | -- | -- | 00 | 02 | 00 |
| ≥40x10$^9$/L | 00 | 02 | 02 | 18 | -- | -- | 16 | 00 | 00 |
| **Terapia** | | | | | | | | | |
| ICAPL-2006* | 00 | 03 | 12 | 15 | -- | -- | 13 | 02 | 00 |
| ATO | 00 | 02 | 01 | 03 | -- | -- | 03 | 00 | 00 |

* Apenas 15 pacientes foram tratados com o protocolo ICAPL-2006, pois 01 paciente faleceu durante a terapia de indução.

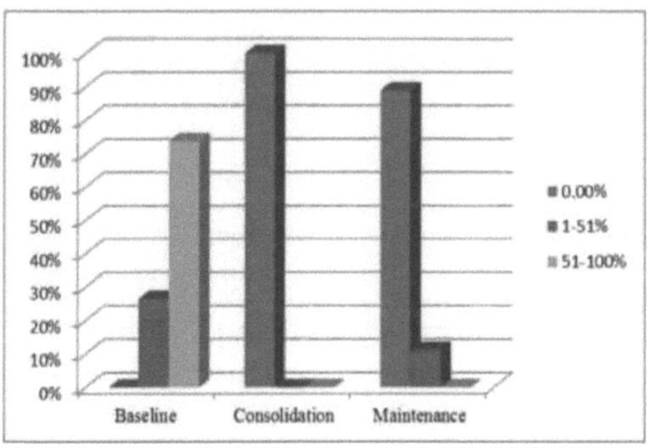


**Figura 4.18: Representação gráfica dos valores de q-PCR para o transcrito de fusão bcr-1 em doentes com APL.**

### 4.4.2 Quantificação dos transcritos de fusão bcr-3 por Reação em cadeia da polimerase quantitativa em tempo real (q-PCR)

Verificou-se que um total de 11 (33,3%) doentes expressava o transcrito de fusão híbrido bcr-3. A carga do transcrito de fusão no intervalo de 51-100% foi detectada em 10 (90,9%) doentes por q-PCR na linha de base. Apenas 01 (9,1%) doente apresentava uma carga de transcrição de fusão bcr-3 no intervalo de 1-50%. A maioria destes doentes tinha menos de 30 anos de idade, sendo 09 (81,8%) do sexo masculino e 02 (18,2%) do sexo feminino. No início do estudo, 05 (50,0%) doentes com carga de transcrição entre 51-100% expiraram e os restantes doentes sobreviventes foram tratados com o protocolo ICAPL-2006 e ATO. No final da fase de consolidação do tratamento, nenhum dos doentes expressou o transcrito de fusão bcr-3 e foi detectado como negativo por q-PCR. 03 (50,0%) doentes recidivaram durante/após a fase de manutenção da quimioterapia, tendo todos os 03 uma carga de transcrição de fusão bcr-3 no intervalo de 1-50%. 01 dos 03 (33,3%) doentes com recidiva expirou devido a hemorragia cerebral [Quadro 4.9] (Fig. 4.19).

**Tabela 4.9: Valores de q-PCR para o transcrito de fusão bcr-3 em doentes com APL em diferentes fases de tratamento.**

| Variável | Linha de base (n=11) | | | Consolidação (n=06) | | | Manutenção (n=06) | | |
|---|---|---|---|---|---|---|---|---|---|
| | 0% | 1-50% | 51-100% | 0% | 1-50% | 50-100% | 0% | 1-50% | 50-100% |
| **Género** | | | | | | | | | |
| Masculino | 00 | 01 | 08 | 05 | -- | -- | 03 | 02 | 00 |
| Feminino | 00 | 00 | 02 | 01 | -- | -- | 00 | 01 | 00 |
| **Idade** | | | | | | | | | |
| <30 | 00 | 00 | 06 | 02 | -- | -- | 00 | 02 | 00 |
| ≥30 | 00 | 01 | 04 | 04 | -- | -- | 03 | 01 | 00 |
| **Baile leucémico** | | | | | | | | | |
| L.promyelo | 00 | 00 | 00 | 06 | -- | -- | 03 | 00 | 00 |
| <60% | 00 | 00 | 00 | 00 | -- | -- | 00 | 03 | 00 |
| ≥60% | 00 | 01 | 10 | 00 | -- | -- | 00 | 00 | 00 |
| **TLC** | | | | | | | | | |
| $<10x10^9/L$ | 00 | 01 | 06 | 06 | -- | -- | 03 | 00 | 00 |
| $>10x10^9/L$ | 00 | 00 | 04 | 00 | -- | -- | 00 | 03 | 00 |
| **Plaquetas** | | | | | | | | | |
| $<40x10^9/L$ | 00 | 01 | 08 | 01 | -- | -- | 00 | 02 | 00 |
| $\geq 40x10^9/L$ | 00 | 00 | 02 | 05 | -- | -- | 03 | 01 | 00 |
| **Terapia** | | | | | | | | | |
| ICAPL-2006* | 00 | 01 | 03 | 04 | -- | -- | 01 | 03 | 00 |
| ATO | 00 | 00 | 02 | 02 | -- | -- | 02 | 00 | 00 |
| **Expirado** | 00 | 00 | 05 | 00 | -- | -- | 00 | 01 | 00 |

| Sobreviveu | 00 | 01 | 05 | 06 | -- | -- | 03 | 02 | 00 |
|---|---|---|---|---|---|---|---|---|---|

*Apenas 04 pacientes foram tratados com o protocolo ICAPL-2006, pois 05 pacientes morreram durante a terapia de indução.

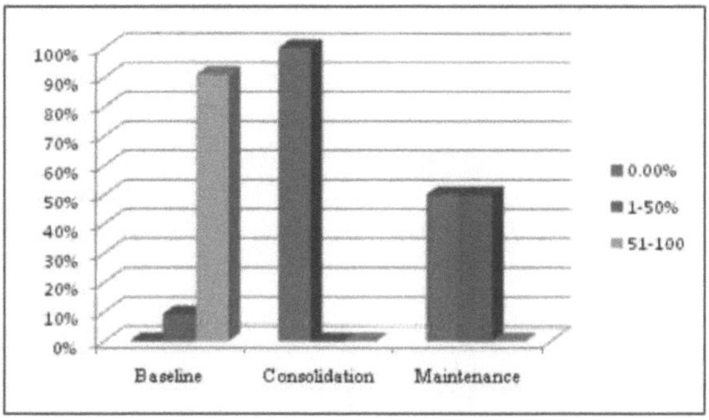


**Figura 4.19: Representação gráfica dos valores de q-PCR para o transcrito bcr-3 num doente com APL**

## 4.5 Correlação da análise citogenética e molecular

O nosso objetivo foi comparar a eficácia da citogenética modificada do sangue periférico com métodos moleculares (RT-PCR & q-PCR) na deteção de APL. Foi observada uma positividade de 100% em relação à análise molecular, sendo a deteção citogenética correspondente (87,8%) em doentes com APL na linha de base.

Na consolidação, foi observada uma correlação de 100% no que diz respeito à deteção citogenética e molecular, uma vez que nenhum dos doentes foi considerado positivo para a t(15;17).

Além disso, durante/final da fase de manutenção da quimioterapia, a monitorização molecular permitiu-nos detetar uma recaída em 6 dos 27 doentes, ao passo que apenas se detectou uma recaída citogenética em 04 doentes [Tabela 4.10a].

**Tabela 4.10a: Análise citogenética e molecular comparativa em diferentes fases de tratamento**

| **Análise molecular (Q-PCR)** | | | | | |
|---|---|---|---|---|---|
| **Linha de base (33)** | | **Consolidação (27)** | | **Manutenção (27)** | |
| **Q-PCR +ve** | **Q-PCR -ve** | **Q-PCR +ve** | **Q-PCR -ve** | **Q-PCR +ve** | **Q-PCR -ve** |
| 33 (100%) | 00 (0.0%) | 00 (0.0%) | 27 (100%) | 06 (22.2%) | 21 (77.8%) |
| **Análise citogenética** | | | | | |
| **Linha de base (33)** | | **Consolidação (27)** | | **Manutenção (27)** | |
| **t(15;17) +ve** | **t(15;17) -ve** | **t(15;17) +ve** | **t(15;17) -ve** | **t(15;17) +ve** | **t(15;17) -ve** |
| 29 (87.8%) | 04 (12.2%) | 00 (0.0%) | 27 (100%) | 04 (14.8%) | 23 (85.2%) |

**Tabela 4.10b: Correlação entre a análise citogenética e molecular em diferentes fases do tratamento**

Correlation matrix (Pearson):

| Variables | Molecular Analysis (Q-PCR) | Cytogenetic Analysis |
|---|---|---|
| Molecular Analysis (Q-PCR) | 1 | **0.983** |
| Cytogenetic Analysis | **0.983** | 1 |

*Values in bold are different from 0 with a significance level alpha=0.05*

p-values:

| Variables | Molecular Analysis (Q-PCR) | Cytogenetic Analysis |
|---|---|---|
| Molecular Analysis (Q-PCR) | 0 | **0.000** |
| Cytogenetic Analysis | **0.000** | 0 |

*Values in bold are different from 0 with a significance level alpha=0.05*

Coefficients of determination ($R^2$):

| Variables | Molecular Analysis (Q-PCR) | Cytogenetic Analysis |
|---|---|---|
| Molecular Analysis (Q-PCR) | 1 | 0.966 |
| Cytogenetic Analysis | 0.966 | 1 |

Pertinentemente, a nossa análise q-PCR foi devidamente corroborada pela análise citogenética do sangue periférico. A distribuição geral dos doentes em termos de q-PCR e citogenética é apresentada na tabela [Tabela 4.10a], juntamente com a correlação de Pearson [Tabela 4.10b], que mostra uma correlação altamente significativa entre os dois ($p$ <0,0001). É apresentado um gráfico de linhas ao lado para representação gráfica da referida correlação (Fig. 4.20).

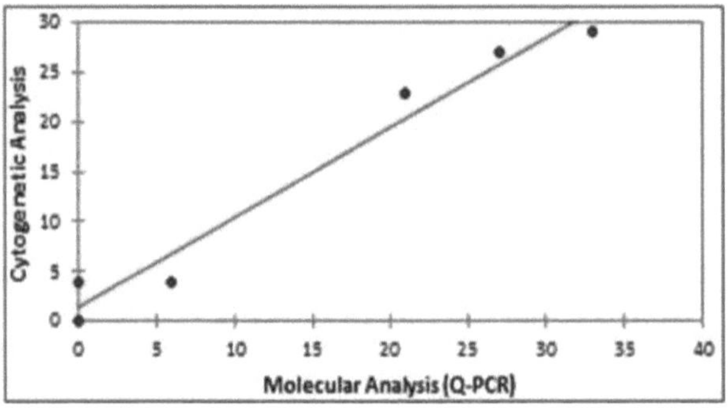


**Figura 4.20: Gráfico de linhas da análise molecular e citogenética correspondente.**

### *Objetivo-4*

## 4.6 Estado de hipermetilação do promotor do gene p15 utilizando a reação em cadeia da polimerase específica da metilação (MS-PCR)

No presente estudo, 33 doentes com APL foram analisados quanto à hipermetilação do promotor e à expressão do ARNm do gene p15. Além disso, 50 amostras de controlo saudáveis normais (não leucémicas) foram também analisadas quanto à hipermetilação do promotor. Para este efeito, o ADN de elevado peso molecular (Fig. 4.21) isolado dos doentes e das amostras de controlo foi sujeito a conversão por CT utilizando o kit EZ DNA Methylation da Zymo Research USA. Os promotores metilados e não metilados do gene p15 foram amplificados utilizando pares de iniciadores específicos (Fig. 4.22). As caraterísticas clínico-patológicas dos indivíduos estudados são apresentadas na [Tabela 4.11].

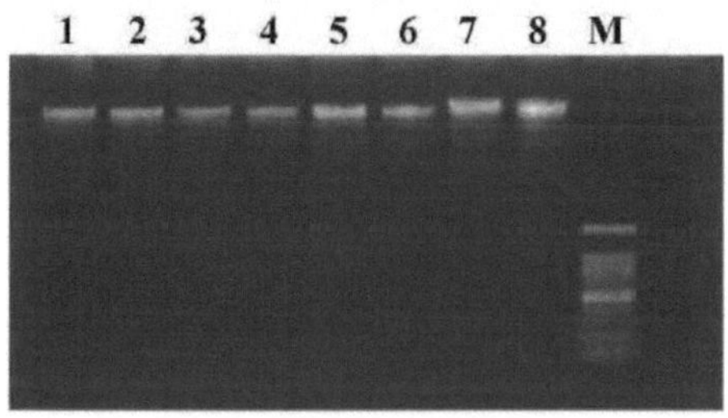


**Figura 4.21: Eletroforese em gel de agarose do ADN isolado do sangue periférico de doentes com APL e de indivíduos saudáveis de controlo.**

Pista 1-4: ADN do sangue de doentes com APL

Pistas 5-8: ADN do sangue de indivíduos saudáveis de controlo

Pista M: Marcador de tamanho molecular (100 pb)

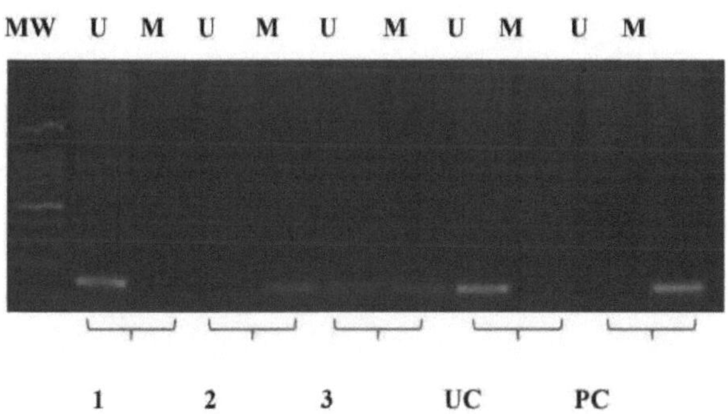


**Figura 4.22: Imagem representativa de MS-PCR do gene p15 em 3 doentes com APL.**

**MW:** indica marcadores de peso molecular.

**U:** indica p15 não metilado .

**M:** indica p15 metilado.

**UC:** indicar controlo positivo para ADN não metilado de um indivíduo de controlo saudável.

**PC:** indica controlo positivo de ADN desmetilado.

Verificou-se que a região promotora do gene *p15* estava hipermetilada em 48,50% (n=33) dos doentes com APL. 07 (21,2%) doentes apresentavam metilação parcial (grupo U/M) e 09 (27,3%) apresentavam metilação completa (grupo M), detectada pela presença de duas ou uma única banda, respetivamente, por MS-PCR. Nos restantes 17 (51,5%) doentes, observou-se que a metilação do gene p15 era negativa, conforme demonstrado pela ausência de uma banda metilada por MS-PCR (grupo U) [Tabela 4.11] (Fig. 4.22). A discriminação do ADN não metilado e do ADN metilado foi explorada por MS-PCR em indivíduos de controlo saudáveis, onde a amplificação do ADN não metilado só foi observada, tal como descrito pela presença de uma banda de ADN específica com iniciadores não metilados.

Verificámos que todos os 9 dos 33 (27,3%) doentes que apresentavam leucocitose na sua linha de base ($>10x10^9$ /L) tinham metilação completa do gene p15, enquanto que dos restantes 24 (72,7%) doentes com leucopenia ($\leq 10x10^9$ /L) apenas 07 (29,2%) tinham metilação parcial do gene p15 na linha de base e esta diferença entre os dois grupos estava significativamente associada ($p=0,02$) [Tabela 4.11].

Entre 29 (87,9%) pacientes com cariótipo positivo para t(15;17), 09 (31,0%) apresentaram metilação completa, 06 (20,7%) apresentaram metilação parcial e 14 (48,3%) pacientes foram detectados não metilados por MS-PCR. Por outro lado, a metilação parcial do gene p15 foi detectada em apenas 01(25,1%) doente entre 04(12,1%) doentes que eram negativos para t (15; 17) ($p>0,05$) [Tabela 4.11].

Além disso, estratificámos em diferentes transcrições os padrões diferenciais de metilação, como se mostra na [Tabela 4.10]. Dos 19(57,6%), 03(9,1%) e

11(33,3%) doentes com transcrições de fusão bcr-1, bcr-2 e bcr-3, foi detectada metilação completa do gene p15 em 04(21,1%), 01(33,3%) e 04(36,4%) e foi detectada metilação parcial em 04(21,1%), 01(33)3% e 02(18,2%) doentes, respetivamente. O promotor p15 não metilado foi detectado em 11 (57,8%), 01 (33,3%) e 05 (45,4%) doentes com transcrições de fusão bcr-1, bcr-2 e bcr-3, respetivamente. A diferença entre os três grupos com padrão de metilação foi insignificante (p> 0,05)

Durante o curso do estudo, 08(24,2%) pacientes expiraram. Entre estes, 06 (18,1%) doentes (3 do grupo M, 1 do grupo U/M e 2 do grupo U) morreram durante a fase de indução do tratamento, enquanto 02 (6,1%) doentes (1 do grupo M e 1 do grupo U/M) recaíram e expiraram na fase de manutenção da quimioterapia.

Dos 27 doentes seguidos durante o nosso curso de estudo, 22 (66,7%) doentes foram submetidos a tratamento com ATRA para além da quimioterapia convencional (ICAPL-2006), enquanto 05 (15,1%) doentes foram tratados com protocolos baseados em ATO.

Todos os doentes alcançaram a remissão da medula óssea no final da fase de consolidação da quimioterapia, tal como confirmado pelo seu estado negativo de q-PCR e RT-PCR para PML-RARα. No entanto, durante/após a fase de manutenção da quimioterapia, 6 (22,2%) doentes (4 do grupo M e um de cada grupo U/M e U) recaíram.

**Tabela 4.11: Parâmetros clínico-patológicos de doentes com APL no momento do diagnóstico, de acordo com o estado de metilação p15.**

| **Variável** | **Casos** | **Metilado (M)** | **Metanfetamina (U/M)** | **Não metilado (U)** | **P.Valor** |
|---|---|---|---|---|---|
| Total (%) | 33 (100%) | 09 (27.3%) | 07 (21.2%) | 17 (51.5%) | |
| **Idade ≥30** <30 | 11 (33.3%)<br>22 (66.7%) | 02 (18.2%)<br>07 (31.8%) | 02 (18.2%)<br>05 (22.7%) | 07 (63.6%)<br>10 (45.5%) | 0.5 |
| **Sexo**<br>Masculino Feminino | 21 (63.6%)<br>12 (36.4%) | 06 (28.6%)<br>03 (25.0%) | 03 (14.3%)<br>04 (33.3%) | 12 (57.1%)<br>05 (41.7%) | 1.0 |
| **TLC**<br>>10x10⁹/L<br>≤10x10⁹/L | 09 (27.3%)<br>24 (72.7%) | 09 (100%) 00 (0.0%) | 00 (0.0%)<br>07 (29.2%) | 00 (0.0%)<br>17 (70.8%) | **0.02** |
| **Contagem de plaquetas**<br>≥40x10⁹/L | 05 (15.1%)<br>28 (84.9%) | 01 (20.0%)<br>08 (28.6%) | 02 (40.0%)<br>05 (17.9%) | 02 (40.0%)<br>15 (53.5%) | 0.7 |

| <40x10⁹/L | | | | | |
|---|---|---|---|---|---|
| **Pomyelocytes leucémicos**<br>>60%<br><60% | <br>31 (93.9%)<br>02 (06.1%) | <br>09 (29.0%)<br>00 (0.0%) | <br>05 (16.1%)<br>02 (100.0%) | <br>17 (54.9%) 00<br>(0.0%) | <br><br>0.8 |
| **Cariotipagem** t(15;17)<br>Positivo t(15;17)<br>Negativo | <br>29 (87.9%)<br>04 (12.1%) | <br>09 (31.0%)<br>00 (0.0%) | <br>06 (20.7%)<br>01 (25.0%) | <br>14 (48.3%)<br>03 (75.0%) | <br><br>0.6 |
| <br>**Tipos de transcrição**<br>bcr-1 bcr-2 bcr-3 | 19 (57.6%)<br>03 (09.1%)<br>11 (33.3%) | 04 (21.1%) 01<br>(33.33%) 04<br>(36.4%) | 04 (21.1%) 01<br>(33.33%) 02<br>(18.2%) | 11 (57.8%) 01<br>(33.33%) 05<br>(45.4%) | <br><br>0.1 |
| **Terapia**<br>ICAPL-2006*<br>ATO | <br>22 (66.7%)<br>05 (15.1%) | <br>06(27.3%)<br>00(0.0%) | <br>04 (18.2) 02<br>(40.0%) | <br>12 (55.5%)<br>03 (60.0%) | <br><br>0.3 |

*Apenas 22 pacientes foram tratados com o protocolo ICAPL-2006, pois 06 pacientes morreram durante a terapia de indução.

## *Objetivo-5*

## 4.7 Expressão semi-quantitativa do mRNA da p15 por Reação em Cadeia da Polimerase com Transcriptase Inversa (RT-PCR)

Para estudar o impacto da metilação na expressão genética, foi efectuada a expressão semi-quantitativa do ARNm p15 por RT-PCR na mesma série de 33 doentes com APL. Para comparar os níveis relativos de transcrição de p15 em diferentes amostras, a densidade da banda de p15 foi dividida pela densidade da banda de b-actina. Além disso, a amplificação da b-actina serviu de controlo para a reação de RT-PCR do p15, para verificar a integridade e a amplificabilidade dos ARN, bem como a eficiência da etapa de transcrição reversa (Fig. 4.23).

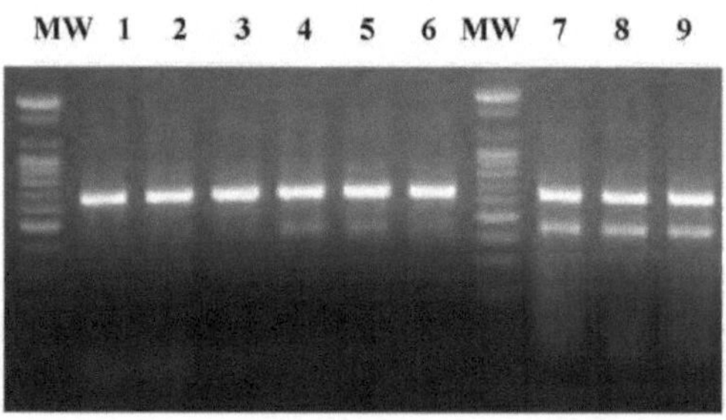


**Figura 4.23: Análise semi-quantitativa por RT-PCR da expressão do m-RNA da p15 em doentes com APL A β-actina *(680 pb)* é utilizada como controlo interno.**

**MW:** indica marcadores de peso molecular.

**Pista 1-3:** Grupo M com perda de expressão de p15.

**Pista 4-6:** Grupo U/M com expressão variável de p15.

**Pistas 7 e 8:** Grupo U com expressão intacta de p15.

**Faixa 9:** expressão de p15 em indivíduos normais e saudáveis.

24 (72,7%) doentes foram detectados como positivos para o ARNm do gene p15, enquanto que 09 (27,3%) apresentavam perda de expressão, conforme demonstrado por RT-PCR negativo. Verificámos que o mRNA do gene p15 não foi expresso em 09 (100%) doentes que apresentavam leucocitose à apresentação e metilação completa do p15 (grupo M). Em comparação, o ARNm do gene p15 foi expresso em todos os doentes em que os alelos p15 estavam parcialmente metilados (grupo U/M) ou não estavam metilados (grupo U) [Tabela 4.12]. Do mesmo modo, os indivíduos de controlo saudáveis apresentaram um padrão consistente de não metilação no gene p15 e, subsequentemente, o seu ARNm foi encontrado intacto. Assim, o silenciamento do gene p15 foi encontrado exclusivamente em doentes com elevada contagem de leucócitos e metilação completa de ambos os alelos p15 (p=0,024).

**Tabela 4.12: Expressão do ARNm p15 por RT-PCR semiquantitativo em doentes com APL no momento do diagnóstico.**

| Variável | Casos | Metilado (M) | Metanfetamina (U/M) | Não metilado (U) | P.Valor |
|---|---|---|---|---|---|
| p15 positivo | 24 | 00(0.0%) | 07(29.2%) | 17(70.8%) | 0.024 |
| P15 negativo | 09 | 09(100%) | 00(0.0%) | 00(0.0%) | |

### 4.7.1 Impacto da metilação do gene p15 e da sua expressão de ARNm na evolução clínica dos doentes com APL

A metilação do gene p15 e a expressão do ARNm do gene p15 em relação à evolução clínica foram analisadas em 33 doentes com APL. Estes doentes foram subagrupados de acordo com o estado de metilação do promotor p15, que incluiu todos os 09 doentes do grupo M, 07 doentes do grupo U/M e 17 doentes do grupo U. Quando o padrão de metilação foi correlacionado com vários parâmetros clínico-patológicos, a contagem elevada de leucócitos na linha de base foi significativamente associada ao grupo M ($p<0,05$), enquanto não foram encontradas diferenças na distribuição por sexo, idade, contagem de plaquetas, promielócitos e tipo de transcrição PML/RARα [Tabela 4.11].

O padrão de sobrevivência na nossa série de doentes mostrou uma melhor sobrevivência no grupo U em comparação com os doentes dos grupos U/M e M (60% vs 20% vs 20%), respetivamente (p>0,5). Por outro lado, foi observada uma elevada taxa de mortalidade de 50% nos doentes do grupo M, em comparação com 25% em cada um dos doentes dos grupos U e U/M (p>0,5). Observámos um maior número de casos de recidiva no grupo M em comparação com os doentes dos grupos U/M e U, com 66,6% vs 16,7% vs 16,7%, respetivamente. O padrão correspondente para a remissão foi de 66,6% no grupo U, seguido de 23,9% no grupo U/M e 9,5% no grupo M. A frequência de remissão e recidiva nos respectivos grupos foi significativamente associada (p=0,018) (Tabela 4.13).

**Tabela 4.13: Implicações prognósticas da metilação da p15 em doentes com APL.**

| Variável | Casos | Metilado (M) | Metanfetamina (U/M) | Não metilado (U) | P.Valor |
|---|---|---|---|---|---|
| Sobreviveu | 25 | 05(20.0%) | 05(20.0%) | 15(60.0%) | |
| Morte | 08 | 04(50.0%) | 02(25.0%) | 02(25.0%) | 0.17 |
| Remissão | 21 | 02(9.5%) | 05(23.9%) | 14(66.6%) | |
| Recaída | 06 | 04(66.6%) | 01(16.7%) | 01(16.7%) | **0.018** |

A sobrevivência global (OS) de todos os 33 doentes e a sobrevivência livre de doença (DFS) de 27 doentes que atingiram a remissão clínica foram calculadas pelo método de Kaplan e Meier. A comparação da sobrevivência entre os grupos de doentes foi efectuada com base no teste log-rank. A sobrevivência global (OS) para os doentes dos grupos M, U/M e U foi de 56%, 71% e 88%. Os doentes do grupo M apresentaram a sobrevivência mais baixa, enquanto o grupo U apresentou uma sobrevivência mais elevada, mas a diferença foi insignificante com um valor de log rank (p= 0,265) (Fig. 4.24a). Analisámos (DFS) de acordo com o estado de metilação de p15 nos 27 doentes que atingiram a RC. Foi estimada uma diferença significativa de 33%, 83% e 93% na sobrevivência livre de doença (DFS) nos doentes dos grupos M, M/U e U (teste log-rank: P= 0,022, Figura 4.23.b) com os doentes do grupo M a apresentarem uma DFS mínima de 16,5 meses.

O resultado clínico de acordo com a expressão do ARNm p15 foi analisado em doentes com APL em termos da sua sobrevivência global (OS) e sobrevivência livre de doença. Foi observada uma OS de 56% e 83% nos doentes p15-negativos e p15-positivos, respetivamente. Os doentes que não expressaram o ARNm p15 apresentaram uma sobrevivência global média inferior de 19,2 meses, em comparação com 30,3 meses nos doentes que expressaram o ARNm p15. A diferença na sobrevivência global entre os dois grupos foi significativa com o valor log rank (p = 0,041) (Fig. 4.25a). A DFS para os doentes p15-negativos foi inferior à dos doentes p15-positivos (33% e 90%, respetivamente, teste log-rank: P = 0,006) com um tempo médio de DFS de 29,6 meses para os doentes p15-negativos e 35,0 meses para os doentes p15-positivos (Fig. 4.25b).

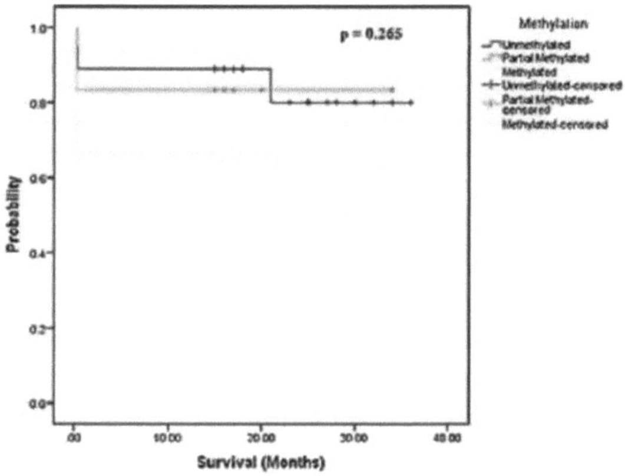


(a)

(b)

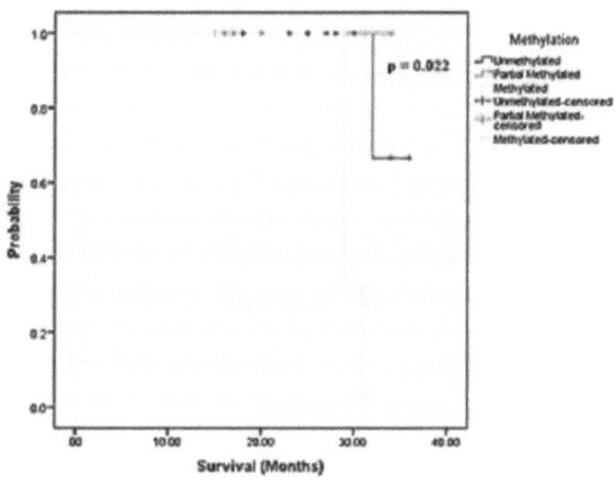


**Figura 4.24: Kaplan Meier (a) Sobrevivência global e (b) Gráficos de sobrevivência livre de doença de doentes com APL de acordo com o estado de metilação da região promotora p15.**

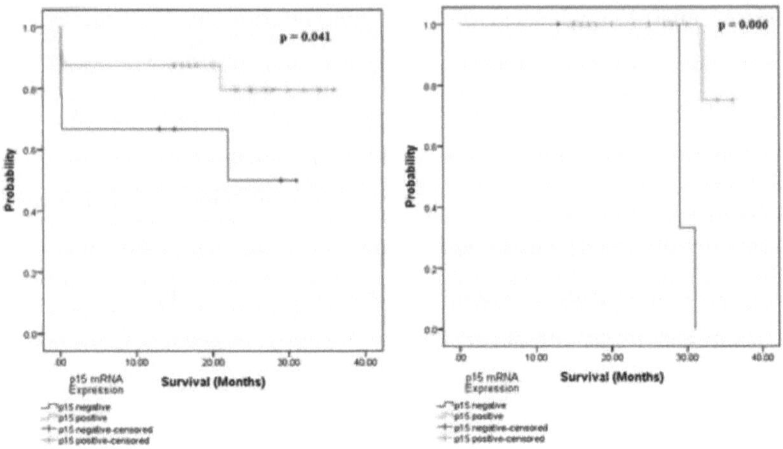


(a) (b)

**Figura 4.25: Gráficos Kaplan Meier (a) da sobrevivência global (OS) e (b) da sobrevivência livre de doença (DFS) de doentes com APL de acordo com a expressão do m-RNA p15.**

## *Objetivo-6*

## 4.8 Sobrevivência global (OS) e sobrevivência livre de doença (DFS) de doentes com APL em relação a vários parâmetros clínico-patológicos.

No presente estudo, a sobrevivência global (OS) e a sobrevivência livre de doença (DFS) de doentes com leucemia promielocítica aguda (LPA) foi avaliada em função de vários parâmetros clínico-patológicos, como a morfologia dos promielócitos leucémicos e a estratificação do grupo de risco em termos de contagem basal de leucócitos e plaquetas. O nosso objetivo era também determinar a sobrevivência destes doentes em relação ao protocolo de tratamento seguido (ICAPL-2006 e ATO). Os doentes foram seguidos durante uma duração média de 19,1 meses, variando entre 0 e 34 meses.

Quando avaliámos a associação da morfologia hipogranular (M3V) e hipergranular (M3) dos promielócitos com diferentes parâmetros genéticos e clínicos, encontrámos 29 (87,9%) doentes com morfologia M3 dos promielócitos em comparação com 04 (12,1%) com morfologia hipogranular (M3V).

Em termos de estratificação do grupo de risco, os doentes dos grupos de risco baixo e intermédio tinham apenas morfologia M3, ao passo que todos os 04 doentes com M3V pertenciam ao grupo de risco elevado (p=0,023). No que diz respeito ao tipo de transcrição, verificámos que a maioria dos doentes com bcr-1 e bcr-2 apresentava morfologia de promielócitos M3 (18 de 19 e 03 de 03, respetivamente), enquanto os doentes com APL com transcrições bcr-3, 08 (72,8%) apresentavam M3 contra 03 (27,2%) com promielócitos M3V (p=0,1). A metilação completa do gene p15 (grupo M) foi observada em todos os doentes com morfologia de promielócitos M3V, ao passo que os doentes com morfologia M3 apresentavam um padrão de metilação diferente [M=05, M/U=07, U=17] e a diferença entre os dois grupos era significativa (p=0,01), como se pode ver na tabela. Além disso, o estado citogenético dos doentes com APL não estava associado à morfologia dos promielócitos (p=1,0). Foi detectado um estado t(15;17) positivo em todos os 04 doentes M3V e 25 M3, enquanto que o estado t(15;17) negativo foi detectado apenas no grupo M3. Observámos um maior número de mortes precoces no grupo M3V (3 em 4) em comparação com os doentes do grupo M3 (5 em 29) e esta associação foi considerada significativa (p=0,03) [Tabela 4.14].

**Tabela 4.14: Correlação da morfologia M3 e M3V com os parâmetros indicados.**

| Variável | Não (33) | M3 (87.9%) | M3V (12,1%) | p.Valor |
|---|---|---|---|---|
| **Grupo de risco** Baixo risco | 05 | 05 (100%) | 00 (0.0%) | **0.0023** |
| Inter. Risco | 19 | 19 (100%) | 00 (0.0%) | |
| Risco elevado | 09 | 05 (55.6%) | 04 (44.4%) | |
| **Tipo de transcrição** bcr-1 | 19 | 18 (94.7%) | 01 (5.3%) | |
| bcr-2 | 03 | 03 (100%) | 00 (0.0%) | 0.1 |
| bcr-3 | 11 | 08 (72.7%) | 03 (27.3%) | |
| **Padrão de metilação** Com. Metilado (M) | 09 | 05 (55.6%) | 04 (44.4%) | |
| Parcialmente metilado (U/M) | 07 | 07 (100%) | 00 (0.0%) | **0.01** |
| Não metilado (U) | 17 | 17 (100%) | 00 (0.0%) | |
| **Citogenética** t(15;17) Positivo | 29 | 25(86.2%) | 04 (13.8%) | 1.0 |
| t(15;17) Negativo | 04 | 04(100%) | 00 (0.0%) | |
| **Resultado** | 25 | 24 (96%) | 01 (4%) | **0.03** |

| Sobrevivência Morte | 08 | 05 (62.5%) | 03 (37.5%) | |
|---|---|---|---|---|

Foi observada uma sobrevivência global de 83% com uma média de OS de 30,6 meses nos doentes com M3, enquanto a dos doentes com M3V foi de 25% com uma média de OS de 4,2 meses. Verificámos que os doentes com morfologia hipergranular (M3) apresentavam uma OS superior em comparação com os doentes com morfologia hipogranular (M3V) e a diferença entre os dois grupos de doentes foi considerada significativa com um valor de log rank (p= 0,0001) (Fig. 4.26). A sobrevivência livre de doença destes dois grupos de doentes não pôde ser calculada, uma vez que 03 dos 04 doentes com morfologia M3V expiraram e apenas 01 doente obteve remissão clínica.

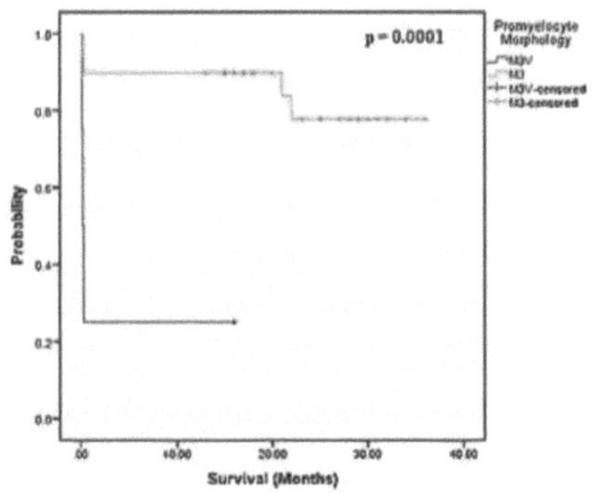


**Figura.4.26: Gráfico de Kaplan-Meier do SO de doentes com APL de acordo com a morfologia dos promielócitos (M3/M3V).**

Neste estudo, foi efectuada uma análise da sobrevivência global e da sobrevivência livre de doença de três grupos de risco diferentes em termos de contagem total de leucócitos (CTL) e de contagem de plaquetas na apresentação, ou seja, grupo de baixo risco, grupo de risco intermédio e grupo de alto risco.

A sobrevivência global estimada de 3 anos para os doentes dos grupos de risco baixo, intermédio e elevado foi de 60,0%, 89,4% e 53,2%, respetivamente, com uma sobrevivência global média mínima de 19,2 meses (±4,66) para os doentes do grupo de risco elevado. Os resultados mostraram que a sobrevivência global não diferiu significativamente entre os três grupos de risco, com um valor de log rank (P= 0,121) (Fig. 4.27a). Contudo, a sobrevivência livre de doença estimada para 3 anos variou significativamente entre os três grupos de risco (valor de log rank p= 0,022) com os grupos de risco baixo e intermédio a apresentarem DFS de 75,0% e 91,1%. Os doentes do grupo de alto risco apresentaram a SLD mais baixa, 33,3%, com uma SLD média de 29,6 meses (±0,667) (Fig. 4.27b).

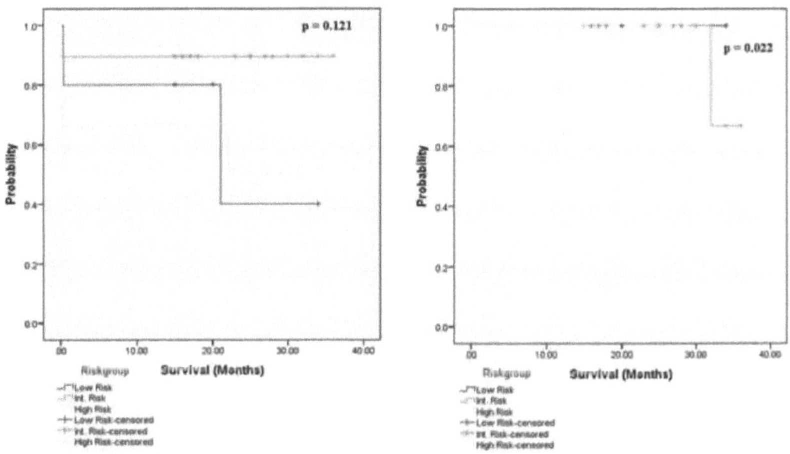


(a) (b)

**Figura 4.27: Gráficos de Kaplan-Meier (a) Sobrevivência global (OS) e (b) Sobrevivência livre de doença (DFS) de doentes com APL de acordo com a categorização do grupo de risco.**

Além disso, deduzimos o impacto da quimioterapia para observar a sobrevivência global e livre de doença dos doentes com APL submetidos aos protocolos de tratamento ICAPL-2006 e ATO e seguidos durante a fase de consolidação e manutenção do tratamento. 22 (81,5%) foram tratados com o protocolo ICAPL-2006 e 05 (18,5%) doentes foram submetidos a tratamento com o protocolo de tratamento baseado no ATO [Quadro 4.2]. A análise de Kaplan Meier mostrou que os doentes tratados com o protocolo de tratamento ICAPL-2006 e ATO não apresentavam diferenças significativas na sobrevivência global e livre de doença com um valor de log rank de (p=0,304) para a sobrevivência global e (p=0,245) para a sobrevivência livre de doença (Fig. 4.28a,b).

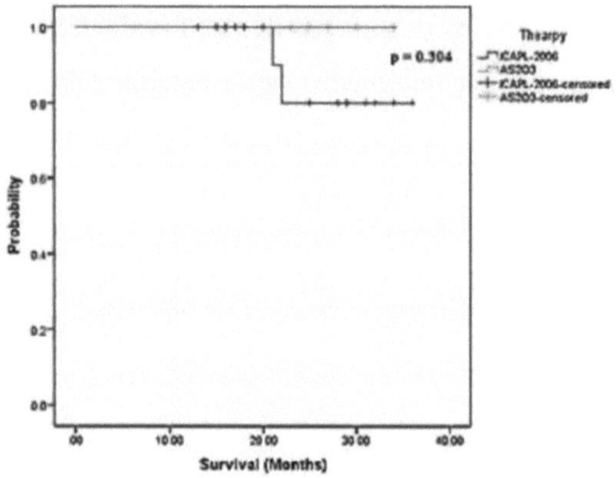


(a)

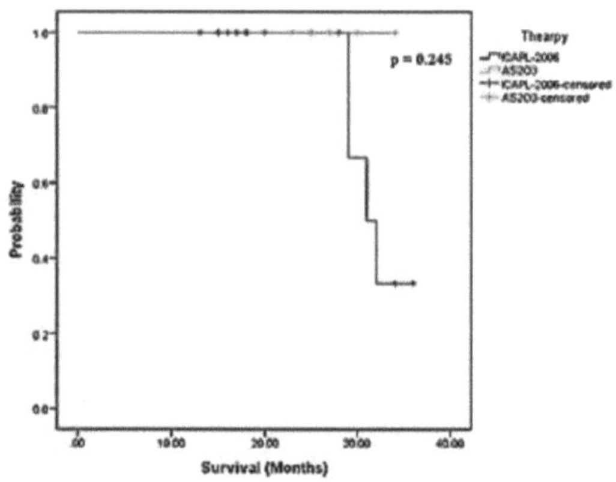


(b)

**Figura 4.28: Gráficos de Kaplan-Meier (a) Sobrevivência global (OS) e (b) Sobrevivência livre de doença (DFS) de doentes com APL de acordo com o protocolo de tratamento seguido**

# Discussão

## 5.1 Estabelecimento e avaliação da 'Citogenética do sangue periférico como ferramenta de diagnóstico e acompanhamento na APL.

A citogenética é considerada como um dos factores de diagnóstico e prognóstico mais importantes na leucemia promielocítica aguda (LPA). Tem-se confiado consideravelmente na citogenética convencional para confirmar um diagnóstico morfológico de LPA. O cariótipo demonstrou ser um fator determinante do prognóstico nesta doença, prevendo a probabilidade de indução de uma remissão bem sucedida, o risco de recidiva e a sobrevivência global, e está a ser cada vez mais utilizado para ditar a abordagem terapêutica. A t(15;17) é a marca de diagnóstico da APL e, inicialmente, considerou-se que estava presente em todos os doentes com esta doença **(Warrell Jr et al., 1993)**. No entanto, é agora claro que uma minoria considerável de doentes com SAF não tem, de facto, esta aberração cromossómica **(Grimwadeet al., 2000).** A citogenética detecta a t(15;17) na maioria dos doentes, identifica alterações citogenéticas secundárias e tem revelado novas translocações na SAF, levando à subsequente caraterização molecular das respectivas regiões de ponto de quebra. Assim, a avaliação da t(15;17) em APL por cariotipagem convencional é considerada uma ferramenta padrão para a deteção de base e para a monitorização da terapêutica orientada.

Embora os estudos citogenéticos convencionais na medula óssea tenham sido considerados como o método de diagnóstico e acompanhamento padrão para doentes em quimioterapia, a técnica continua a ser confrontada com a questão da qualidade das metáfases de sinal produzidas, que são compactas e dismórficas, tornando-as assim não passíveis de bandas G proeminentes para uma análise fácil e conveniente **(Sachdev et al., 2012; Bennett et al., 1985)**. Num estudo anterior realizado em doentes com leucemia mieloide crónica, a utilização de PHA e também no sangue periférico mostrou-se uma boa promessa de servir como alternativa fiável à citogenética convencional sem PHA, uma vez que se verificou uma melhoria acentuada em termos da qualidade das metáfases geradas com culturas de sangue periférico induzidas por PHA **(Niyazet al., 2015)**. De acordo com esta avaliação, o nosso objetivo foi avaliar a aplicação da análise citogenética baseada em culturas de sangue periférico induzidas por fitohemaglutinina (PHA) (cariotipagem) no diagnóstico de base e na monitorização da resposta à quimioterapia dos doentes com APL da região de Caxemira (Norte da Índia). Os doentes foram também avaliados por q-PCR e RT-PCR na linha de base e no seguimento para correlacionar com a avaliação citogenética. Neste estudo, repetimos o mesmo procedimento, mas as amostras foram sangue periférico de doentes com APL. O PHA pareceu conferir uma espécie de ordem ao meio cultural global e precisa de ser investigado mais aprofundadamente para validação e explicações prováveis.

No nosso estudo, foram selecionadas aleatoriamente 13 amostras de medula óssea de doentes com APL (10 doentes no início do estudo e 03 doentes com recidiva) como referência comparativa para a nossa técnica. A maioria das metáfases obtidas na medula óssea era demasiado difusa e com um perfil de bandas deficiente, o que dificultava a obtenção de uma disposição cariotípica correspondente correta (Fig. 4.1). Embora a produção de metáfases tenha sido elevada na medula óssea, observámos que esta abordagem está associada a uma elevada probabilidade de morfologia deficiente das metáfases, o que dificulta a identificação das translocações ou de qualquer alteração secundária. Um cenário semelhante foi observado noutros estudos **(Sachdev et al., 2012)**, que também mostraram que a técnica continua a ser confrontada com a questão da qualidade das metáfases de sinal produzidas, que são compactas e dismórficas, o que as torna não passíveis de uma banda G proeminente e, por conseguinte, fáceis e convenientes.

Em contraste, verificámos que uma cultura *in vitro* de 72 horas de sangue periférico com PHA produziu um bom número de metáfases bem distribuídas.

Além disso, verificámos que a morfologia dos cromossomas era muito mais satisfatória e menos fastidiosa para a análise por bandeamento G do que a dos cromossomas produzidos a partir da medula óssea e do sangue periférico não estimulado, que quase sempre produziam cromossomas compactos e de má qualidade. Também pudemos detetar alterações cromossómicas secundárias no sangue periférico adicionado com PHA, que incluíam a deleção do cromossoma 16 q sem a marca t(15;17), o isocromossoma 9q(i9q), para além da translocação t(15;17). Este facto demonstrou a eficácia da produção de cromossomas de qualidade com esta técnica modificada, o que nos ajudou mesmo a avaliar as alterações clonais em doentes com APL. Para além da cultura de medula óssea e de sangue periférico com PHA, foi incluída outra cultura de sangue periférico sem PHA como referência comparativa. Inferimos que, embora o número de metáfases com translocação de marcadores possa ser menor do que na citogenética convencional da medula óssea, as metáfases de sangue periférico adicionadas de PHA, no entanto, produziram cromossomas saudáveis e proeminentemente espalhados, o que tornou a análise menos exigente e fiável **(Sachdev et al., 2012; Niyaz et al., 2015)**.

No total, 33 doentes recém-diagnosticados com APL tratados consecutivamente com base em protocolos (ICAPL-2006 e ATO) foram incluídos na análise citogenética do sangue periférico para procurar a translocação marcadora t(15;17) e/ou quaisquer outras aberrações cromossómicas secundárias relevantes presentes. No nosso estudo, no início do estudo, encontrámos 29 (87,8%) doentes com APL positivos para a t(15;17). Este achado está de acordo com a maioria dos estudos em que a análise de ensaios clínicos multicêntricos revela que a t(15;17) está presente em >80% dos doentes com APL e não é identificada em aproximadamente 15% dos casos de suspeita de APL, a maioria dos quais, no entanto, ainda tem rearranjos PML/RARα subjacentes **(Burnettet al., 1999)**. Esta pequena proporção de doentes com APL sem a t(15;17) tem variantes complexas ou simples desta translocação **(Abe et al., 2008)**.Foram observadas alterações cromossómicas secundárias em 6,1% dos doentes com APL na linha de base sem o marcador da translocação t(15;17). As anomalias cromossómicas secundárias encontradas na linha de base incluíam deleções do cromossoma 16 (q).

A incidência de anomalias cromossómicas para além da t(15;17) em APL foi descrita como sendo de cerca de 25-40% em doentes com APL primário e ainda mais elevada em recidiva **(De Bottonet al., 2000)**. No nosso estudo, verificámos que 66,7% (4 de 6) dos doentes com APL com recidiva apresentavam um cariótipo complexo com a presença de algumas assinaturas de marcadores não identificados, para além da translocação do marcador t(15;17). Num doente com recidiva, foram detectadas alterações clonais sob a forma de isocromossoma 9q (i9q) juntamente com o marcador t(15;17). O significado prognóstico das anomalias cromossómicas, para além da t(15;17), permaneceu incerto em relatórios anteriores **(Hiorns et al., 1997; De Botton et al., 2000)**.

Vários estudos relataram uma série de aberrações cromossómicas alternativas, incluindo t(11;17) **(Chenet al., 1993; Wells et al., 1997)**, t(5;17) **(Redneret al., 1996)** e del(17) **(Arnould et al., 1999)**, em que o RARα se encontra fundido com os genes PLZF, NPM, NuMA e STAT5b, respetivamente. No entanto, não encontrámos quaisquer translocações deste tipo na nossa série de casos de APL. Num estudo exaustivo realizado por **(Trivedi et al., 2010)**, foram observadas t(15;17) e alterações adicionais em 58 doentes e os pontos de quebra principalmente envolvidos foram del(1)(q), add(4)(q), add(8)(q), add(S)(q) e add(7)(q). O nosso estudo, tal como referido anteriormente, encontrou alterações secundárias em 6,1 % dos casos na linha de base, mas as alterações foram bastante diferentes das do estudo **de Trivedi et al. (2010)**, que mostra um envolvimento diversificado das alterações cromossómicas na evolução da APL.

Efectuámos uma análise comparativa das caraterísticas clínicas e dos resultados de doentes com APL com ou sem alterações cromossómicas adicionais à t(15;17). Na linha de base, 29 doentes eram positivos para a t(15;17), dos quais 6 expiraram. Encontrámos 2 doentes negativos para o marcador de translocação t (15;17), enquanto dois tinham apenas aberrações cromossómicas secundárias. Na consolidação, todos os 27 doentes se revelaram negativos para a t(15;17) e este cenário foi complementado pela sua completa remissão hematológica e molecular, o que corresponde aos marcos determinados para a consolidação, tal como recomendado pelos protocolos PETHEMA, AIDA 0493 E IC-APL 2006 **(Sanz et al., 2010; Avvisati et al., 2011; Rego e al., 2013)**. 6 de 22 (27,2%) pacientes em quimioterapia ICAPL-2006 recaíram na manutenção com reaparecimento da translocação t(15;17) em apenas 4 pacientes. Os doentes com APL em terapia à base de arsénio apresentaram resposta citogenética em todos os 5 (100%) doentes [Tabela 4.5]. Dos 6 doentes com recidiva, dois doentes expiraram, sendo um positivo para a t(15;17) e outro negativo. Todas estas observações estavam em sincronia com a maioria dos trabalhos publicados **(Grimwade et al., 2010; Trivedi et al., 2010)**, mas diferiam no tipo e na natureza das alterações cromossómicas secundárias encontradas nos doentes com APL em várias fases da doença.

Embora não tenham sido realizados muitos estudos para validar a citogenética baseada no sangue periférico em APL nas linhas que fizemos, os resultados aqui obtidos estão em excelente concordância com a hipótese que formulámos para o objetivo. Isto abre uma nova perspetiva para que outros realizem mais investigação sobre o assunto, a fim de descobrirem a relevância ou não da técnica para utilização futura.

## 5.2 Análise molecular de transcritos de fusão PML-RARα por Reação em cadeia da polimerase com transcriptase reversa (RT-PCR).

O nosso próximo objetivo importante deste estudo foi identificar as frequências e subtipos da isoforma PML-RARα numa série de doentes com APL. Aplicámos uma reação em cadeia da polimerase com transcriptase reversa (RT-PCR) fiável para a deteção do produto de mRNA do gene de fusão PML/RARα, que foi estabelecido como uma ferramenta útil de diagnóstico e prognóstico para doentes com APL, porque a eliminação da doença residual detetável pelos métodos atualmente utilizados de RT-PCR é necessária para que os doentes atinjam uma remissão a longo prazo. Além disso, este ensaio ajuda a prever a capacidade de resposta à quimioterapia e a detetar a doença residual mínima após a indução da remissão **(Biondi Aet al., 1991; Miller WH Jr et al., 1992; Castaigne et al., 1992; Borrow et al., 1992)**.

Sabe-se que o ponto de quebra no cromossoma 17 interrompe invariavelmente o gene RARα no segundo intrão, mas o rearranjo do gene PML pode ocorrer em 2 pontos de quebra principais, um no intrão 3 do PML (bcr-3) que produz o transcrito curto do ARNm de fusão que une o exão 3 do PML e o exão 3 do RARα. Ocorre outro ponto de quebra no intrão 6 do PML (bcr-1) que produz consistentemente o transcrito longo da junção do exão 6 do PML com o exão 3 do RARα. Além disso, os pontos de quebra no exão 6 do PML (bcr-2) estão associados a um transcrito de comprimento variável num pequeno número de doentes **(Miller WH Jr et al., 1992; Borrow et al., 1992; Pandolfi et al., 1992; Biondi et al., 1992)**. Os primeiros relatórios sugerem que os doentes que expressam a isoforma curta têm uma maior incidência de recidiva clínica e uma sobrevivência mais curta em comparação com os doentes com a isoforma longa **(Huang et al., 1993; Vahdat et al., 1994).** Outros autores não registaram qualquer diferença na sobrevivência livre de doença entre os doentes com as isoformas longa e curta, depois de ajustarem a associação da forma curta a uma contagem de leucócitos mais elevada na apresentação **(Gallagher et al., 1997).**

Os relatórios apresentados até à data produziram relatos controversos sobre a influência do local do ponto de quebra na evolução dos doentes, mas todos afirmaram o seu papel definitivo na evolução clínica da doença. Por esta razão, optámos por digitar os transcritos de fusão para observar o padrão e a distribuição de bcr-1, bcr-2 e bcr-3 em doentes com APL com caraterísticas biológicas, para além de analisar o seu papel na evolução clínica em termos de prognóstico e sobrevivência.

Avaliámos os tipos de transcrições de todos os 33 doentes com APL por RT-PCR qualitativa, tendo-se verificado que a frequência de bcr-1 era mais elevada em 19 (57,6%), seguida da transcrição de bcr-3 em 11 (33,3%) e que 03 (9,1%) doentes apresentavam transcrições de fusão de bcr-2.

Verificou-se uma ligeira variação na distribuição destas isoformas de acordo com os estudos efectuados em todo o mundo, mas a frequência global das respectivas isoformas permanece mais ou menos a mesma. A frequência de bcr-1 é a mais elevada entre as três, seguida de bcr-3 e bcr-2. A frequência de bcr-1 e 2 em conjunto no nosso estudo está em total concordância com um estudo realizado por **Melo et al., (2006)** (68,8% versus o nosso estudo 66,7%), enquanto a frequência de bcr-3 foi de 31,4% e 33,3%, respetivamente. A distribuição de bcr-1 implicada na maioria dos doentes da nossa série está de acordo com **Douer et al. (2003)**, que também encontraram uma frequência significativamente elevada da isoforma bcr-1. Além disso, os nossos resultados relativos à frequência de vários tipos de transcritos estavam de acordo com a distribuição dos locais de ponto de quebra no gene da PML, descrita em vários estudos da Europa e dos EUA, que era de aproximadamente 50-55% para PML(L) RARα (bcr-1), 820% para PML(V) RARa (bcr-2) e 27-49% para PML(S) RARa (bcr-3) **(Douer et al., 2003)**.

Dado o papel estabelecido dos tipos de transcritos na sobrevivência dos doentes e no resultado da doença APL, muitos autores tentaram correlacioná-los com a sobrevivência dos doentes e os parâmetros clínicos aquando do diagnóstico **(Gonzalez et al., 2001; Gallagher et al., 1997; Guglielmi et al., 1998)** e também com uma sobrevivência mais curta **(Huang et al., 1993; Vahdat et al., 1994; Jurcic et al., 2001)**. Os primeiros relatórios sugerem que os doentes que expressam a isoforma curta (bcr-3) têm uma maior incidência de recidiva clínica e uma sobrevivência mais curta em comparação com os doentes com a isoforma longa **(Huang et al., 1993; Vahdat et al., 1994)**. Outros autores não registaram qualquer diferença na sobrevivência livre de doença entre os doentes com as isoformas longa e curta, após ajustamento para a associação da forma curta com uma contagem de leucócitos mais elevada na apresentação **(Gallagher et al.,**

**1997)**. O nosso estudo constatou que 50,0% dos doentes com APL apresentaram recidiva com um tipo de transcrição curto (bcr-3) e tiveram um prognóstico desfavorável em comparação com os doentes com um tipo de transcrição longo (bcr-1) que tiveram recidiva em apenas 11,1% dos doentes, enquanto que a recidiva foi observada em 33,3% (1 em 3) dos doentes que apresentavam transcrições bcr-2 [Tabela 4.7]. Neste estudo, observámos que os doentes com a isoforma longa bcr-1 tiveram remissão em 88,2% dos doentes, em comparação com 66,7% e 40% nos doentes com bcr-2 e bcr-3, respetivamente. A diferença entre a remissão entre os três grupos parece favorável para o bcr-1, com uma associação significativa (p=0,01), em comparação com os outros dois transcritos (bcr-2 e bcr-3), que não atingiram significância. Estes resultados estavam em conformidade com um estudo efectuado por **Joseph et al. (2006),** que também mostrou que os doentes com a isoforma curta pareciam ter uma duração de remissão e uma sobrevivência global mais curtas em comparação com os doentes com a isoforma longa. Efectuámos uma análise de Kaplan-Meier para avaliar a possível associação entre os tipos de transcritos e a sobrevivência global dos doentes (Figura 4.15, a). Foi observada uma diferença significativa na sobrevivência global nos doentes com APL relativamente à expressão de diferentes transcritos de fusão (P = 0,012). Verificámos que os doentes que exprimiam os transcritos bcr-1 e bcr-2 apresentavam uma boa SO (89,5% e 100%), respetivamente, em comparação com os que tinham bcr-3, que apresentavam uma SO relativamente curta (45,5%). No entanto, não foi observada diferença significativa na SLD entre os grupos de pacientes que expressam esses tipos de transcritos (p = 0,212), sendo que os pacientes que expressam o transcrito bcr-3 apresentaram a menor SLD (50,0%), de 30,5 meses. Um cenário semelhante foi descrito por **Huang et al., (1993)** que referiram que os doentes com bcr-3 tratados apenas com ATRA têm um resultado prognóstico mais desfavorável do que os doentes com bcr 1&2. Um outro estudo realizado por **Vahdat et al., (1994)** descreveu um quadro semelhante relativamente ao prognóstico dos doentes com APL com base na presença dos transcritos.

São necessárias mais investigações em séries maiores para determinar se os diferentes pontos de rutura da PML estão associados a caraterísticas de diagnóstico e/ou prognóstico variáveis.

## 5.3 Quantificação do transcrito de fusão de bcr-1 e bcr-3 por Reação em cadeia da polimerase quantitativa em tempo real (q-PCR)

A APL é uma emergência médica que se apresenta frequentemente com um início abrupto. O elevado risco de morte precoce (10-20%) e o potencial para uma elevada taxa de cura (> 80%) explicam a importância do reconhecimento imediato e do início imediato de um tratamento específico. Para além do diagnóstico de APL por citogenética convencional ou hibridação in situ fluorescente (FISH) **(Iqbal et al., 2000)**, atualmente, a deteção de transcrições PML/RARα por técnicas moleculares constitui uma ferramenta importante para monitorizar a doença residual mínima (DRM) e prever a evolução em doentes com APL **(Wang et al., 1989; Cassnat et al., 2000)**. Considerando a PCR quantitativa em tempo real como padrão de ouro na monitorização da doença residual mínima, o principal objetivo da sua inclusão no presente estudo foi complementar e reproduzir os resultados da RT-PCR qualitativa e das observações citogenéticas, com ênfase na observação do padrão de carga de fusão de transcritos em diferentes fases do tratamento. Mais importante ainda, pretendíamos analisar o gene de fusão quimérico PML-RARα específico da leucemia em casos de leucemia promielocítica aguda para quantificar a quantidade do gene antes e depois da terapêutica com ATRA/ATO, a fim de avaliar o seu valor prognóstico através da monitorização da doença residual mínima para melhorar as estratégias terapêuticas e a gestão da doença.

Utilizámos o ensaio q-PCR para a deteção do rearranjo PML/RARα com elevada sensibilidade na mesma série de amostras dos doentes com APL que também foram avaliadas por RT-PCR e análise citogenética. O ensaio foi efectuado em sangue periférico obtido de 33 doentes com APL cujo diagnóstico foi feito por critérios clínicos convencionais, bem como por citogenética do sangue periférico. Planeámos realizarq-PCR em três níveis de avaliação da doença, um na linha de base, o segundo na consolidação para determinar MRD, o que está de acordo com as diretrizes em voga **(Sanz et al., 2010; Avvisati et al., 2011; Rego e al., 2013)**. Foi relatado que há correlação entre o monitoramento da carga do gene de fusão PML/RARα por q-PCR e um alto risco de recaída **Santamaria et.al, (2006)** e **Serna et al. (2008)**. Também realizámos q-PCR para a avaliação de MRD durante/no fim da fase de manutenção para monitorizar e comparar a carga do transcrito de fusão em diferentes fases do tratamento. Não se efectuou qualquer avaliação da MRD após a indução, tendo em conta os estudos que não relatam qualquer correlação entre a positividade da PCR após a indução e o resultado **(Jurcic, 2003)**.

Uma vez que os tipos de transcritos de fusão bcr-1 e bcr-3 estão envolvidos em 92%-95% dos casos de APL **(Tobal et al., 2001)**, utilizámos o kit de quantificação do gene de fusão PML-RARα da Genosen para detetar e quantificar a mesma carga do gene de fusão PML-RARα.

Em consonância com estudos anteriores **(Santamaria et al., 2006; Tobal et al., 2001; Schnittger et al., 2003; Lee et al., 2006)**, utilizámos *Abl* como gene de controlo e interpretámos os resultados como rácio% dividindo o número de transcrições de PML-RARα pelo número de transcrições do gene de controlo (*Abl*), de acordo com **Lee et al., (2006)** e **Schnittger et al., (2003)**.

Os resultados revelam que este ensaio q-PCR para o mRNA de fusão PML/RARα é mais sensível. Através de q-PCR para PML-RARα, encontrámos todos os doentes positivos para PML-RARα, exceto 03 doentes cuja doença residual mínima (DRM) não pôde ser determinada, uma vez que se verificou que abrigavam transcrições de bcr-2 por RT-PCR. Isto deve-se ao facto de a maioria dos kits disponíveis quantificar apenas as transcrições de fusão bcr-1 e bcr-3. Observou-se que o desempenho deste ensaio era fiável no diagnóstico e no acompanhamento posterior dos doentes com APL.

Do total de 33 doentes inscritos inicialmente neste estudo, 06 (18,2%) doentes expiraram no início do estudo e dos restantes 27 (81,8%) doentes, 22 (81,5%) foram tratados com protocolos à base de ATRA e 05 (18,5%) doentes foram tratados com protocolos à base de trióxido de arsénio (ATO) **(Ghavamzadeh et al., 2006 e 2010; Zhi-Xiang Shen et al., 1997)**. Utilizando AR e quimioterapia em conjunto, Mandelli e colegas referiram que 60% dos doentes com APL recentemente diagnosticada eram q-PCR negativos após a indução e que 98% dos doentes apresentavam resultados negativos após 3 ciclos de terapia de consolidação **(Mandelli et al., 1997)**. Em ligeira diferença em relação a este relatório, monitorizámos o gene de fusão na linha de base, com todos os doentes a serem positivos para q-PCR e, mais tarde, após a fase de consolidação, em que 100% dos doentes voltaram a ser negativos para q-PCR, em comparação com os 98% relatados por **Mandelli et al. (1997)**. **(2001)** e, ao contrário do ensaio do Medical Research Council (MRC) **(Burnett et al., 1999)**, verificámos que, na nossa pequena série, os doentes que atingiram a remissão molecular mais cedo no decurso do tratamento não tiveram um risco reduzido de recidiva. Isto é evidente no nosso estudo, em que foi possível detetar 100% de remissão molecular após a quimioterapia de consolidação, mas durante a manutenção 22,2% dos doentes apresentaram uma recaída clínica que foi subsequentemente comprovada por q-PCR positivo. Um total de 08(24,2%) doentes expirou durante o curso do estudo, dos quais 06(18,1%) doentes morreram durante a fase de indução do tratamento e 02(6,1%) doentes recaíram e expiraram na fase de manutenção da quimioterapia.

Encontrámos uma expressão diferencial do bcr-1 e do bcr-3 em termos de carga de genes de fusão por q-PCR. Foi detectado que 90% dos doentes com bcr-3 apresentavam uma carga de fusão entre 51-100%, em comparação com 70% dos doentes com bcr-1. A elevada carga quantificada do bcr-3 representa, presumivelmente, a natureza agressiva da doença, que foi ainda validada pela fraca sobrevivência deste grupo em relação ao bcr-1. Neste estudo, observámos que os doentes com a isoforma longa bcr-1 tiveram uma melhor remissão (88,2%)

em comparação com bcr-3 (40%) (p=0,01).

Observámos uma remissão de 100% tanto a nível citogenético como molecular na fase de consolidação, confirmando que os protocolos baseados em ATRA/ATO são meios eficazes para produzir uma remissão completa e curas a longo prazo, embora, em alguns casos, as remissões não pareçam ser a longo prazo, o que foi evidente no nosso estudo, bem como nos estudos realizados anteriormente **(Huanget al., 1988; Castaigneet al., 1990; Chomienneet al., 1990; Warrellet al., 1991)**. Todos os doentes com APL foram reavaliados durante a fase de manutenção, tendo 6 doentes apresentado uma recaída, como é evidente pela presença de q-PCR positivo em todos os 6 doentes, e 4 apresentaram também uma recaída citogenética. Todos os 6 doentes com recidiva foram tratados exclusivamente com trióxido de arsénio (ATO) **(Zhi-Xiang Shenet al., 1997)**. Dois doentes morreram durante esta fase, cada um deles com transcrições de fusão bcr-1 e bcr-3 e cariótipo complexo, para além do marcador de translocação t(15;17). No nosso estudo, registámos um maior número de mortes precoces e recaídas em doentes que expressam o transcrito de fusão bcr-3. **(1993)** e **Vahdatet al. (1994),** que referiram que a localização do ponto de quebra PML/RARα afecta o prognóstico na APL. Estes estudos mostraram que os doentes com a isoforma curta pareciam ter uma duração de remissão e uma sobrevivência global mais curtas em comparação com os doentes com a isoforma longa.

Ao correlacionar a citogenética do sangue periférico modificada e os métodos moleculares (RT-PCR e q-PCR) na deteção de APL, verificámos que a deteção do gene de fusão PML-RARα por análise molecular na linha de base e na recaída foi de 100% em comparação com a citogenética do sangue periférico, em que a taxa de deteção foi de 87,7% (29 de 33) na linha de base e de 66,7% (4 de 6) na recaída. No nosso estudo, verificou-se que a análise molecular (q-PCR + RT-PCR) era mais sensível na deteção da doença na linha de base, bem como no acompanhamento do estado da doença dos doentes.

## 5.4 Estado de hipermetilação do promotor do gene p15 e seu efeito

**na expressão do mRNA do p15**

Este objetivo no nosso estudo foi assumido para investigar o impacto prognóstico da hipermetilação do promotor do gene p15 e o impacto subsequente desta metilação na expressão genética na mesma série de 33 doentes com LLA que foram previamente avaliados por análise citogenética e molecular. A hipermetilação do promotor do p15Ink4b provoca o seu silenciamento quase exclusivamente em cancros do sistema hematopoiético, sendo observada em leucemias agudas de origem mieloide (LMA) e linfoide (LLA) **(Drexler, 1998)**. A hipermetilação aberrante ocorre nas ilhas CpG do gene, que se estendem ao longo da região promotora, do exão 1 e de parte do intrão 1 **(Herman et al., 1996)**. Vários estudos relataram a hipermetilação da p15 com uma frequência elevada em todos os subtipos FAB de LMA **(Issa et al., 1997)**. No entanto, foram efectuados poucos estudos específicos sobre a metilação da p15 na LPA. Um estudo relatou a metilação da p15 em 100% dos casos de APL, mas apenas três casos foram analisados **(Wong et al, 2000)**. Embora o tamanho da amostra neste estudo fosse menor, os resultados abriram caminho para analisar o papel da hipermetilação do gene p15 numa grande coorte de amostras. **(2001)**, em Hong Kong, cujos resultados também confirmaram a hipermetilação do promotor do gene p15 como um evento importante na leucemogénese da APL. Em paralelo com estes estudos, investigámos pela primeira vez no subcontinente o padrão de hipermetilação do promotor do gene p15 em doentes com APL e a sua subsequente expressão por RT-PCR. Foram estudadas várias caraterísticas clínico-patológicas no contexto da hipermetilação do promotor do gene p5. Neste relatório, encontrámos uma hipermetilação global do gene p15 em 48,5% (16 de 33) dos doentes com APL, o que está marginalmente de acordo com um estudo anterior realizado por **Teofili et al.,(2003)**, que mostrou 52% de casos com hipermetilação do promotor do gene p15 em casos de APL. Os nossos resultados diferem de outro estudo realizado por **Chim et al., (2003)**, em que a hipermetilação do gene p15 foi observada em 73% dos casos de APL. A metilação aberrante do p15INK4b foi registada em até 80% dos doentes com LMA primária e secundária **(Vardiman et al., 2002; Trost et al., 2006)**. Embora os estudos variem ligeiramente em termos da frequência da hipermetilação do p15, todos concordam com o facto de este gene estar ativamente envolvido na leucemogénese da LPA. Foi observado em muitas formas de doenças que os níveis de metilação do p15INK4b alterados estão associados a um prognóstico geralmente mau. Em contraste com **Teofili et al., (2003)**, onde nenhuma variável clínica mostrou qualquer associação significativa com o padrão de metilação do gene p15, o nosso estudo observou uma associação significativa da hipermetilação do promotor p15 com a contagem de leucócitos na linha de base (p=0,03). Uma observação interessante foi o facto de todos os 9 doentes (100%) que apresentavam leucocitose na linha de base ($>10x10^9$ /L) terem metilação do gene p15 (p=0,03), o que varia com o estudo realizado por **Teofili et al. (2003)**, em que 58% dos doentes apresentavam metilação no gene p15. Por conseguinte, o nosso estudo aponta para uma forte ligação entre a leucocitose, que é largamente considerada um indicador de mau prognóstico em APL **(Asou et al., 1998; Ferrara et al., 2000)**, e o padrão de metilação do gene p15 em casos de APL.

Para além da metilação completa (grupo M) e da ausência de metilação (grupo U), 19% dos doentes apresentavam metilação parcial da p15 (grupo U/M). Um padrão semelhante foi observado por **Teofili et al., (2003)**, onde o padrão de metilação parcial foi observado numa proporção mais elevada de doentes (41,0%), contra 19% no nosso estudo. Espera-se que a metilação parcial do gene p15 cause uma transcrição incompleta do gene, em que apenas a parte não metilada contribui para a expressão ou formação do m-RNA. Por esta razão, a expressão do ARNm do p15 foi efectuada por RT-PCR semi-quantitativo em todos os doentes para explorar o padrão de metilação e o possível silenciamento do gene p15.

Todos os casos do (grupo M) de doentes que apresentaram metilação completa (9/9) mostraram ausência de expressão do ARNm p15, mas, por outro lado, foi observada uma expressão completa em doentes com ADN totalmente não metilado. No grupo (U/M) de doentes com ADN parcialmente metilado, observou-se um padrão diferencial de expressão do ARNm p15, conforme demonstrado pela intensidade diferencial das bandas de RT-PCR para o ARNm. Todos os 07 doentes com ADN parcialmente metilado apresentaram uma intensidade baixa de bandas de ARNm em comparação com os doentes sem metilação e/ou amostras de controlo (Fig. 4.23).

Portanto, pudemos interpretar a perda de expressão de p15 no grupo M, o que confirma os achados do estudo anterior de **Teofili et al., (2003)**. Foi observado que todos os pacientes que estavam totalmente metilados apresentaram perda de expressão, o que difere do estudo de **Preisler et al, (2001)**, que mostra que a presença de metilação da p15 nas células leucémicas nem sempre está associada à ausência de expressão da p15, nem a expressão da p15 é sempre observada na ausência de metilação. A perda de expressão da p15 foi observada em 09 doentes com leucocitose que já tinham sido encontrados com metilação completa (p=0,03), o que contrasta fortemente com o estudo anterior de **Teofili et al. (2003)**, em que a leucocitose não mostrou um padrão significativo nem com a metilação nem com a expressão do gene p15.

Para corroborar a conclusão de que a metilação completa e a perda total da expressão da p15 actuam como um fator de mau prognóstico na APL, verificámos que os doentes pertencentes ao grupo M tinham uma sobrevida mais curta, em que 4 doentes (50%) não conseguiam sobreviver 5 anos à doença, tendo leucocitose associada à metilação completa da p15.

Registámos uma taxa de recidiva elevada entre os doentes do grupo M em comparação com os doentes do grupo U ou do grupo U/M, respetivamente (grupo M 66,7% >U e grupo U/M 16,7% cada) (p = 0,018), o que aponta ainda mais para a utilidade da metilação completa do gene p15 como um indicador de mau prognóstico em comparação com o gene p15 não metilado. Também registámos uma maior frequência de mortes em doentes do grupo M do que em doentes dos grupos U e U/M (50% vs 25% vs 25%) (p = 0,17).

O significado prognóstico e clínico da hipermetilação do promotor p15 e do subsequente silenciamento do gene por ela causado foi determinado em termos de duração da sobrevivência global (OS) e da sobrevivência livre de doença (DFS) calculada pelo método de Kaplan e Meier. As comparações de OS e DFS entre grupos de doentes foram efectuadas com base no teste log-rank.

Não se registaram diferenças significativas entre a sobrevivência global (OS) dos doentes dos grupos M, U/M e U (56%, 71% e 88%, respetivamente) (teste log-rank: p = 0,265), tendo os doentes do grupo M apresentado a sobrevivência mais baixa de 19,2 meses (Figura 4.23.a). Foi observada uma sobrevivência livre de doença (DFS) significativa (teste log-rank: P = 0,022, Figura 4.23.b) nos doentes que apresentavam diferentes padrões de hipermetilação do gene p15 e que atingiram a remissão completa (CR). Os doentes do grupo M apresentaram a DFS mais baixa (33%) em comparação com os doentes dos grupos M/U e U (83% e 93%, respetivamente). Um cenário semelhante foi descrito por **Teofili et al., (2003)** que apresentaram uma taxa significativa de DFS a 5 anos de 29%, 64% e 79% para os doentes M, M/U e U, respetivamente, e uma sobrevivência global (OS) de 69%, 71% e 85% para os grupos M, U/M e U, respetivamente. A nossa descoberta, que mostra uma diminuição da sobrevivência global e livre de doença em doentes com APL com metilação completa, foi corroborada anteriormente por **Chim et al. (2001)**, que relataram uma elevada incidência de metilação de p15 em doentes com APL e demonstraram que a sobrevivência livre de doença (SLD) a 5 anos de doentes com metilação anormal de p15 era significativamente inferior à de doentes sem metilação de p15.

Entre os doentes investigados quanto à expressão de p15, observámos uma taxa de recidiva significativamente mais elevada nos doentes p15-negativos do que nos p15-positivos (44,4% vs 8,3%, P = 0,018), enquanto o número de mortes foi igual entre os dois grupos (4 vs 4, P = 0,17). Consequentemente, foi observada uma OS significativa de 56% e 83% (valor log rank p = 0,041) (Figura 4.24.a) e DFS de 33% e 90%, respetivamente, (teste log-rank: P = 0,006) em doentes p15-negativos e p15-positivos, respetivamente (Figura 4.24.b). Estes resultados do nosso estudo estão de acordo com **Teofili et al. (2003)**, que registaram uma DFS significativa estimada para 5 anos (24 e 66%). No entanto, em contraste com este estudo, o autor não encontrou qualquer diferença na OS (74 e 85%) em doentes p15-negativos e p15-positivos.

O nosso estudo também está de acordo com muitos estudos relevantes que referem, em todos os subtipos de LMA FAB, que os doentes sem hipermetilação de p15INK4b no momento do diagnóstico apresentavam taxas de remissão completa mais elevadas, que também se correlacionavam com tempos de sobrevivência mais elevados **(Shimamoto et al., 2005; Deneberg et al., 2010)**. Embora o nosso estudo indique que o p15 é um potencial marcador de prognóstico válido na APL, é necessário validá-lo em séries mais alargadas de amostras.

## 5.5 Significado prognóstico de vários parâmetros clínico-patológicos na patogénese da APL.

Na APL, as caraterísticas clínicas e laboratoriais podem ser úteis como indicadores prognósticos do risco de recidiva e da sobrevivência.

A idade do doente no momento do diagnóstico parece ser um fator de prognóstico clínico importante, tendo sido relatado que os doentes com menos de 30 anos têm uma boa sobrevivência global (OS) e sobrevivência livre de eventos (EFS) em poucos estudos **(De la Serna et al., 2008; Asou et al., 1998)**. Num grande ensaio europeu, a sobrevivência aos 2 anos foi de 67% para os doentes com mais de 65 anos, em comparação com 82% para os doentes mais jovens **(Fenaux et al., 2003)** e, noutro estudo multicêntrico, os doentes com idade inferior a 30 anos apresentaram uma remissão mais longa. Contrariamente a estes estudos, não encontrámos uma relação significativa entre os doentes com idade inferior a 30 anos e uma maior sobrevivência global e livre de doença.

Além disso, alguns ensaios demonstraram que o género feminino confere um resultado favorável em comparação com o género masculino **(Tallman et al.,**

**2003)**, o que está de acordo com a nossa coorte. Os nossos resultados discordam dos de Farida et al., onde não se observou qualquer impacto do género no resultado clínico dos doentes.

Outro fator clínico é a contagem de leucócitos antes do início da terapêutica, que é o fator prognóstico mais relevante para a sobrevivência em doentes com APL. Os doentes que apresentam uma contagem de glóbulos brancos inferior a 10.000/ul e uma contagem de plaquetas superior a 40.000/ul (grupo de baixo risco) tendem a ter o prognóstico mais favorável **(Sanz MA e Lo-Coco, 2011)**. No entanto, no nosso estudo, encontrámos doentes do grupo de risco intermédio com melhor sobrevivência, o que pode ser atribuído principalmente à inclusão de uma elevada frequência deste grupo na nossa série. Além disso, os pacientes categorizados clinicamente como grupo de alto risco (CPT>$10x10^9$ /L e plaquetas <$40x10^9$ /L) apresentaram sobrevida global inferior, mas a diferença não foi significativa ($p = 0,121$). A estimativa da sobrevivência livre de doença a 3 anos variou significativamente entre os três grupos de risco (valor de log rank $p = 0,022$), com o grupo de risco intermédio a apresentar uma SLD mais elevada de 91,1%, em comparação com os doentes do grupo de alto risco, com uma SLD mais baixa de 33,3%. **(1998)**, que previram uma SLD a 4 anos de 42% em doentes que tinham uma contagem inicial de leucócitos de $10x10^9$ /L. Por outras palavras, uma TLC mais elevada >$10x10^9$ /L demonstrou ser um fator de prognóstico desfavorável **(Asou et al., 1998)**. Estes resultados são apoiados pelo estudo conjunto do grupo cooperativo PETHEMA e GIMEMA, que referiu que a contagem de CPT na apresentação era o único fator de prognóstico com influência significativa na duração da remissão **(Esteve et al., 2007)**.

Cerca de 15%-25% dos adultos, e talvez mais em crianças com leucemia promielocítica aguda (LPA), apresentam a variante microgranular (M3V), caracterizada por promielócitos leucémicos geralmente desprovidos de grânulos finos ou apenas com grânulos finos esparsos **(Neame et al., 1997; Bassan et al., 1995; Mandelli et al., 1997)** e bastonetes de Auer pouco frequentes **(Shaft et al.,**

**1998)**. Para além das caraterísticas morfológicas distintas, a forma M3V da doença está associada a caraterísticas biológicas únicas que influenciam o curso da doença. Encontrámos um efeito significativo da forma M3V em doentes com um grupo de risco mais elevado (contagens elevadas de leucócitos e contagens reduzidas de plaquetas), tal como anteriormente comprovado por **Meckenna et al. (1982)**. O nosso relatório também verifica a incidência mais elevada de transcrições bcr3 em doentes com morfologia M3V, mas a associação não foi significativa, tal como foi encontrado em alguns relatórios anteriores **(Maslak et al., 1993; Douer et al., 2003)**. Em contraste, existem estudos anteriores sobre o M3V que demonstraram uma associação clara da isoforma bcr-3 dos promielócitos (*PML*) com o M3V **(Biondi et al., 1995; Gallagher et al., 1997)**. Também observámos um padrão diferente de metilação em duas morfologias diferentes de doentes com APL, um com morfologia M3V tinha apenas metilação completa do gene p15, enquanto no grupo M3 se observou um espetro diferente de metilação e esta diferença estava significativamente associada (p = 0,01). Esta observação é a primeira do género e não foi relatada noutros locais, pelo que presumimos que poderá ser um bom marcador se for seguida de estudos em amostras maiores exclusivamente em doentes com morfologia M3V. Para além disso, historicamente, quando tratado com quimioterapia convencional, o M3V tem sido associado a uma maior incidência de morte precoce **(Bassan et al., 1995)**, mas não necessariamente a um resultado inferior em comparação com o associado ao APL clássico **(Cunningham et al., 1989; Head et al., 1995; Sanz et al., 1988; Tallman et al., 1997)**. Também se observou um padrão semelhante no nosso relatório, em que encontrámos uma proporção significativa de mortes precoces em doentes com APL com morfologia M3V (p=0,03) em comparação com o grupo M3, que apresentou uma melhor sobrevivência global, tal como demonstrado pela análise de Kaplan Meir (p=0,0001).

## 5.6 Resultado do tratamento em doentes com APL

O ácido all-trans retinóico (ATRA) mais a quimioterapia com antraciclinas é o tratamento de referência da leucemia promielocítica aguda (LPA) recentemente diagnosticada, enquanto a elevada taxa de remissão completa (RC) com ATO na LPA recidivante levou à sua investigação em doentes recentemente diagnosticados. De facto, há mais de uma década, investigadores na China comunicaram que o agente único ATO é eficaz nestes doentes.

No nosso estudo, 06 (18,1%) dos 33 doentes com APL morreram durante a indução (morte precoce). 27 doentes (81,8%) foram submetidos a tratamento com protocolos baseados no ICAPL-2006 e no ATO e foram seguidos durante o seu curso de tratamento. 22 (81,5%) doentes foram tratados com o protocolo ICAPL-2006 e 05 (18,5%) doentes com protocolos baseados no ATO.

Dos 22 pacientes do protocolo ICAPL-2006, 16 (72,7%) obtiveram remissão hematológica completa. 06 (27,3%) doentes recaíram e 02 (7,4%) perderam o seguimento. A sobrevivência global a 3 anos e a sobrevivência livre de doença foram de 86% e 79%, respetivamente. Estes resultados são comparáveis aos do International Consortium on Acute Promyelocytic Leukemia **(Rego et al., 2003)**, que revelou uma sobrevivência global a 2 anos e uma sobrevivência livre de doença de 80% e 91%, respetivamente. Os nossos resultados também são comparáveis aos relatados nos EUA **(Powell et al., 2010)** e na Europa **(Sanz et al., 2010; Avvisati et al., 2011)** e representam uma diminuição de quase 50% na mortalidade precoce e uma melhoria de quase 30% na sobrevivência global em comparação com os controlos históricos **(Jàcomo et al., 2007)**.

Foi observada uma remissão hematológica completa sem evidência de recidiva e morte em todos os 05 (100%) doentes tratados com protocolos baseados em ATO. Um grupo do Irão relatou um cenário semelhante, tendo registado uma remissão completa em 85,6% dos doentes tratados apenas com ATO **(Ghavamzadeh et al., 2006)**. A pequena discrepância entre o nosso e outros estudos pode dever-se à reduzida dimensão da amostra no nosso caso. Antes do ciclo de tratamento seguinte, todos (100%) os doentes com RC estudados do nosso grupo apresentavam PCR negativo para PML/RAR. Do mesmo modo, observámos que, após o tratamento baseado em ATO na consolidação, bem como 10 doses de manutenção por mês durante 6 ciclos, a remissão molecular foi mantida, o que está de acordo com o estudo realizado por **Mathews et al. (2011)**. É interessante notar que, no nosso estudo, os doentes foram submetidos a tratamento com ATO porque não podiam pagar a terapêutica padrão, uma vez que o custo do agente único ATO era muito inferior. A utilização óptima do ATO em doentes com APL recentemente diagnosticados ainda tem de ser estabelecida. De qualquer modo, este estudo demonstra que o ATO é um agente único muito ativo, talvez mesmo o mais ativo, no tratamento da APL.

# Resumo e conclusão

## 6.1 Resumo

A leucemia promielocítica aguda é um subtipo distinto de leucemia mieloide aguda (o subtipo AML-M3) que representa > 10% de todas as LMA e afecta aproximadamente 3000 indivíduos por ano só nos EUA. A leucemia promielocítica aguda (LPA) é uma doença rara, embora extremamente maligna, devido à sua evolução espontânea muito rápida e à ocorrência de hemorragias súbitas causadas principalmente por perturbações da coagulação **(Hillestad 1957; Warrell et al., 1993)**. A SAF está associada a translocações cromossómicas específicas que envolvem sempre o gene RARAα do recetor do ácido retinóico (AR) no cromossoma 17, criando uma variedade de fusões X-RARα **(Piazza et al., 2001)**. A mais comum é a translocação t(15,17) que codifica a fusão PML/RARα **(Rowley et al., 1977; de Thé et al., 1990, 1991)**, que está associada a >98% dos casos de APL. Nas APLs causadas pelas translocações t(15,17), a PML/RARα é, na maioria das vezes, a única alteração genética determinante.

A APL é uma emergência médica que se apresenta frequentemente com um início abrupto. O elevado risco de morte precoce (10-20%) e o potencial para uma elevada taxa de cura (> 80%) explicam a importância do reconhecimento imediato e do início imediato de um tratamento específico. Três abordagens de diagnóstico, nomeadamente a citogenética, a reação qualitativa em cadeia da polimerase com transcriptase reversa (RT-PCR) e a reação quantitativa em cadeia da polimerase em tempo real (q-PCR), contribuem eficazmente para o diagnóstico, a gestão e o tratamento da APL.

A citogenética detecta a t(15;17) na maioria dos doentes, identifica alterações citogenéticas secundárias e tem revelado novas translocações na LLA, levando à subsequente caraterização molecular das respectivas regiões de ponto de quebra. A avaliação da t(15;17) na LLA por cariotipagem convencional continua a ser considerada uma medida fiável da carga leucémica, através da determinação do número de células portadoras do marcador de translocação t(15;17). As limitações da citogenética convencional devem-se ao facto de a medula óssea ser propensa a culturas celulares frequentes e a falhas no tratamento hipotónico, o que resulta num fraco rendimento de metáfases convenientemente legíveis portadoras de alterações cromossómicas específicas da doença, tornando-as, assim, não passíveis de uma análise proeminente com banda G e, consequentemente, de uma análise fácil e conveniente **(Sachdeva et al., 2012)**. Embora as diretrizes actuais recomendem a utilização de cariotipagem convencional com bandeamento cromossómico numa amostra de medula óssea para fins de diagnóstico e monitorização, a proposta de monitorização da resposta ao tratamento e da progressão da doença utilizando sangue periférico é claramente uma alternativa atractiva.

Explorámos e investigámos a "Citogenética do sangue periférico induzida por fitohemaglutinina (PHA)" (PHA-PBC) como alternativa e verificámos um aumento significativo do número e da qualidade das metáfases portadoras de sinal, devido a uma redução acentuada das falhas na cultura e no tratamento hipotónico e a uma melhor morfologia das metáfases, com mais células portadoras da translocação.

A RT-PCR pode fornecer uma confirmação relativamente rápida de um diagnóstico clínico de APL e, neste contexto, o sangue periférico, bem como a medula óssea, são adequados para análise **(Diverioet al., 1996)**. A determinação de diferentes padrões de pontos de rutura PML-RARα foi correlacionada com uma variedade de caraterísticas da doença consideradas como fornecendo informações de prognóstico **(Burnett et al., 1999; Gallagheret al., 1995; Guglielmiet al., 1998)** e utilizada para medir a doença residual mínima após quimioterapia, terapia de diferenciação e transplante de medula óssea **(Miller et al., 1993)**. Ao estabelecer e realizar o ensaio multiplex RT-PCR para os transcritos de fusão bcr-1, bcr-2 e bcr-3 nos nossos doentes, conseguimos detetar os transcritos e genotipá-los em conformidade.

Além disso, a monitorização molecular dos níveis de transcrição de PML-RARα por PCR quantitativa em tempo real é cada vez mais utilizada para avaliar o gene de fusão quimérico PML-RARα específico da leucemia em casos de leucemia promielocítica aguda, para quantificar a quantidade do gene antes e depois da terapia com ATRA/ATO, para avaliar o seu valor prognóstico através da monitorização da doença residual mínima, para melhorar as estratégias terapêuticas e a gestão da doença. Utilizámos o ensaio q-PCR para a quantificação dos transcritos do gene de fusão bcr-1 e bcr-3 PML/RARα na mesma série de 33 doentes com elevada sensibilidade, utilizando o kit de quantificação de transcritos PML-RARα baseado na sonda Taqman (Genosens q- PCR kit) da Genome diagnostics. Através de q-PCR para PML-RARα, todos os doentes foram quantificados para transcrições de fusão PML-RARα em fases de tratamento definidas (na linha de base, após a consolidação e durante/fim da manutenção), exceto 03 doentes cuja doença residual mínima (DRM) não pôde ser determinada, uma vez que se verificou que abrigavam transcrições de bcr-2 por RT-PCR.

Na leucemia promielocítica aguda (LPA), para além do grande potencial oncogénico do gene de fusão PML-RARα, foi estudado um padrão específico de metilação do ADN que é distinto de outros subtipos de LMA **(Figueroa et al., 2010)**. Foi demonstrado que os genes supressores de tumores, especialmente o p15, que está envolvido na regulação do ciclo celular, são frequentemente inactivados por hipermetilação do seu promotor na LPA. A metilação aberrante do ADN no gene p15 tem um impacto prognóstico negativo nos doentes com APL **(Chim et al., 2001; Teofili et al, 2003)**, sugerindo um papel crítico da metilação aberrante do ADN na patogénese da APL. Pretendemos avaliar o estado de metilação do gene p15 na mesma série de doentes, tendo em conta a sua associação considerável com a SAF, tal como referido em vários estudos anteriores.

O presente estudo inclui as seguintes conclusões principais.

> Foram recrutados para o estudo 33 doentes, incluindo 21 (63,6%) do sexo

masculino e 12 (36,4%) do sexo feminino, com consentimento prévio.

> De acordo com o escore de estratificação de risco de San, 05 (15,2%) pacientes eram de baixo risco, 19 (57,6%) eram de risco intermediário e 09 (27,2%) de alto risco.

> 09(27,3%) apresentavam leucocitose em comparação com 24(72,7%) com leucopenia aquando do diagnóstico. Por outro lado, verificou-se que 5 (15,2%) doentes tinham uma contagem elevada de plaquetas, em comparação com 28 (84,8%) doentes com uma contagem baixa de plaquetas.

> 29 (87,9%) doentes apresentavam morfologia de promielócitos M3 em comparação com 04 (12,1%) doentes que apresentavam morfologia hipogranular (M3V) e que, posteriormente, pertenciam ao grupo de alto risco (p=0,023).

> Foi observada uma metilação completa do gene p15 (grupo M) em todos os doentes com morfologia de promielócitos M3V (p = 0,01).

> Foi observado um maior número de mortes precoces no grupo M3V em comparação com os doentes do grupo M3 (p=0,03).

> Os doentes com morfologia hipergranular (M3) apresentaram uma OS superior à do grupo com morfologia hipogranular (M3V) com um valor de log rank (p = 0,0001).

> O sangue periférico (PB) foi utilizado para a avaliação citogenética (cariótipo) como analito para testar a sua eficácia como ferramenta de diagnóstico e acompanhamento na avaliação de APL.

> A medula óssea de 13 doentes selecionados aleatoriamente e o sangue periférico não-PHA foram utilizados para comparação com a citogenética PB modificada.

> A análise das metáfases da medula óssea e do sangue periférico não-PHA não

foi tão fiável como a do PHA-PBC.

- A análise citogenética de todos os 33 doentes com APL a partir do sangue periférico foi efectuada na linha de base, no final da fase de consolidação e durante/final da fase de manutenção da quimioterapia.

- A frequência de deteção do marcador de translocação t(15;17) na linha de base foi de 87,8% e a de alterações cromossómicas secundárias foi de 6,1%.

- Além disso, 6,1% dos doentes apresentavam translocações crípticas ou eram negativos para a t(15;17).

- Entre os doentes com menos de 30 anos, 19 (82,6%) eram positivos para a t(15;17) e 02 (8,7%) tinham alterações cromossómicas secundárias, ao passo que 10 (100%) doentes com ≥ 30 anos eram positivos para a t(15;17).

- Todos os 09 (100%) doentes que apresentavam leucocitose ($10X10^9/L$) eram positivos para t(15;17).

- Nenhum doente foi considerado positivo para a t(15;17) aquando da consolidação.

- Entre os 06 doentes com recidiva, verificou-se que 04 doentes apresentavam uma recidiva citogenética com t(15;17) positivo.

- Verificou-se uma concordância considerável entre a análise citogenética e a análise molecular (tanto qualitativa como quantitativa).

- Para a tipagem de transcrições de doentes com APL, o ARN extraído do sangue periférico da mesma série de 33 doentes foi submetido a análise por RT-PCR.

- Todos os três tipos principais de transcrições de fusão bcr-1, bcr-2 e bcr-3 avaliados por RT-PCR foram detectados na nossa série de doentes com APL.

> A frequência respectiva dos três tipos de transcritos detectados de bcr-1, bcr-2 e bcr-3 foi de 57,6%, 9,1% e 33,3%, respetivamente.

> Dos 11 doentes com transcrição bcr-3, 04 (36,4%) apresentavam leucocitose.

> Na linha de base, 06 (18,2%) doentes expiraram, sendo que os transcritos de fusão bcr-3 dominaram com 05 (83,3%) mortes.

> Na consolidação, todos os doentes foram considerados negativos para os transcritos por RT-PCR.

> Durante a manutenção, 06(22,2%) doentes recaíram, incluindo 02(33,3%) bcr-1, 01(16,7%) bcr-2 e 03(50,0%) doentes com bcr-3.

> Os doentes com o transcrito bcrl apresentaram uma melhor sobrevivência 17 (89,5%) em comparação com os outros transcritos (p= 0,007).

> Os doentes com o tipo de transcrição curto (bcr-3) tiveram uma recaída em 50,0% dos doentes e tiveram um prognóstico desfavorável.

> Os doentes com bcr-1 tiveram uma remissão significativa em 88,8% dos doentes, em comparação com 66,7% e 50,0% nos doentes com bcr-2 e bcr-3, respetivamente (p=0,006).

> A análise Kaplan Meier dos três tipos de transcrições revelou que os doentes com transcrições bcr-1 tinham uma sobrevivência global significativamente superior, enquanto os doentes com transcrições bcr-3 tinham uma sobrevivência global inferior (valor log rank p = 0,015).

> Os doentes com transcrições de fusão bcr-3 apresentaram uma DFS mais curta. No entanto, a diferença na DFS entre os doentes que expressam três transcrições de fusão foi insignificante, teste log-rank: P = 0.212.

> A carga do gene de fusão por q-PCR foi efectuada em doentes com APL na

linha de base e em fases definidas do tratamento.

> Na linha de base, o ensaio q-PCR do transcrito de fusão bcr-1 revelou que 14 (73,7%) doentes tinham uma carga de fusão no intervalo de 51-100% e 05 (26,4%) no intervalo de 1-50%

> Na linha de base, a q-PCR do transcrito de fusão bcr-3 revelou que a carga do transcrito no intervalo de 51-100% foi detectada em 10 (90,9%) e 1-50% em apenas 01 (9,1%) doente.

> 33 doentes com APL foram analisados relativamente à hipermetilação do promotor do gene p15 por MS-PCR e à sua expressão de ARNm por RT-PCR semi-quantitativo.

> Verificou-se que a região promotora do gene p15 estava hipermetilada em 48,5% (n=33) dos doentes com APL.

> 07 (21,2%) doentes apresentavam metilação parcial (grupo U/M), 09 (27,3%) apresentavam metilação completa (grupo M) e 17 (51,5%) apresentavam metilação negativa do gene p15 (grupo U).

> A contagem elevada de leucócitos na linha de base foi significativamente associada ao grupo M ($p<0,05$)

> A taxa de motilidade mais elevada, bem como o elevado número de recidivas, foram detectados nos doentes do grupo M.

> Não foi expresso qualquer ARNm do gene p15 em 09 (100%) doentes que apresentavam leucocitose na apresentação, para além de metilação completa do gene p15 (grupo M) ($p=0,024$), ao passo que o ARNm do gene p15 foi expresso em todos os doentes dos grupos U/M e U.

> A análise de Kaplan Meier mostrou uma sobrevivência global mais baixa no grupo M do que no grupo U (56% v/s 88%) com um valor de log rank ($p = 0,265$).

> As taxas de DFS foram significativamente melhores nos doentes dos grupos U e M/U em comparação com o grupo M (83% e 93% v/s 33%, respetivamente) (teste log-rank: P = 0,022).

> Foi observada uma diferença significativa na sobrevivência global (19,2 meses e 30,3 meses) entre os doentes p15-negativos e p15-positivos com um valor de log rank (p = 0,041).

> A DFS para os doentes p15-negativos foi inferior à dos doentes p15-positivos (33% e 90%, respetivamente, teste log-rank: P = 0,006).

> A sobrevivência livre de doença estimada a 3 anos, mas não a sobrevivência global, variou significativamente entre os três grupos de risco (valor de log rank p= 0,022).

> Registou-se uma remissão de 100% nos doentes tratados com o protocolo baseado na ATO.

> A análise de Kaplan Meier mostrou que os doentes tratados com o protocolo de tratamento ICAPL-2006 e ATO não apresentavam diferenças significativas na OS e DFS (valor de log rank p >0,05).

## 6.2 Conclusão

Pela primeira vez, avaliámos a citogenética do sangue periférico como uma alternativa na APL, em comparação com a citogenética convencional da medula óssea, na deteção e monitorização da resposta citogenética em doentes com APL tratados com terapêutica convencional. Concluímos que a citogenética do sangue periférico pode servir como um método alternativo devido ao aumento significativo do número e da qualidade das metáfases com sinal, para além de uma redução acentuada das taxas de insucesso das culturas. A morfologia das metáfases foi melhorada com uma maior frequência de células com a translocação t(15;17). Isto ajudou a melhorar a deteção e a monitorização da resposta dos doentes com APL em fases definidas dos protocolos de tratamento. O nosso estudo confirma, assim, que a cariotipagem utilizando o sangue periférico como analito é um fator determinante do resultado global da doença, da indução de uma remissão bem sucedida, do risco de recaída e da sobrevivência global.

Embora não tenham sido realizados muitos estudos para validar a citogenética baseada no sangue periférico em APL nas linhas que fizemos, os resultados aqui obtidos estão em excelente concordância com a hipótese que formulámos para o objetivo. Isto abre uma nova perspetiva para que outros realizem mais investigação sobre o assunto, a fim de descobrir a relevância ou não da técnica para utilização futura.

No que respeita à análise molecular, concluímos que os doentes com transcrições bcr-3 têm um prognóstico desfavorável em comparação com as outras duas transcrições. A quantificação destes transcritos ajuda na avaliação da MRD dos doentes com APL, uma vez que encontrámos um padrão diferencial de quantificação em cada transcrito que previu a recaída e a remissão dos doentes com APL nos nossos doentes. Reconfirmamos a relevância clínica e o significado prognóstico destes tipos de transcritos em doentes com APL e, por conseguinte, consideramos a sua avaliação obrigatória para a gestão da doença.

Concluímos ainda que a metilação completa e a perda de expressão do gene p15 causam suscetibilidade a recaídas e diminuição da sobrevivência em doentes com APL. Assim, o estado de hipermetilação do promotor p15 é um indicador de prognóstico prospetivo e um auxiliar clínico fiável na avaliação de doentes com SAF.

# Referências

**Abe S,** Ishikawa I, Harigae H, Sugawara T. A new complex translocation t(5;17;15)(q11;q21;q22) in acute promyelocytic leukemia. Cancer Genet Cytogenet. 2008;184:44-7.

**Aggerholm A**, Guldberg P, Hokland M, Hokland P. Extensive intra- and interindividual heterogeneity of p15INK4B methylation in acute myeloid leukemia. Cancer Res. 1999;59:436-441.

**Agherbi H**, Gaussmann-Wenger A,Verthuy C, Chasson L, *et al.* Polycomb mediated epigenetic silencing and replication timing at the INK4a/ARF locus during senescence. PLOS ONE. 2009;4:5622.

**Ahmad KF**, Engel CK e Prive GG. Estrutura cristalina do domínio BTB do PLZF. Proc Natl Acad Sci USA. 1998;95:12123-12128.

**Alcalay M**, Zangrilli D, Fagioli M, *et al.* Expression pattern of the RAR alpha-PML fusion gene in acute promyelocytic leukemia. Proc Natl Acad Sci USA. 1992;89:4840-4844.

**Allenby G**, Bocquel MT, Saunders M, Kazmer S, Speck J, *et al.* Retinoic acid receptors (RARs) and retinoid X receptors (RXRs): interactions with endogenous retinoic acids. Proc Natl Acad Sci USA. 1993;90:30.

**Al-Omar H**, Khalil S, Sher G e Kamel-Reid S. A forma curta da fusão dos genes PML- PARA na leucemia promielocítica aguda está associada morfologicamente à presença de mieloblastos primitivos. Blood. 1997;90:207.

**Arber DA**, Brunning RD, Le Beau MM, Falini B, Vardiman JW, *et al.* Classificação da OMS dos Tumores dos Tecidos Hematopoiéticos e Linfóides. 2008;112-114.

**Arnould C**, Philippe C, Bourdon V, *et al.* O transdutor de sinal e ativador da transcrição do gene STAT5b é um novo parceiro do recetor alfa do ácido retinóico na leucemia promielocítica aguda. Hum Mol Genet. 1999;8:1741-1749.

**Arshad AP**, Mushtaq AS. Burden of cancers in the valley of Kashmir5 year epidemiological reveals a different scenario (Carga de cancros no vale de Caxemira5 anos epidemiológicos revelam um cenário diferente). Tumor Biol. 2012;33:629- 37.

**Asou N**, Adachi K, Tamura J, Kanamaru A, Kageyama S, *et al.* Análise dos factores de prognóstico na leucemia promielocítica aguda recentemente diagnosticada tratada com ácido all-trans retinóico e quimioterapia. J Clin Oncol. 1998;16:78-85.

**Asou N**, Kishimoto Y, Kiyoi H,*et al.*Um estudo aleatório com ou sem quimioterapia de manutenção intensificada em doentes com leucemia promielocítica aguda que se tornaram negativos para o transcript PML-RAR após a terapia de consolidação: o estudo APL97 do Japan Adult Leukemia Study Group (JALSG). Blood. 2007;110(1):59-66.

**Astudillo L**, Loche F, Reynish W, *et al.* Síndrome de Sweet associada à síndrome do ácido retinóico num doente com promielocitemia. Ann Hematol. 2002;81(2):111-114.

**Au WY**, Chim CS, Lie AK e Kwong YL. Tratamento combinado de trióxido de arsénio e ácido all-trans retinóico para leucemia promielocítica aguda que surge de recaídas anteriores tratadas com sucesso com trióxido de arsénio. Br J Haematol. 2002;117(1):130-2.

**Au WY**, Lie AK, Chim CS, *et al.* Trióxido de arsénio em comparação com quimioterapia e transplante de medula óssea para o tratamento da promielocitemia aguda recidivante. Ann Oncol. 2003;14(5):752-57.

**Avvisati G**, Lo-Coco F, Paoloni FP,*et al.* Protocolo AIDA 0493 para leucemia promielocítica aguda recentemente diagnosticada: resultados a muito longo prazo e papel da manutenção. Blood. 2011;117 (18):4716-25.

**Bain BJ**. Leukemia Diagnosis. 3rd Edition. Blackwell. 2010;1:1-32.

**Bajpai J**, Sharma A, Kumar L, Dabkara D, Raina V, *et al.* Acute promyelocytic leukemia: An experience from a tertiary care centre in north India. Indian Journal of Cancer. 2011;48:316-322.

**Barbui T**, Finazzi G e Falanga A. The impact of all-trans retinoic acid on the coagulopathy of acute promyelocytic leukemia. Blood. 1998; 91(9):3093-3102.

**Barch MJ**, Knutsen T, Spurbeck JL. O manual de laboratório de citogenética AGT. 3ª Edição. Lippincott-Raven Press. 1997; 77-87.

**Bardwell VJ** e Treisman R. The POZ domain: a conserved proteinprotein interaction motif. Genes Dev. 1994;8:1664-1677.

**Barragan E**, Bolufer P, Martin G, Cervera J, Moreno I, *et al.* Identificação de dois transcritos atípicos de PML-RAR(alfa) em dois pacientes com leucemia promielocítica aguda. Leuk Res. 2002;26:439- 442.

**Bassan R**, Battista R, Viero P, et al. Tratamento a curto prazo da leucemia promielocítica aguda hipergranular e microgranular do adulto. Leukemia. 1995;9:238-243.

**Baylin S.B**, Herman J.G, Graff J.R, Vertino P.M & Issa J.P. Alterações na metilação do ADN: um aspeto fundamental da neoplasia. Advances in Cancer Research. 1998;72:141-196.

**Beaumont M**, Sanz M, Carli PM, *et al.* Leucemia promielocítica aguda relacionada com a terapia. J Clin Oncol. 2003;21:2123-2137.

**Benedetti L**, Grignani F, Scicchitano BM, Jetten AM, Diverio D, *et al.* A diferenciação da leucemia promielocítica aguda induzida por retinóides envolve um aumento mediado por PML-RARalpha do tipo II trans glutaminase. Blood. 1996;87:1939.

**Bennett JM**, Catovsky D, Daniel MT, Flandrin G, Galton DA, *et al.* Propostas para a classificação das leucemias agudas. British Journal of Haematology. 1976;33:451- 458.

**Bennett JM**, Catovsky D, Daniel MT, Flandrin G, Galton DA, *et al.* Critérios para o diagnóstico de leucemia aguda da linhagem de megacariócitos (M7): um relatório do Grupo Cooperativo Franco-Americano-Britânico. Ann Intern Med. 1985a;103:460-462.

**Bennett JM**, Catovsky D, Daniel MT, Flandrin G, Galton DA, *et al.* Proposta de critérios revistos para a classificação da leucemia mieloide aguda: um relatório do Grupo Cooperativo Franco-Americano-Britânico. Ann Intern Med. 1985b;103:620-625.

**Bennett JM**, Catovsky D, Daniel MT, Flandrin G, Galton DA, *et al.* Proposta para o reconhecimento da leucemia mieloide aguda minimamente diferenciada (AML-MO). Br J Haematol. 1991;78:325-329.

**Bennour A**, Tabka I, Yosra BY, *et al.* Um gene quimérico PML/RARA no cromossoma 12 num doente com leucemia promielocítica aguda (M3) associada a uma nova translocação variável: t(12;15;17)q24;q24;q11). Med Oncol. 2013;30(1):409-413.

**Berger R**, Bernheim A, Daniel MT, Valensi F e Flandrin G. Karyotype and cell phenotypes in primary acute leukemias. Blood Cells. 1981;7:287-292.

**Bergh G**, Ehinger M, Olsson I, Jacobsen SE e Gullberg U. Involvement of the retinoblastoma protein in monocytic and neutrophilic lineage commitment of human bone marrow progenitor cells. Blood. 1999;94:1971-1978.

**Bernard J**, Mathe G, Boulay J, Ceoard B e Chome J. Leucemia promielocítica aguda: estudo de 20 casos. Schweiz Medical Wochenschrifte. 1959;89:604-608.

**Bernard J**, Weil M, Boiron M, Jacquillat C,*et al.* Leucemia promielocítica aguda: resultados do tratamento com daunorubicina. Blood. 1973;41:489- 496.

**Bernardi R**, Guernah I, Jin D, Grisendi S, Alimonti A, *et al.* PML inhibits HIF-1alpha translation and neoangiogenesis through repression of mTOR. Nature. 2006;442:779-785.

**Biondi A**, Rambaldi A, Pandolfi PP, Rossi V, Giudici G, *et al.* Monitorização molecular do gene de fusão myl / recetor alfa do ácido retinóico em APL por reação em cadeia da polimerase. Blood. 1992;80:492-497.

**Blin N** e Stafford DW. A general method for isolation of high molecular weight DNA from eukaryotes. Nucleic Acids Res. 1976;3:2308.

**Blomhoff R**. Vitamin A in health and disease (Blomhoff, R, ed). Marcel Dekker, Nova Iorque. 1994.

**Bork P**. Centenas de repetições ankyrin-like em proteínas funcionalmente diversas: módulos móveis que atravessam horizontalmente os filos? Proteins. 1993;17:363- 374.

**Borrow J**, Goddard A, Sheer D e Solomon E. Molecular analysis of acute promyelocytic leukemia breakpoint cluster region on chromosome 17. Science. 1990;249:1577-1580.

**Borrow J**, Goddard AD, Gibbons B, Katz F, Swirsky D, *et al.*Diagnóstico da leucemia promielocítica aguda por RT-PCR: deteção de transcrições de fusão PML-RARA e RARA-PML. Br J Haematol. 1992;82:529-540.

**Borrow J**, Shipley J, Howe K, Kiely F, Goddard A,*et al.* Molecular analysis of simple variant translocations in acute promyelocytic leukemia. Genes Chrom Cancer. 1994;9:234-243.

**Bourguet W**, Ruff M, Bonnier D, Granger F, Boeglin M, *et al.* Purificação, caraterização funcional e cristalização do domínio de ligação ao ligando do recetor X da retinoide. Protein Expr Purif. 1995;6:604.

**Bourguet W**, Ruff M, Chambon P, Gronemeyer H, Moras D. Crystal structure of the ligand-binding domain of the human nuclear recetor RXR-alpha. Nature. 1995;375:377.

**Boyle P**, Autier P, Bartelink H, *et al.* Código europeu contra o cancro e justificação científica. Annals of Oncology. 2003;14:973-1005.

**Boza WB**, Cruz GJ, Saenz MP, Umana CM. Alta incidência de leucemia promielocítica aguda na população caucasiana: a experiência da Costa Rica. Am

J Hematol. 2004;76: 96-97.

**Brand N**, Petkovich M, Krust A, Chambon P, de The H, et *al*. Identification of a second human retinoic acid recetor. Nature. 1988;332:850-853.

**Brand NJ**, Petkovich M, Chambon P. Characterization of a functional promoter for the human retinoic acid recetor-alpha (hRAR-alpha). Nucleic Acids Res. 1990;18:6799-6806.

**Breccia M**, Diverio D, Noguera NI, *et al*. Clinico-biologicalfeatures and outcome of acute promyelocytic leukemiapatients with persistent polymerase chain reactiondetectabile disease after the AIDA front-line inductionand consolidation therapy. Haematologica. 2004;89:29-33.

**Breitman TR**, Collins AJ e Keene BR. Terminal differentiationof human promyelocytic leukaemia cells in primary culture in response to retinoic acid (Diferenciação terminal de células de leucemia promielocítica humana em cultura primária em resposta ao ácido retinóico). Blood. 1981;57:1000-1008.

**Brockman SR**, Paternoster SF, Ketterling RP, Dewald GW. Novo método de hibridação in situ por fluorescência altamente sensível para detetar a fusão PML/RARA na leucemia promielocítica aguda. Cancer Genet Cytogenet. 2003;145(2):144-151.

**Brown D**, Kogan S, Lagasse E, Weissman I, Alcalay M, *et al*. Um transgene PML-RAR alfa inicia a leucemia promielocítica aguda murina. Proc Natl Acad Sci USA. 1997;94:2551-2556.

**Bruce A**, Alexander J, Dennis B, Julian L, Keith R e Martin R. Molecular biology of the cell. 4th Edition. Garland Science, Nova Iorque. 2002.

**Bugge TH**, Pohl J, Lonnoy O, Stunnenberg HG. RXRα, um parceiro promíscuo dos receptores do ácido retinóico e da hormona tiroideia. EMBO J. 1992;II: 409.

**Buijs A** and Bruin M. Fusion of FIP1L1 and RARA as a result of a novel t(4;17)(q12;q21) in a case of juvenile myelomonocytic leukemia. Leukemia. 2007;21:1104- 1108.

**Burnett AK**, Grimwade D, Solomon E, Wheatley K, Goldstone AH. A contagem atual de glóbulos brancos e a cinética da remissão molecular predizem o prognóstico na leucemia promielocítica aguda tratada com ácido retinóico totalmente trans: resultado do ensaio aleatório MRC. Blood. 1999;93:4131- 4143.

**Caen J**, Mathe G, Xuan Chat L e Bernard J. Etude de la fibrinolyse au cours des hemopathies malignes. Transcrições do Sexto Congresso da Sociedade Europeia de Hematologia, Copenhaga. 1957;502-506.

**Cameron EE**, Baylin SB, Herman JG. A metilação da ilha CpG p15 (INK4B) na leucemia aguda primária é heterogénea e sugere que a densidade é um fator crítico para o silenciamento da transcrição. Blood. 1999;94:2445-2451.

**Carbone R**, Botrugno OA, Ronzoni S, Insinga A, Di Croce L, *et al.* Recrutamento da histona metiltransferase SUV39H1 e o seu papel nas propriedades oncogénicas da proteína de fusão do recetor do ácido retinóico associada à leucemia PML. Molecular & Cellular Biology. 2006;26:1288- 1296.

**Cassinat B**, Chevret S, Zassadowski F, Balitrand N, Guillemot I, *et al.* In vitro all-trans retinoicacid sensitivity of acute promyelocytic leukemias blasts: a novel indicator of poorpatient outcome. Blood. 2001;98:2862- 2864.

**Cassinat B**, Zassadowski F, Balitrand N, Barbey C, Rain JD, *et al.* Quantificação da doença residual mínima em doentes com leucemia promielocítica aguda com translocação t(15;17) utilizando RT-PCR em tempo real. Leukemia. 2000;14:324-328.

**Castaigne S**, Balitrand N, de The H, Dejean A, Degos L, *et al.* Um transcrito de fusão PML/ RAR alfa é constantemente detectado pela reação em cadeia da polimerase baseada no ARN na leucemia promielocítica aguda. Blood. 1992;79:3110-3118.

**Castaigne S**, Chomienne C, Daniel MT, Berger R, Fenaux P,*et al.* Ácido alltrans retinóico como terapia diferenciadora para leucemias promielocíticas agudas: I. resultados clínicos. Blood. 1990;76:1704-1709.

**Castaigne S**, Lefebvre P, Chomienne C, *et al*. Eficácia e farmacocinética de uma dose baixa de ácido trans-retinóico (25 mg/m2) na leucemia promielocítica aguda. Blood. 1993;82(12):3560-3563.

**Catalano A**, Dawson MA, Somana K, Opat S, Schwarer A, *et al*. O gene PRKAR1A está fundido com o RARA na nova variante da leucemia promielocítica aguda. Blood. 2007;110:4073-4076.

**Chambon P**. A decade of molecular biology of retinoic acid receptors (Uma década de biologia molecular dos receptores do ácido retinóico). FASEB J. 1996;10:940.

**Chambon P**. The retinoid signaling pathway: molecular and genetic analyses. Semin Cell Biol. 1994;5:115-12.

**Chan** PK e Chan FY. O oligómero Nucleofosmina /B23 (NPM) é uma entidade importante e estável nas células HeLa. Biochim Biophys Ata. 1995;1262:37- 42.

**Chan PK**, Chan FY, Morris SW e Xie Z. Isolamento e caraterização do gene humano da nucleofosmina/B23 (NPM): identificação do local de ligação do YY1 na região do potenciador 5'. Nucleic Acids Res. 1997;25:1225-1232.

**Chan WY**, Liu QR, Borjigin J, Busch H, Rennert OM, *et al*. Caracterização do cDNA que codifica a nucleofosmina humana e estudos do seu papel no crescimento normal e anormal. Biochemistry. 1989;28:1033-1039.

**Chang C-C**, Ye BH, Chaganti RSK e Dalla-Favera R. BCL-6, uma proteína POZ/zinc-finger, é um repressor transcricional específico da sequência. Proc Natl Acad Sci USA. 1996;93:6947-6952.

**Chang KS**, Fan YH, Andreeff M, Liu J, Mu ZM. O gene PML codifica uma fosfoproteína associada à matriz nuclear. Blood. 1995;85:3646.

**Chelbi-Alix MK**, Pelicano L, Quignon F, Koken MH, Venturini L, *et al*. Indução da proteína PML por interferões em células normais e APL. Leukemia. 1995;9:2027-2033.

**Chen GQ**, Shen ZX, Wu F, *et al.* Pharmacokinetics and efficacy of low- dose all-trans retinoic acid in the treatment of acute promyelocytic leukemia. Leukemia. 1996;10(5):825-828.

**Chen JD** e Evans RM. Um co-repressor transcricional que interage com receptores de hormonas nucleares. Nature. 1995;377:454.

**Chen JY**, Clifford J, Zusi C, Starrett J, Tortolani D, *et al.* Two distinct actions of retinoid-recetor ligands. Nature. 1996;382:819.

**Chen S-J,** Chen Z, Chen A, Tong J-H, Dong S, *et al.* Ocorrência de isoformas distintas do gene de fusão PML-RAR-alfa em doentes com leucemia promielocítica aguda detectada por transcriptase reversa/reação em cadeia da polimerase. Oncogene. 1992;7:1223-1232.

**ChenS-J**, Zelent A, Tong J-H, Yu H-Q, Wang Z-Y, *et al.* Rearranjos dos genes do recetor alfa do ácido retinóico e do dedo de zinco da leucemia promielocítica resultantes de t(11;17)(q23;q21) num doente com leucemia promielocítica aguda. Clin Invest. 1993a;91:2260-2267.

**ChenS-J**, Zhu Y-J, Tong J-H, Dong S, Huang W, *et al.* Rearranjos no segundo intrão do gene RARA estão presentes numa grande maioria de doentes com leucemia promielocítica aguda e são utilizados como marcador molecular para a diferenciação de células leucémicas induzida pelo ácido retinóico.Blood. 1991;78:2696-2701.

**Chen XJ**, Xue YQ, Zhang R, Tao RF, Xia XM, *et al.* Um estudo clínico e experimental em doentes com leucemia promielocítica aguda tratados com ácido trans-retinóico. Blood. 1991;78:1413-1419.

**Chen Y**, Gu L, Zhou C, *et al.* Um doente com APL recidivante com uma variante da fusão NPM-RARa respondeu à terapêutica à base de trióxido de arsénio e conseguiu uma sobrevivência a longo prazo. Int J Hematol. 2010;91(4):708-710.

**Chen YC**, Kappel C, Beaudouin J, Elis R, Spector DL. Live cell dynamics of promyelocytic leukemia nuclear bodies upon entry into and exit from mitosis. Mol

Biol Cell. 2008;19:3147-3162.

**Chen Z**, Brand NJ, Chen A, Chen SJ, Tong JH, *et al*. Fusão entre um novo gene de dedo de zinco do tipo Kruppel e o locus do recetor alfa do ácido retinóico devido a uma translocação variante t(11;17) associada a leucemia promielocítica aguda. EMBO J. 1993b;12:1161-1167.

**Chen Z**, Guidez F, Rousselot P, Agadir A, Chen SJ, *et al*. A proteína de fusão PLZF-RAR alfa gerada a partir da translocação variante t(11;17)(q23;q21) na leucemia promielocítica aguda inibe a transactivação dependente de ligandos dos receptores de ácido retinóico de tipo selvagem. Proc Natl Acad Sci. USA. 1994b;91:1178-1182.

**Chen Z**, Guidez F, Rousselot P, *et al*. As proteínas de fusão PLZF-RAR alfa geradas a partir da translocação variante t(11;17)(q23;q21) na leucemia promielocítica aguda inibem a transactivação dependente de ligandos dos receptores de ácido retinóico de tipo selvagem. Proc Natl Acad Sci USA. 1994;91(3):1178-1182.

**Chen Z**, Zhao WL, Shen ZX, *et al*. Trióxido de arsénio e leucemia promielocítica aguda: clínica e biológica. Curr Top Microbiol Immunol. 2007;313:129-44.

**Cheung N** & So CW. Transcriptional and epigenetic networks in haematological malignancy (Redes transcricionais e epigenéticas na malignidade hematológica). FEBS Lett. 2011;585:2100-11.

**Chien A**, Edgar DB, Trela JM. Polimerase de ácido desoxirribonucleico do termófilo extremo *Thermus aquaticus*. J Bacteriol. 1976; 3:15501557.

**Chim CS**, Lau JS, Wong KF, Kwong YL.CDKN2B methylation is an independent poor prognostic fator in newly diagnosed acute promyelocytic leukemia. Leukemia. 2006;20:149-151.

**Chim CS**, Liang R, Tam CY, Kwong YL. Methylation of p15 and p16 genes in acute promyelocytic leukemia: potential diagnostic and prognostic significance. J Clin Oncol. 2001;19:2033-2040.

**Chim CS**, Tam CY, Liang R, Kwong YL. Methylation of p15 and p16 genes in adult acute leukemia: lack of prognostic significance. Cancer. 2001;91:2222-2229.

**Chim CS**, Wong SY e Kwong YL. Aberrant gene promoter methylation in acute promyelocytic leukemia: profile and prognostic significance. British journal of Hematology. 2003;122:571-578.

**ChomienneC**, Balitrand N e Abita JP. Ineficácia do retinoide aromático sintético etretinato e do seu ácido livre na diferenciação in vitro de células leucémicas. Leukemia Research. 1986b;10:1079- 1081.

**Chomienne C**, Balitrand N, Degos L e Abita JP.1-B-D arabinofuranosyl cytosine e all-trans retinoic acid in combinationaccelerates and increases monocyte differentiation of myeloid leukemic cells. Leukemia Research. 1986a;6:631-636.

**Chomienne C**, Ballerini P, Huang ME, Castaigne S, *et al.* O gene do recetor alfa do ácido retinóico está rearranjado nas leucemias promielocíticas sensíveis ao ácido retinóico. Leukemia. 1990b;4:802-807.

**Christiansen DH**, Andersen MK, Pedersen-Bjergaard J. A metilação de p15INK4B é comum e está associada à deleção de genes no braço cromossómico 7q e prevê um mau prognóstico na mielodisplasia relacionada com a terapia e na leucemia mieloide aguda. Leukemia. 2003;17:1813- 1819.

**Clark SJ** e Melki J. DNA methylation and gene silencing in cancer: which is the guilty party? Oncogene. 2002;21:5380-5387.

**Clark SJ**, Harrison J, Paul CL, Frommer M. High sensitivity mapping of methylated cytosines (mapeamento de alta sensibilidade de citosinas metiladas). Nucleic Acids Res. 1994;22:2990-2997.

**Clouston HJ**, Rooney DE. Citogenética humana em cultura de linfócitos: análise constitucional. 3ª Edição. New York: Oxford University Press. 2001;1:33-54.

**Collins SJ**, Robertson KA, Mueller L. Retinoic acid-induced granulocytic differentiation of HL-60 myeloid leukemia cells is mediateddirectly through the retinoic acid recetor (RAR-alpha). Mol Cell Biol. 1990;10:2154.

**Compton DA** e Cleveland DW. NuMA é necessário para a conclusão correta da mitose. J Cell Biol. 1993;120:947-957.

**Compton DA** e Cleveland DW. NuMA, a nuclear protein involved in mitosis and nuclear reformation. Curr Opin Cell. Biol. 1994;6:343-346.

**Compton DA**, Szilak I e Cleveland DW. Primary structureof NuMA, an intranuclear protein that defines a novel pathway for segregation of proteins at mitosis. J Cell Biol. 1992;116:1395-1408.

**Cooperberg AA** e Neiman GMA. Fibrinogenpenia e fibrinólise na leucemia mieloide aguda. Annals of International Medicine. 1955;42:707-711.

**Cottrell SE** e Laird PW. Sensitive detection of DNA methylation (Deteção sensível da metilação do ADN). Ann NY Acad Sci. 2003;983:120-130.

**Croiremeyer** U e Laudet V. Factores de transcrição 3: receptores nucleares. Perfil proteico. Vol. 2.1996. Academic Press, Nova Iorque

**Cunningham I**, Gee TS, Reich LM, *et al.* Acute promyelocytic leukemia: treatment results during a decade at Memorial Hospital. Blood. 1989;73(5):1116-1122

**Dalnian FC**, Sturzenbecker LJ, Levin AA, Lucas DA, *et al.* O recetor do ácido retinóico pertence a uma subclasse de receptores nucleares que não formam "complexos de acoplamento com hsp90. Biochemistry. 1991;30:5605-5608.

**DaltonJr WT**, Ahearn MJ, McCredie KB, Freireich EJ, *et al.* A linha de células HL-60 foi derivada de um doente com FAM-M2 e não FAB-M3. Blood. 1988;71:242-247.

**Damm K**, Heyman RA, Umesono K, Evans RM. Functional inhibition of retinoic acid response by dominant negative retinoic acid recetor mutants (Inibição funcional da resposta ao ácido retinóico por mutantes dominantes negativos do recetor do ácido retinóico). Proc Natl Acad Sci USA. 1993;90:2989.

**Daniel MT**, Koken M, Romagne O, Barbey S, Bazarbachi A, *et al.* PML protein expression in hematopoietic and acute promyelocytic leukemia cells. Blood. 1993;82:1858.

**David G**, Alland L, Hong SH, *et al.* Histone deacetylase associated with mSin3A mediates repression by the acute promyelocytic leukemia- associated PLZF protein. Oncogene. 1998;16:2549-2556.

**Dawson MI**, Elstner E, Kizaki M, Chen DL, Pakkala S, *et al.* Diferenciação mieloide mediada pelo recetor do ácido retinóico/recetor do X retinóico (RXR) e não pela via RXR/RXR. Blood. 1994;84:446.

**de Botton S**, Chevret S, Coiteux V, *et al.* O início precoce da quimioterapia pode reduzir a incidência do síndroma ATRA na promielocitemia aguda (APL) recentemente diagnosticada com baixas contagens de glóbulos brancos: resultados do ensaio APL 93. Leukemia. 2003;17(2):339-342.

**Dela Serna J**, Montesinos P, Vellenga E, *et al.* Causas e factores de prognóstico do insucesso da indução da remissão em doentes com leucemia promielocítica aguda tratados com ácido trans-retinóico e idarubicina. Blood. 2008;111:3395-3402.

**de Stanchina** E, Querido E, Narita M, Davuluri RV, Pandolfi PP, *et al.* PML is a direct p53 target that modulates p53 effector functions. Mol Cell. 2004;13:523-535.

**deThe H**, Chomienne C, Lanotte M, Degos L e Dejean A. A translocação t(15;17) da leucemia promielocítica aguda funde o gene do recetor alfa do ácido retinóico com um novo locus transcrito. Nature. 1990;347:558- 561.

**de Thé H**, Lavau C, Marchio A, Chomienne C, *et al.* O ARNm de fusão PML-RAR alfa gerado pela translocação t(15;17) na leucemia promielocítica aguda codifica um RAR funcionalmente alterado. Cell. 1991;66:675-684.

**de The H**, Vivanco-Ruiz MDM, Tiollais P, Stunnenberg H, Dejean A. Identification of a retinoic acid responsive element in the retinoic acid recetor gene. Nature. 1990;343:177.

**DegosL**, Chomienne C, Daniel MT, Berger R, Dombret H, *et al*. Treatment of first relapse in acute promyelocytic leukemia with all trans retinoic acid. Lancet. 1990;2:1440-1441.

**Dellaire G** e Bazett-Jones DP. PML nuclear bodies: dynamic sensors of DNA damage and cellular stress. Bioessays. 2004;26:963-977.

**Dellaire G**, Eskiw CH, Dehghani H, Ching RW e Bazett-Jones DP. As acumulações mitóticas da proteína PML contribuem para o restabelecimento dos corpos nucleares da PML em G1. J Cell Sci. 2006b;119:1034-1042.

**Deneberg S**, Grovdal, M., Karimi, M., Jansson, M., *et al.* Gene specific and global methylation patterns predict outcome in patients with acute myeloid leukemia. Leukemia 2010;24:932-941.

**DiCroce L**, Raker VA, Corsaro M, Fazi F, Fanelli M, *et al*. Methyltransferase recruitment and DNA hypermethylation of target promoters by anoncogenic transcription fator. Science. 2002;295:1079-1082.

**Diverio D**, Lo Coco F, D'Adamo F, Biondi A, Fagioli M, *et al*. Identificação de rearranjos de ADN no locus RARα em todos os doentes com leucemia promielocítica aguda e mapeamento de pontos de quebra APL comi no segundo intrão do RARα. Blood. 1992;79:3331-3336.

**Diverio D**, Riccioni R, Pistilli A, Buffolino S, Avvisati G, *et al.*Melhoria da deteção rápida do gene de fusão pml/rar-alfa na leucemia promielocítica aguda. Leukemia. 1996;10:1214-1216.

**Diverio D**, Rossi V, Avvisati G, *et al*. Deteção precoce de recaída por análise prospetiva da reação em cadeia da polimerase reversa do gene de fusão PML/RARα em doentes com leucemia promielocítica aguda inscritos no ensaio multicêntrico GIMEMA-AIEOP AIDA. Blood. 1998;92:784-9.

**Dong S,** Geng JP, Tong JH, et al. Conjunto de pontos de rutura do gene PML na leucemia promielocítica aguda: estrutura primária dos produtos recíprocos do gene PML/RARA em doentes com t(15;17). Genes Chromosomes Cancer. 1993;6: 133-139.

**Dong S** e Tweardy D. Interações de STAT5b-RARα, uma nova proteína de fusão da leucemia promielocítica aguda, com o recetor do ácido retinóico e as vias de sinalização STAT3. Blood. 2002;99: 2637-2646.

**Dong S**, Zhu J, Reid A, Strutt P, Guidez F, *et al.* Amino-terminal proteinprotein interaction motif (POZ-domain) is responsible for activitiesof the promyelocytic leukemia zinc finger-retinoic acid recetor-alpha fusion protein. Proc Natl Acad Sci USA. 1996;93:3624-3629.

**Douer D**, Santillana S, Ramezani L, *et al.*A leucemia promielocítica aguda em doentes originários da América Latina está associada a uma maior frequência do subtipo bcr1 do gene de fusão PML/RARalpha. Br J Haematol. 2003;122:563-570.

**Douer D**, Zickl LN, Sciffer CA, *et al.* Ácido all-trans retinóico e recaída tardia na leucemia promielocítica aguda: acompanhamento de muito longa data do North American Intergroup Study 10129. Leuk Res. 2013;37(7):795- 801.

**Douer D**. New advances in the acute promyelocytic leukemia. Int J Hematol. 2002;76(suppl2):179-87.

**Douer D**. The epidemiology of acute promyelocytic leukaemia (A epidemiologia da leucemia promielocítica aguda). Best Pract Res Clin Haematol. 2003;16:357-367.

**Drexler HG**. Revisão das alterações dos genes da família p15, p16, p18 e p19 do inibidor da quinase dependente da ciclina INK4 em células de leucemialinfoma humano. Leukemia. 1998;12:845- 859.

**Dyck J**, WarrellRP, Evans RM, Miller WH. Diagnóstico rápido da leucemia promielocítica aguda através da localização imuno-histoquímica da proteína PML/RAR-. Blood. 1995;86:862-867.

**Dyck JA**, Maul GG, Miller WH Jr, Chen JD, *et al.* Uma nova estrutura macromolecular é um alvo da oncoproteína do recetor do ácido promielocítico-retinóico. Cell. 1994;76:333-343.

**Edwards RH,** Wasik MA, Finan J, *et al.* Evidence for early hematopoietic progenitor cell involvement in acute promyelocytic leukemia. Am J Clin Pathol 1999;112: 819-827.

**Elfenbein DS**, Barness EG, Pomerance HH, Barness LA. Recém-nascido com letargia, má alimentação, desidratação, hipotermia, hiperamonemia, neutropenia e trombocitopenia. Am J Med Genet. 2000;94:332-337.

**Emmanuelle P**, Catriona HMJ, Laurie EA e Irving LW. Hematopoiese normal e leucémica: As leucemias são uma doença das células estaminais ou uma reaquisição das caraterísticas das células estaminais? PNAS. 2003;100:11842-11849.

**Esteve J**, Escoda L, Martin G, et al. Resultado dos doentes com leucemia promielocítica aguda que não responderam ao tratamento de primeira linha com ácido trans-retinóico e quimioterapia à base de antraciclinas (protocolos PETHEMA LPA96 e LPA99): benefício de uma intervenção precoce. Leukemia. 2007;21(3):446-452.

**Estey E**, Giles FJ, Kantarjian H, O Brien S, Cortes J, *et al.* Remissão molecular induzida por ácido all-trans retinóico encapsulado em lipossomas em leucemia promielocítica aguda recentemente diagnosticada. Blood. 1999;94:2230- 2235.

**Everett RR**. Vírus de ADN e proteínas virais que interagem com os corpos nucleares do PML. Oncogene. 2001;20:7266-7273.

**Fagioli M**, Alcalay M, Pandolfi PP, Venturini L, Mencarelli A, *et al.* Alternative splicing of PML transcripts predicts predicts coexpression of several carboxy-terminally different protein isoforms. Oncogene. 1992;7:1083- 1091

**Falini B**, Flenghi L, Fagioli M, Lo Coco F, Cordone I, *et al.* Diagnóstico imunocitoquímico da leucemia promielocítica aguda (M3) com o anticorpo monoclonal PG-M3 (anti-PML). Blood.

1997;90:4046-4053.

**Fenaux P** e Chomienne C. Biology and reatment of acute promyelocytic leukemia (Biologia e tratamento da leucemia promielocítica aguda). Curr Opin Oncol. 1996;8:3-12.

**Fenaux P**, Chastang C, Chevret S, *et al.* A randomizedcomparison of all trans retinoic acid (ATRA) followed by chemotherapy and ATRA plus chemotherapy and the role of maintenance therapy in newly diagnosed acute promyelocytic leukemia: the European APL Group. Blood. 1999;94(4):1192-1200.

**Fenaux P**, Le Deley MC, Castaigne S, *et al.* Efeito do ácido trans-retinóico na leucemia promielocítica aguda recentemente diagnosticada: Resultados de um ensaio aleatório multicêntrico. Blood. 1993:82:3241-3249.

**Ferbeyre G**, de Stanchina E, Querido E, Baptiste N, *et al.* PML is induced by oncogenic ras and promotes premature senescence. Genes Dev. 2000;14:2015-2027.

**Ferrara F**, Morabito F, Martino B, Specchia G, Liso V, *et al.* A expressão de CD56 é um indicador de maus resultados clínicos em doentes com leucemia promielocítica aguda tratados simultaneamente com ácido trans-retinóico e quimioterapia. J Clin Oncol. 2000;18:1295-1300.

**Figueroa ME,** Lugthart S, Li Y, Erpelinck-Verschueren C et al. DNA methylation signatures identify biologically distinct subtypes in acute myeloid leukemia. Cancer Cell. 2010;17:13-27

**Flenghi L**, Fagioli M, Tomassoni L, Pileri S, Gambacorta M, *et al.* Caracterização de um novo anticorpo monoclonal (PG-M3) dirigido contra a porção aminoterminal do produto do gene PML: provas imunocitoquímicas da elevada expressão das proteínas PML em macrófagos activados, células endoteliais e epitélios. Blood. 1995;85:1871.

**Forman BM** e Samuels HH. Interações entre uma subfamília de receptores de hormonas nucleares: o modelo do fecho de correr regulador. Mol Endocrinol.

1990;4:1293-1301.

**Frederick RA,** Jacob MR, Jerald R e John ED. Acute myeloid leukemia. Hematologia Am Soc Hematol Educ Program. 2001;62-86.

**Freemont PS**, Hanson IM, Trowsdale J. A novel cysteine-rich sequence motif. Cell. 1991;614:483.

**Frommer M**, McDonald LE, Millar DS, Collis CM, Watt F, *et al.* Um protocolo de sequenciação genómica que produz uma visualização positiva de resíduos de 5- etilcitosina em cadeias individuais de ADN. Proc Natl Acad Sci USA. 1992;89:1827-31.

**Fukutani H**, Naoe T, Yoshida H, *et al.* Heterogeneidade molecular do rearranjo do gene PML na leucemia promielocítica aguda; prevalência e significado clínico. Jpn J Cancer Res. 1993;84:257-264.

**Fukutani H**, Naoe T, Ohno R, Yoshida H, Miyawaki S, *et al.* As isoformas de transcrições fundidas do recetor alfa do ácido retinóico PML não afectam as caraterísticas clínicas da leucemia promielocítica aguda nem o prognóstico após o tratamento com ácido trans-retinóico Leukemia. 1995;9:1478-1482.

**Furukawa Y**, Kikuchi J, Nakamura M, Iwase S, *et al.* Lineage- specific regulation of cell cycle control gene expression during haematopoietic cell differentiation. Br J Haematol. 2000;110:663-673.

**Gabert J**, Beillard E, Bi W, Pallisgaard N, Gottardi E, *et al.* Programa europeu de normalização e controlo de qualidade da análise RT-PCR quantitativa em tempo real de transcrições de genes de fusão para deteção de doença residual mínima em doentes com leucemia. Blood. 2000;96:311

**Gallagher RE**, Li YP, Rao S, Paietta E, Andersen J, *et al.* Caracterização de casos de leucemias promielocíticas agudas com locais de rutura/fusão PML-RARα no exão 6 da PML: identificação de um subgrupo com diminuição da reatividade in vitro ao ácido retinóico totalmente trans. Blood. 1995;86:1540-1547.

**Gallagher RE,** Willman CL, Slack JL, *et al.* Association of PML-RAR alpha fusion mRNA type with prereatment hematological characteristics but not tteatment outcome in acute promyelocytic leukemia: an intergroup molecular study. Blood. 1997;90:1656-1663.

**Gallagher RE**, Yeap BY, Bi W, *et al.* Análise quantitativa por RT-PCR em tempo real do ARNm alfa do PML-RAR na leucemia promielocítica aguda: avaliação do significado prognóstico em doentes adultos do protocolo intergrupo 0129. Blood. 2003;101(7):2521-8.

**Gardiner-Garden M** e Frommer M. Ilhas CpG em genomas de vertebrados. J Mol Biol. 1987;196:261-282.

**Ghavamzadeh A**, Alimoghaddam K, Ghaffari SH, *et al.*Tratamento da leucemia promielocítica aguda sem ATRA e/ou quimioterapia. Ann Oncol. 2006;17:131-134.

**Geoffroy** MC e Chelbi-Alix MK. Papel da proteína da leucemia promielocítica na defesa antiviral do hospedeiro. J Interferon Cytokine Res. 2011;31:145-158.

**Giguere V**, Ong ES, Segui P e Evans RM. Identification of a recetor for the morphogen retinoic acid. Nature. 1987;330:624-629.

**Giguere V**. Retinoic acid receptors and cellular retinoid binding proteins: complex interplay in retinoid signaling. Endocr Rev. 1994;15:61-79.

**Giorgi C**, Ito K, Lin HK, Santangelo C, Wieckowski MR, *et al.* PML regulates apoptosis at endoplasmic reticulumby modulating calcium release. Science. 2010;330:1247-1251.

**Glass CK**. Differential recognition of target genes by nuclear recetor monomers, dimers, arid heterodimers. Endocr Rev. 1994;15:391-407.

**Goddard AD**, Borrow J, Freemont P, Solomon E. Characterizationof a zinc finger gene disrupted by the t( 15; 17) in acute pro- myelocytic leukemia. Science. 1991;254:1371.

**Golomb HM**, Rowley J, Vardiman J, Baron J, *et al.* Deleção parcial do braço longo do cromossoma 17: uma anomalia específica na leucemia promielocítica aguda? Archives of Internal Medicine. 1976;136:293-396.

**Gonzalez S**, Klatt P, Delgado S, Conde E, *et al.* Oncogenic activity of Cdc6 through repression of the INK4/ARF locus. Nature. 2006;440:702-706.

**Gonzalez S**, Serrano M. A new mechanism of inactivation of the INK4/ARF locus. Cell Cycle. 2006;5:1382-1384.

**Greenlee RT,** Hill Harmon MB, Murray T, Thun M**.** Estatísticas do cancro 2001. CA Cancer J Clin. 2001;51:15-36.

**Green S** e Chambon P. Nuclear receptors enhance our understanding of transcription regulation. Trends Genet. 1988;4:309-314.

**Griffin JD**, Mayer RJ, Weinstein HJ, Rosenthal DS, Coral FS,*et al*. Surface marker analysis of acute myeloblastic leukemia: identification of differentiation-associated phenotypes. Blood. 1983;62:557-563.

**Grignani F**, DeMatteis S, Nervi C, Tomassoni L, Gelmetti V, *et al*. Proteínas de fusão do recetor do ácido retinóico-α recrutam a histona desacetilase na leucemia promielocítica. Nature. 1998;391:815-818.

**Grignani F**, Fagioli M, Alcalay M, Longo L, Pandolfi PP, *et al*. Acute promyelocytic leukemia: from genetics to treatment. Blood. 1994;83:10- 25.

**Grignani F**, Fagioli M, Ferrucci PF, Alcalay M, Pelicci PG. The molecular genetics of acute promyelocytic leukemia. Blood Rev. 1993;7:87-93.

**Grimwade D**, Biondi A, Mozziconacci MJ, Hagemeijer A, Berger R, *et al*. Caracterização de casos de leucemia promielocítica aguda sem a clássica t(15;17): resultados do Grupo de Trabalho Europeu. Blood. 2000;96:1297-1308.

**Grimwade D**, Diverio D, Harrison G, Wheatley K, Rogers J, *et al*. Deteção de doença residual mínima (DRM) em APL por RT-PCR "em tempo real": análise dos casos incluídos no ensaio MRC ATRA do Reino Unido. Blood. 1999;94:625a.

**Grimwade D**, Gorman P, Duprez E, Howe K, Langabeer S, *et al*.

Characterization of cryptic rearrangements and variant translocations in acute promyelocytic leukemia. Blood. 1997;90:4876-4885.

**Grimwade D**, Howe K, Langabeer S, Davies L, Oliver F, *et al.* Estabelecer a presença da t(15;17) em suspeitas de leucemia promielocítica aguda (LPA): avaliação citogenética, molecular e por imunofluorescência PML de doentes que participaram no ensaio MRC ATRA. Br J Haematol. 1996;94:557-573.

**Grimwade D**, Jovanovic JV, Hills RK, *et al.* Monitorização prospetiva da doença residual mínima para prever a recidiva da leucemia promielocítica aguda e a terapia direta preventiva com trióxido de arsénio. J Clin Oncol. 2009;27(22):3650-8.

**Grimwade D**, Walker H, Harrison G, Oliver F, Chatters S, *et al.* The predictive value of hierarchical cytogenetic classification in older adults with acute myeloid leukemias (AML): analysis of 1065 patients entered into the United Kingdom Medical Research Council AML1 1 trial. Blood. 2001;98:1312-1320.

**Grimwade D**. The clinical significance of cytogenetic abnormalities in acute myeloid leukaemia (O significado clínico das anomalias citogenéticas na leucemia mieloide aguda). Baillie're's Best Pract Res Clin Haematol. 2001;14:497-529.

**Grimwade D**. The pathogenesis of acute promyelocytic leukaemia: evaluation of the role of molecular diagnosis and monitoring in the management of the disease. Br J Haematol. 1999;106:591-613.

**Grimwade D**. O significado da doença residual mínima em doentes com t(15;17). Baillie're's Best Pract Res Clin Haematol. 2002;15:137-158.

**Grisolano JI**, Wesselschmidt RI, Pelicci PG e Ley TJ. Desenvolvimento mieloide alterado e leucemia aguda em ratinhos transgénicos que expressam PML-RAR alfa sob controlo de sequências reguladoras de catepsina G. Blood. 1997;89:376-387.

**Grotzinger T**, Sternsdorf T, Jensen K, Will H. Interferon- modulated expression of genes encoding the nuclear-dot-associated proteins Sp100 and promyelocytic leukemia protein (PML). Eur J Biochem. 1996;238:554.

**Guglielmi C**, Martelli MP, Diverio D, Fenu S, Vegna ML, *et al.* Imunofenótipo da leucemia promielocítica aguda do adulto e da criança: correlação com a morfologia, o tipo de ponto de quebra do gene PML e o resultado clínico. Um estudo cooperativo italiano sobre 196 casos. Br J Haematol. 1998;102:1035-1041.

**Guidez F**, Ivins S, Zhu J, Soderstrom M, *et al.* A redução da sensibilidade ao ácido retinóico da ligação do co-repressor do recetor nuclear a PML- e PLZF-RARalpha está na base da patogénese molecular e do tratamento da leucemia promielocítica aguda. Blood. 1998;91:2634-2642.

**Hakimian D**, Tallman MS, Zugerman C, Caro WA. Eritema nodoso associado ao ácido all-trans retinóico no tratamento da promielocitemia aguda. Leukemia. 1993;7(5):758-759.

**Han JY**, Kim KE, Kim KH, Park JI e Kim JS. Identificação do rearranjo PML-RARA por RT-PCR e sequenciação na leucemia promielocítica aguda sem t(15;17) na banda G e FISH. Leuk Res. 2007;31:239-243.

**Han Y**, Xue Y, Zhang J, Pan J,*et al.* Perda do cromossoma Y como única anomalia cariotípica com deleção submicroscópica de 3'RAR-alfa num caso de subtipo M3r de leucemia promielocítica aguda. Leuk Res. 2009;33:1433-1435.

**Hanna KA**, Mikkola e Stuart HO. The journey of developing hematopoietic stem cells. Development. 2006;133:3733-3744.

**Hannon GJ** and Beach D. p15INK4B is a potential effector of TGF-beta- induced cell cycle arrest. Nature. 1994;371:257-261.

**Hatake K**, Uwai M, Ohtsuki T, *et al.* Efeitos adversos raros mas importantes do ácido all-trans retinóico na leucemia promielocítica aguda e sua gestão. Int J Hematol. 1997;66(1):13-19.

**Hauksdottir H** e Privalsky ML. DNA recognition by the aberrant retinoic acid receptors implicated in human acute promyelocytic leukemia. Cell Growth Differ.

2001;12:85-98.

**Hayes RB**, Yin SN, Dosemeci M, *et al.* Benzeno e a incidência de neoplasias hematológicas relacionada com a dose na China: Grupo de Estudo do Benzeno do Instituto Nacional do Cancro. Jornal do Instituto Nacional do Cancro. 1997;89:1065-1071.

**He D**, Zeng C e Brinkley BR. Nuclear matrix proteins as structural and functional components of the mitotic apparatus (Proteínas da matriz nuclear como componentes estruturais e funcionais do aparelho mitótico). Int Rev Cytol. 1995;162B:1-74.

**HeL-Z**, Guidez F, Tribioli C, Peruzzi D, Ruthardt M, *et al.* Interações distintas de PML/RARα com co-repressores determinam respostas diferenciais ao AR em APL. Nat. Genet. 1998;18:126-135.

**Head D**, Kopecky KJ, Weick J, et al. Effect of aggressive daunomycin therapy on survival in acute promyelocytic leukemia. Blood. 1995;86(5):1717- 1728.

**Heather** GJ e Tessa LH. Uma comparação da biologia das células estaminais normais e leucémicas na leucemia mieloide crónica. Hematological Oncology. 2001;19:89-106.

**Henikoff S** e Matzke MA. Exploring and explaining epigenetic effects (Explorar e explicar os efeitos epigenéticos). Trends Genet. 1997;13:293-295.

**Herman JG**, Graff JR, Myohanen S, Nelkin BD, Baylin SB. Methylationspecific PCR: a novel PCR assay for methylation status of CpG islands. Proc Natl Acad Sci USA. 1996;93:9821-9826.

**Herman JG**, Jen J, Merlo A, Baylin SB. Hypermethylation-associated inactivation indicates a tumor suppressor role for p15INK4B. Cancer Res. 1996;56:722-727.

**Hernandez-Verdun D**, Derenzeni M e Bouteille M. A relação morfológica em microscopia eletrónica entre as proteínas NOR-prata e as proteínas intranucleares. Chromsoma. 1982;85:461-473.

**Heyman RA**, Mangelsdorf DJ, Dyck JA, Stein RB, Eichele G, *et al.* 9-Cis retinoic acid is a high affinity ligand for the retinoid X recetor. Cell. 1992;68:397-406.

**Higuchi R**, Dollinger G, Walsh PS, Griffith R. Amplificação e deteção simultâneas de sequências específicas de ADN. Boitechnology (NY). 1992;10:413-17.

**Higuchi R**, Fockler C, Dollinger G e Watson R. Kinetic PCR Analysis: monitorização em tempo real de reacções de amplificação de ADN. Biotechnology (NY). 1993;11:1026-1030.

**Hiorns LR**, Min T, Swansbury GJ, Zelent A, *et al.* Inserção intersticial do gene do recetor alfa do ácido retinóico na leucemia promielocítica aguda com cromossomas 15 e 17 normais. Blood. 1994;83:2946-2951.

**Hoemme C**, Peerzada A, Behre G,*et al.*Chromatin modifications induced by PML-RARα represses critical targets in leukemogenesis as analyzed by ChIP-Chip. 2008;2887-2895.

**Hoffbrand AV**, Moss PAH, Pettit JE (ed). "Essential Haematology" (Hematologia essencial). 5th Edition. Blackwell Publishing, Oxford. 2006; pg. 158.

**Hoffbrand AV**, Moss PAH, Pettit JE (ed). "Essential Haematology" (Hematologia essencial). 5th Edition. Blackwell Publishing, Oxford. 2006; pg. 167.

**Hoffbrand AV**, Moss PAH, Pettit JE (ed). "Essential Haematology" (Hematologia essencial). 5th Edition. Blackwell Publishing, Oxford. 2006; pg. 174.

**Hoffbrand AV**, Moss PAH, Pettit JE (ed). "Essential Haematology" (Hematologia essencial). 5th Edition. Blackwell Publishing, Oxford. 2006; pg. 188

**Hong SH**, David G, Wong CW, Dejean A e Privalsky ML. O corepressor SMRT interage com PLZF e com as oncoproteínas PML-recetor de ácido retinóico alfa

(RARalfa) e PLZF-RARalfa associadas à leucemia promielocítica aguda. Proc Natl Acad Sci USA. 1997;94:9028- 9033.

**Horlein AJ**, Naar AM, Heinzel T, Torchia J, Gloss B, *et al.* Ligandindependent repression by the thyroid hormone recetor mediatedby a nuclear recetor co-repressor. Nature. 1995;377:397.

**Horvai AE**, Xu L, Korzus E, Brard G, Kalafus D, *et al.* Integração nuclear da sinalização JAK/STAT e Ras/AP-1 por CBP e p300. Proc Natl Acad Sci USA. 1997;94:1074.

**Horwitz M.** The genetics of familial leukaemia (A genética da leucemia familiar). Leucemia. 1997;11:1347- 1359.

**Houlston RS**, Catovsky D, Yuille MR. Genetic susceptibility to chronic lymphocytic leukaemia. Leukemia. 2002;16:1008-1014.

**Housset M**, Daniel MT e Degos L. Pequenas doses de ARA-C no tratamento da leucemia mieloide aguda: diferenciação das células leucémicas mielóides? British Journal of Hematology. 1982;51:125- 129.

**Howard MR** e Hamilton PJ. Haematology: an illustrated colour text (Hematologia: um texto ilustrado a cores). 2nd Edition. Churchill Livingstone, Edimburgo. 2002.

**Hsu HL** e Yeh NH. Dynamic changes of NuMA during the cell cycle and possible appearance of a truncated form of NuMA during apoptosis J Cell Sci. 1996;109:277-288.

**Huang M**, Yu-Chen Y, Shu-Rong C, Jin-Ren C, Lu JX, *et al.* Utilização de ácido retinóico totalmente trans no tratamento da leucemia promielocítica aguda. Blood. 1988;72:567-572.

**Huang W**, Sun GL, Li XS, Cao Q, Lu Y, *et al.* Relevância clínica de duas isoformas principais de PML-RARα e deteção de doença residual mínima por retrotranscriptase/PCR para prever a recaída. Blood. 1993;82:1264-1269.

**Hummel JL**, Wells RA, Dube ID, Licht JD e Kamel-Reid S. Deregulation of NPM and PLZF in a variant t(5;17) case of acute promyelocytic leukemia. Oncogene. 1999;18:633-641.

**Hunter T** e Karin M. The regulation of transcription by phosphorylation (A regulação da transcrição por fosforilação). Cell. 1992;70:375.

**Huynh** KD, Fischle W, Verdin E e Bardwell VJ. BCoR, um novo corepressor envolvido na repressão de BCL-6. Genes Dev. 2000;14:1810- 1823.

**Issa JP**, Baylin SB, Herman JG. DNA methylation changes in hematologic malignancies: biologic and clinical implications. Leukemia. 1997;11:S7-S11.

**Ito K**, Bernardi R, Morotti A, *et al.* PML targeting eradicates quiescent leukemia-initiating cells. Nature. 2008;453:1072-1078.

**Ito K**, Carracedo A, Weiss D, Arai F, Ala U, *et al.* A PML-RAR-delta pathway for fatty acid oxidation regulates hematopoietic stem cell maintenance. Nat Med. 2012;18:1350-1358.

**Jablonka E** e Lamb MJ. The changing concept of epigenetics. Ann NY Acad Sci. 2002;981:82-96.

**Jâcomo RH**, Melo RA, Souto FR, et al. Caraterísticas clínicas e resultados de 134 brasileiros com leucemia promielocítica aguda que receberam ATRA e antraciclinas. Haematologica. 2007;92:1431-2.

**Jagdeo J**, Campbell R, Long T, Muglia J, *et al.* Paniculite lobular neutrofílica semelhante à síndrome de Sweet associada à quimioterapia com ácido all-trans-retinóico num doente com leucemia promielocítica aguda. J Am Acad Dermatol. 2007;56(4):690-693.

**Janknecht R** e Hunter T. Transcription: a growing coactivator network (Transcrição: uma rede crescente de coactivadores). Nature. 1996;383:22.

**Jansen JH**, Mahfoudi A, Rambaud S, Lavau C, *et al.* Complexos multiméricos da proteína de fusão PML-recetor de ácido retinóico alfa em células de leucemia promielocítica aguda e interferência com as vias de sinalização de retinóides e proliferadores de peroxissomas. Actas da Academia Nacional de Ciências dos EUA. 1995;92:7401-7405.

**Jemal A**, Thomas A, Murray T, Thun M. Estatísticas do cancro, 2002. CA Cancer J Clin. 2002;52:23-47.

**Jensen K**, _Shiels C e Freemont PS. Isoformas da proteína PML e o motivo RBCC/TRIM. Oncogene. 2001;20:7223-7233.

**Joseph T. Opferman**. Lifc and death durng hematopoietic differentiation (Vida e morte durante a diferenciação hematopoiética). Current Opinionin Immunology. 2007;19:497-502.

**Jul-Larsen A**, Grudic A, Bjerkvig R e Boe SO. Cell-cycle regulation and dynamics of cytoplasmic compartments containing the promyelocytic leukemia protein and nucleoporins. Journal of Cell Science. 2009;122:1201-1210.

**Jurcic JG**, Nimer SD, Scheinberg DA, DeBlasio T, *et al*. Significado prognóstico da deteção da doença residual mínima e do tipo de isoforma PML/RAR: acompanhamento a longo prazo da leucemia promielocítica aguda. Blood. 2001;98:2651-2656.

**Kakizuka A**, Miller Jr WH, Umesono K, Warrell RP, Frankel SR, *et al*. A translocação cromossómica t(15;17) na leucemia promielocítica aguda humana funde RAR alfa com um novo fator de transcrição putativo, PML. Cell. 1991;66:663-674.

**Kamashev D**, Vitoux D e DeThe H. PML-RARA-RXR oligomers mediate retinoid and rexinoid/cAMP cross-talk in acute promyelocytic leukemia cell differentiation. Journal of Experimental Medicine. 2004;199:1163-1174.

**Kamei Y**, Xu L, Heinzel T, Torchia J, Kurokawa R, *et al*.A CBP integrator complex mediates transcriptional activation and AP-1 inhibition by nuclear receptors. Cell. 1996;85:403.

**Kamitani T**, Kito K, Nguyen HP, Wada H, *et al*. Identificação de três sítios principais de sentinização na PML. J Biol Chem. 1998;273:26675.

**Kane EV**, Roman E, Cartwright R, *et al.* Tobacco and the risk of acute leukaemia in adults (O tabaco e o risco de leucemia aguda em adultos). British Journal of Cancer. 1999;81:1228-1233.

**Kane JR**, Head DR, Balazs L, Hulshof MG, Motroni TA, *et al.* Análise molecular do gene quimérico PML/RAR alfa na leucemia promielocítica aguda pediátrica. Leukemia. 1996;10:1296-1302.

**Kantarjian H**, Keating M e Walters R. Acute promyelocytic leukemia. MD Anderson Hospital Experience. American Journal of Medicine. 1986;80:789-797.

**Kaplan EL**, Meier P. Nonparametric estimation from incomplete observations (Estimativa não paramétrica de observações incompletas). J Am Stat Assoc 1958;53:457-81.

**Kastner P**, Leid M e Chambon P. The role of nuclear retinoic acid receptors in the regulation of gene expression. 1994;189-238.

**Kastner P**, Mark M e Chambon P. Non steroid nuclear receptors: what are genetic studies telling us about their role in real life? Cell. 1995;83:859-869.

**Kastner P**, Perez A, Lutz Y, *et al.* Estrutura, localização e propriedades transcricionais de duas classes de proteínas de fusão do recetor do ácido retinóico na leucemia promielocítica aguda (LPA): semelhanças estruturais com uma nova família de oncoproteínas. EMBO J. 1992;11:629.

**Kaufmann I**, Martin G, Friedlein A, Langen H e Keller W. Human Fip1 is a subunit of CPSF that binds to U-rich RNA elements and stimulates poly (A) polymerase. EMBO J. 2004;23:616-626.

**Keaveny M** e Stunnenberg HG. Retinoic acid receptors: In Inducible Gene Expression. BirkhaSeuser, Boston. 1995;2:187-242.

**Kim M**, Lim J, Kim Y, Han K, Lee DH, *et al.* A caraterização genética da leucemia promielocítica aguda com t(15;17) críptica, incluindo uma nova anomalia citogenética adicional recorrente i(17)(q10). Leucemia. 2008;22:881-883.

**Kim MJ**, Cho SY, Kim MH, *et al.* Rearranjo PML-RARA críptico negativo por FISH detectado por reação em cadeia da polimerase a longa distância e análises de sequenciação: um estudo de caso e revisão da literatura. Cancer Genet Cytogenet. 2010;203(2):278-283.

**Kinlen LJ**, Dixon M, Stiller CA. Leucemia infantil e linfoma não-Hodgkin perto de grandes estaleiros de construção rurais, com uma comparação com o estaleiro nuclear de Sellafield. British Medical Journal. 1995;10:763-768.

**Kizaki M**, Dawson MI, Heyman R, Elster E, Morosetti R, *et al.* Effects of novel retinoid X recetor-selective ligands on myeloid leukemia differentiation and proliferation in vitro. Blood. 1996;87:1977.

**Kizaki M**, Nakajima H, Mori S, Koike T, Morikawa M, *et al.*Novel retinoic acid, 9-cis retinoic acid, in combination with all-trans retinoic acid is an effective inducer of differentiation of retinoic acid-resistant HL-60 cells. Blood. 1994;83:3289.

**Kliewer SA**, Umesono K, Mangelsdorf DJ e Evans RM. Retinoid X recetor interage com receptores nucleares na sinalização do ácido retinóico, da hormona tiroideia e da vitamina D3. Cell. 1991;67:125I.

**Koken MH**, Puvion-Dutilleul F, Guillemin MC, *et al.* A translocação t(15;17) altera um corpo nuclear de forma reversível pelo ácido retinóico. The EMBO Journal. 1994;13:1073-1083.

**Kondo T**, Mori A, Darmanin S, Hashino S,*et al.* O sétimo gene de fusão patogénico FIP1L1-RARA foi isolado de uma leucemia promielocítica aguda t(4;17)-positiva. Haematologica. 2008;93:1414-1416.

**Kottaridis PD**, Gale RE, Frew ME, Harrison G, Langabeer SE, *et al.* A presença de uma duplicação interna em tandem FLT3 em doentes com leucemia mieloide aguda (LMA) acrescenta informação prognóstica importante ao grupo de risco citogenético e à resposta ao primeiro ciclo de quimioterapia: análise de 854 doentes dos ensaios AML 10 e 12 do Conselho de Investigação Médica do Reino Unido. Blood. 2001;98:1752-1759.

**Krust A**, Kastner P, Petkovich M, Zelent A e Chambon P. Um terceiro recetor de ácido retinóico humano, hRAR-γ. Proc Natl Acad Sci USA. 1989;86:5310-5314.

**Kurzrock R**, Estey E, Talpaz M. All-trans retinoic acid: tolerance and biologic effects in myelodysplastic syndrome. J Clin Oncol. 1993;11(8):1489-1495.

**Kwong YL**, Au WY, Chim CS, Pang A, *et al.* Remissões induzidas por trióxido de arsénio e idarubicina na leucemia promielocítica aguda recidivante: caraterísticas clínico-patológicas e moleculares de um estudo piloto. Am J Hematol. 2001;66:274-279.

**Lallemand-Breitenbach** e de The H. PML nuclear bodies. Cold Spring Harb Perspect Biol. 2010;2(5):a000661.

**Lanotte M**, Martin-Thouvenin V, Najman S, Ballerini P, Valensi F, *et al.* NB4, uma linha celular induzida pela maturação com marcador t(15;17) isolada de uma leucemia promielocítica aguda humana (M3). Blood. 1991;77:1080-1086.

**Larson RA**, Kondo K, Vardiman JW, Butler AE, *et al.* Evidência de uma translocação 15;17 em todos os doentes com leucemia promielocítica aguda. American Journal of Medicine. 1984;76:827-841.

**Larson RA**. "Etiologia e gestão da leucemia mieloide relacionada com a terapia". Hematologia Am Soc Hematol Educ Program. 2007;2007:453-9.

**Laura JR** e Christoph P. Alterações da metilação do ADN em doenças malignas hematológicas. Cancer Lett. 2002;185:1-12.

**Lazo G**, Kantarjian H, Estey E, *et al.* Utilização de trióxido de arsénio ($As_2O_3$) no tratamento de doentes com leucemia promielocítica aguda: a experiência do M.D. Anderson. Cancer. 2003;97 (9):2218-24.

**Lee JH**, Welch DR. Identificação dos genes altamente expressos em células híbridas de melanoma maligno humano com cromossoma 6 suprimido por metástases, utilizando hibridização subtractiva e visualização diferencial. Int J Cancer. 1997;71:1035-1044.

**Leid M**, Kastner P e Chambon P. Multiplicity generates diversity in the retinoic acid signalling pathways (A multiplicidade gera diversidade nas vias de sinalização do ácido retinóico). Trends Biochem Sci. 1992;17:427- 433.

**Leld M**, Kastner P, Lyons R, Nakshatri H, Saunders M, et *al*. Purificação, clonagem e identidade RXR do fator das células HcLa com o qual o RAR ou o TR se heterodimerizam para se ligarem eficazmente às sequências alvo. Cell. 1992;68:377.

**Lengfelder E**, Reichert A, Schoch C, *et al*. Estratégia de indução dupla que inclui uma dose elevada de citarabina em combinação com ácido all-trans retinóico: efeitos em doentes com leucemia promielocítica aguda recentemente diagnosticada. Leukemia. 2000;14(8):1362-70.

**Lengfelder E**, Saussele S, Haferlach T,*et al*. Os doentes com leucemia promielocítica aguda (LPA) têm de facto um bom prognóstico? Factores de risco de morte precoce e complicações na era do ácido trans-retinóico (ATRA): resultados do AMLCG. Onkologie 82. 2002;25:14:19.

**Leroy P**, Nakshatri H, Chambon P. Mouse retinoic acid recetor alpha 2 isoform is transcribed from a promoter that contains a retinoic acid response element. Proc Natl Acad Sci USA. 1991;88:10138-42.

**Levin AA**, Sturzenbecker LJ, Kazmer S, Bosakowski T, *et al*. O estereoisómero do ácido retinóico 9-cis liga-se e ativa o recetor nuclear RXRax. Nature. 1992;355:359-361.

**Li JY**, English MA, Ball HJ, Yeyati PL, *et al*. Sequence specific DNA binding and transcriptional regulation by the promyelocytic leukemia zinc finger protein. J Biol Chem. 1997a;272:22447-22455.

**Li X**, Peng H, Schultz DC, *et al*. Estudos de estrutura-função do domínio de repressão transcricional BTB/POZ da oncoproteína de dedo de zinco da leucemia promielocítica. Cancer Res. 1999;59:5275-5282.

**Li Y**, Busch R, Valdez B e Busch H. C23 interage com B23, uma proteína putativa de ligação a sinais de localização nucleolar. Eur J Biochem. 1996;237:153-158.

**Li YP**, Andersen J, Zelent A, Rao S, Paietta E, *et al.* RAR alphal/ RAR alpha2-PML mRNA expression in acute promyelocytic leukemia cells: a molecular and laboratory- clinical correlative study. Blood. 1997b;90:306-312.

**Li YP**, Andersen J, Zelent A, Rao S, Paietta E, *et al.* RAR 1/RAR 2-PML messenger RNA expression in acute promyelocytic leukemia cells - a molecular and laboratory clinical correlative study. Blood. 1997;90:306-312.

**Licht JD**, Chomienne C, Goy A, Chen A, Scott AA, *et al.* Caracterização clínica e molecular de uma síndrome rara de leucemia promielocítica aguda associada à translocação (11;17). Blood. 1995;85:1083- 1094.

**Licht JD**, Shaknovich R, English MA, Melnick A, *et al.* Propriedades de ligação ao ADN e de transcrição reduzidas e alteradas da quimera PLZF-recetor de ácido retinóico-α gerada na leucemia promielocítica aguda associada à t(11;17). Oncogene. 1996;12:323-336.

**Lin R,** Nagy L, Inoue S, Shao W, *et al.* Role of the histone deacetylase complex in acute promyelocytic leukemia. Nature. 1998;391:811-814.

**Lin RJ** e Evans RM. Aquisição de potencial oncogénico por quimeras RAR na leucemia promielocítica aguda através da formação de homodímeros. Mol Cell. 2000;5:821-830.

**Longo L**, Pandolfi P, Biondi A, Rambaldi A, Mencarelli A, *et al.* Rearranjo e expressão aberrante do gene do recetor a do ácido retinóico na leucemia promielocítica aguda. Journal of Experimental Medicine. 1990;172:1571-1575.

**Lovering R**, Hanson IM, Borden KLB, Martin S, *et al.* Identificação e caraterização preliminar de um motivo proteico relacionado com o dedo de zinco. Proc Natl Acad Sci USA. 1993;90:2112.

**Mallette FA**, Goumard S, Gaumont-Leclerc MF, Moiseeva O e Ferbeyre G. Human fibroblastsrequire the Rb family of tumor suppressors, but not p53, for PML- induced senescence. Oncogene. 2004;23:91-99.

**Mandelli F**, Diverio D, Avvisati G, et al., e Associazione Italiana di Ematologia ed Oncologia Pediatrica Cooperative Groups. Remissão molecular na leucemia promielocítica aguda PML/RARα-positiva por terapia combinada de ácido retinóico all-trans e idarrubicina (AIDA). Blood. 1997;90(3):1014- 1021.

**Mangelsdorf DJ**, Ong ES, Dyck JA e Evans RM. Nuclear recetor that identifies a novel retinoic acid response pathway. Nature. 1990;345:224-229.

**Mangelsdorf DJ** e Evans RM. Vitamin A receptors: new insights on retinoid control of transcription. Em Retinoids in Normal Development and Teratogenesis. Ed. G. Morriss-Kay. Oxford University Press. 1992;27-50.

**Mangelsdorf DJ** e Evans RM. Os heterodímeros RXR e os receptores órfãos. Cell. 1995;83:841-850.

**Mangelsdorf DJ**, Thummel C, Beato M, Herrlich P, Schutz C, *et al*. The nuclear recetor superfamily: the second decade. Cell. 1995;83:835- 839.

**Mangelsdorf DJ**, Urnesono K e Evans RM. The retinoid receptors. Em The Retinoids: Biology, Chemistry and Medicine. Raven Press, Nova Iorque. 1994;319-349.

**Marks MS**, Hallenbeck PL, Nagata T, Segars JH, Appella E, *et al*. A heterodimerização de H- 2RIIBP (RXRB) proporciona um mecanismo para a diversidade combinatória na regulação dos genes responsivos ao ácido retinoide e à hormona tiroideia. EMBO J. 1992;11:1419.

**Marty M**, Ganem G, Fisher J, Flandrin G, Berger R, *et al.* Leuce mie aigue ' ' promyelocytaire: e tude re trospective de 119 malades traite s par daunorubicine. Nouvelle Review d'Hematologie Francaise. 1984;26:371- 378.

**Mashood AS,** Ashish G, Sandeep K e Mohd G. A Retrospective Study of Acute Promyelocytic Leukemia (Estudo Retrospetivo da Leucemia Promielocítica

Aguda). Jornal de Farmácia IOSR. 2012;2:52-59.

**Maslak P**, Miller WH Jr, Heller G, *et al.* Expressão de CD2 e transcrições de PML/RARalpha na leucemia promielocítica aguda. Blood. 1993;81(6):1666.

**Matsuno N**, Hoshino K, Nanri T, Kawakita T, Suzushima H, *et al.* A expressão do mRNA do p15 detectada pela reação em cadeia da polimerase com transcriptase reversa quantitativa em tempo real está correlacionada com a densidade de metilação do gene na leucemia aguda do adulto. Leuk Res. 2005;29:557-564.

**Mattei MG**, Petkovich M, Mattei JF, Brand N e Chambon P. Mapping of the human retinoic acid recetor to the q21 band of chromosome 17. Human Genetics. 1988;80:186-188.

**McHale CM**, Wiemels JL, Zhang L, *et al.* Origem pré-natal de leucemias mielóides agudas infantis com rearranjos cromossómicos t(15;17) e inv(16). Blood. 2003;101:4640-4641.

**McKenna RW**, Parkin J, Bloomfield CD, Sundberg RD e Brunning RD. Acute promyelocytic leukemia: a study of 39 cases with identification of a hyperbasophilic microgranular variant. British Journal of Haematology. 1982;50:201-214.

**McKenna RW**. Multifaceted approach to the diagnosis and classification of acute leukemias (Abordagem multifacetada ao diagnóstico e classificação de leucemias agudas). Clin Chem. 2000;46:1252-1259.

**Mejia-Arangure JM**, Bonilla M, Lorenzana R, *et al.* Incidência de leucemias em crianças de El Salvador e da Cidade do México entre 1996 e 2000: dados de base populacional. BMC Cancer. 2005;5:33.

**Melnick A**, Carlile GW, McConnell MJ, Polinger A, *et al.* A proteína de fusão AML-1/ETO é um inibidor negativo dominante da repressão da transcrição pela proteína de dedo de zinco da leucemia promielocítica. Blood. 2000a;96:3939-3947.

**Melnick AM**, Westendorf JJ, Polinger A, Carlile GW, Arai S, *et al.* A proteína ETO interrompida na leucemia mieloide aguda associada à t(8;21) é um corepressor para a proteína de dedo de zinco da leucemia promielocítica. Mol Cell Biol. 2000b;20:2075-2086.

**MillerJr WH**, Levine K, DeBlasio A, Frankel SR, *et al.* Deteção de doença residual mínima na leucemia promielocítica aguda através de um ensaio de reação em cadeia da polimerase com transcrição reversa para o mRNA de fusão PML/RAR-alfa. Blood. 1993;82:1689-1694.

**Miller WH**, Kakizuka A, Frankel SR, Warrell RP, DeBlasio A, *et al.* A reação em cadeia da polimerase com transcrição inversa para o recetor do ácido retinóico rearranjado clarifica o diagnóstico e detecta a doença residual mínima na promielocitemia aguda. Proc Natl Acad Sci USA. 1992;89:2694-2698.

**Mistry AR**, Felix CA, Whitmarsh RJ, *et al.* DNA topoisomerase II in therapy-related acute promyelocytic leukemia. N Engl J Med. 2005;352:1529-1538.

**Mitterbauer A**, Mannhalter C, Ja ' ger U, Kalhs P, *et al.* Quantificação da doença residual mínima em doentes com leucemia promielocítica aguda (APL) por RT-PCR quantitativo em tempo real com sondas de hibridação fluorescentes específicas. Blood. 2000;94:313.

**Morosetti R**, Grignani F, Liberatore C, Pelicci PG, *et al.* Alterações pouco frequentes do gene RAR alfa em leucemias mielogénicas agudas, leucemias promielocíticas agudas resistentes ao ácido retinóico, síndromes mielodisplásicas e linhas celulares. Blood. 1996;87:4399.

**Morrison HL**, Wilkins K, Semenciw R. Herbicides and cancer (Herbicidas e cancro). Jornal do Instituto Nacional do Cancro. 1992;84:1866-1874.

**Mu ZM,** Le XF, Glassman AB, Chang KS. The biologic function of PML and its role in acute promyelocytic leukemia. Leuk Lymphoma. 1996;23:277.

**Muller S**, Matunis MJ, Dejean A. A conjugação com o modificador SUMO-1 relacionado com a ubiquitina regula a divisão do PML no núcleo. EMBO J.

1998;17:61.

**Mughal Tl**, Goldman JM, Mughal ST. Understanding leukemia lymphoma and myelomas (Compreender a leucemia, o linfoma e os mielomas). Grupo Taylor e Francis, Thomson. 2006;49-68.

**Mullis KB**, Faloona FA. Síntese específica de ADN *in vitro* através de uma reação em cadeia catalisada por polimerase. Methods Enzymol. 1987;155:335- 350.

**Murray CK**, Estey E, Paietta E, Howard RS, *et al.* CD56 expression in acute promyelocyticleukemia: a possibleindicator of poor treatment outcome? J Clin Oncol. 1999;17:293-297.

**Neame PB**, Soamboonsrup P, Leber B, et al. Morfologia da leucemia promielocítica aguda com evidência citogenética ou molecular para o diagnóstico: caraterização de variantes microgranulares adicionais. Am J Hematol. 1997;56(3):131-142

**Nagpal S**, Friant S, Nakshatri H e Chambon P. RARs e RXRs: evidência de duas funções de transactivação autónomas (AF-1 e AF-2) e heterodimerização in vivo. EMBO J. 1993;12:2349-2360.

**Nagpal S**,Saunders M, Kastner P, Durand B, *et al.* Contexto do promotor e especificidade dependente do elemento de resposta da ativação transcricional e funções moduladoras dos receptores de ácido retinóico. Cell. 1992;70:1007-1019.

**Napoli JL**. Regulation of the biosynthesis and catabolism of retinoids. FASEB J. 1996;10:993-1001.

**Nasr R**,Guillemin MC, Ferhi O, *et al.* Erradicação de células iniciadoras de leucemia promielocítica aguda através da degradação de PML-RARA. Nat Med. 2008;14(12):1333-1342.

Instituto **Nacional** de Excelência Clínica. Improving outcomes in haematological cancers: the manual (Melhorar os resultados nos cancros hematológicos: o manual). NICE, Londres. 2002.

**Neves H**, Ramos C, da Silva MG, Parreira A, Parreira L. A topografia nuclear dos genes ABL, BCR, PML e RARA: evidência de proximidade génica em fases específicas do ciclo celular e estádios de diferenciação hematopoiética. Blood. 1999;93:1197-1207.

**Niu C**, Yan H, Yu T, *et al.* Estudos sobre o tratamento da leucemia promielocítica aguda com trióxido de arsénio: indução de remissão, acompanhamento e monitorização molecular em 11 doentes com leucemia promielocítica aguda recém-diagnosticada e 47 doentes com leucemia promielocítica aguda recidivante. Blood. 1999;94 (10):3315-24.

**Nobori T**, Miura K, Wu DJ, Lois A, *et al.* Deleções do gene inibidor da quinase-4 dependente da ciclina em múltiplos cancros humanos. Nature. 1994;368:753-756.

**Numoto M,** Niwa O, Kaplan J, *et al.* O repressor transcricional 2F5 identifica um novo domínio conservado nas proteínas de dedo de zinco. Nucleic Acids Res. 1993;21:3767-3775.

**Olson O**, Orrick L, Jones C e Busch H. Fosforilação de proteínas nucleolares solúveis em ácido de células de ascite de hepatoma de novikoff in vivo. J Biol Chem 1974;249:2823-2827.

**Onodera M**, Kunisada T, Nishikawa S, Sakiyama Y,*et al.* Overexpression of retinoic acid recetor alpha suppressesmyeloid cell differentiation at the promyelocyte stage. Oncogene. 1995;11:1291.

**Pandolfi PP**, Alcalay M, Fagioli M, Zangrilli D, Mencarelli A, *et al.* A variabilidade genómica e o splicing alternativo geram múltiplas transcrições PML/RARα que codificam proteínas PML aberrantes e isoformas PML- RARα na leucemia promielocítica aguda. EMBO J. 1992;11:1397-1407.

**Pandolfi PP**, Grignani F, Alcalay M, Mencarelli A, Biondi A, *et al.* Estrutura e origem do cDNA da leucemia promielocítica aguda myl/RAR alfa e caraterização das suas propriedades de ligação aos retinóides e de transactivação. Oncogene.

1991;6:1285-1292.

**Park TS**, Kim JS, Song J,*et al.* Leucemia promielocítica aguda com inserção do exão 7a do PML e deleção parcial do exão 3 do RARA: uma nova variante transcrita relacionada com um curso agressivo e não detectada com a análise da reação em cadeia da polimerase em tempo real. Cancer Genet Cytogenet. 2009;188:103-107.

**Parker MC**. Steroid and related receptors. Curr Opin Cell Biol. 1993;5:499-504.

**Pazin M** e Kadonaga J. What's up and down with histone deacetylation and transcription? Cell. 1997;89:325.

**Pearson M**, Carbone R, Sebastiani C, Cioce M, Fagioli M,*et al.* PML regulates p53 acetylation and premature senescenceinduced by oncogenic Ras. Nature. 2000;406:207-210.

**Pedersen-Bjergaard J**. Insights into leukemogenesis from therapy-related leukemia. N Engl J Med. 2005;352:1591-1594.

**Pedersen-BJ** e Rowley JD. As aberrações cromossómicas equilibradas e desequilibradas das leucemias mielóides agudas podem desenvolver-se de formas diferentes e podem contribuir de forma diferente para a transformação maligna. Blood. 1994;83:2780-2787.

**Perez A**, Kastner P, Sethi S, Lutz Y, *et al.* PMLRAR homodimers: distinct DNA binding properties and heteromeric interactions with RXR. The EMBO Journal. 1993;12:3171-3182.

**Petkovich M,** Brand NJ, Krust A e Chambon P. A human retinoic acid recetor which belongs to the family of nuclear receptors. Nature. 1987;330:444-450.

**Petkovich M**. Regulation of gene expression by vitamin A: the role of nuclear retinoic acid receptors. Annu Rev Nutr. 1992;12:443-471.

**Pfah lM**. Interação recetor nuclear/AP-1. Endocr Rev. 1993;14:651.

**Pisciotta AV** e Schultz JE. Púrpura fibrinolítica na leucemia aguda. American

Journal of Medicine. 1955;19:824-828.

**Poirier O**, Chomienne C, Castaigne S, Degos L,*et al*. Dados farmacocinéticos sobre doses muito baixas de citarabina. Lancet.1986;327:1436-1437.

**Powell BL**. Efeito da consolidação com trióxido de arsénio ($As_2O_3$) na sobrevivência livre de eventos (EFS) e na sobrevivência global (OS) em doentes com leucemia promielocítica aguda (LPA) recentemente diagnosticada: North American Intergroup Protocol C9710. Proc Am Soc Clin Oncol. 2007;25:1S.

**Powell BL**, Moser B, Stock W, *et al*. O trióxido de arsénio melhora a sobrevivência global e sem eventos em adultos com leucemia promielocítica aguda: North American Leukemia Intergroup Study C9710. Blood. 2010;116:3751-7.

**Preisler HD**, Li B, Chen H, *et al*. P15INK4B gene methylation and expression in normal, myelodys- plastic, and acute myelogenous leukemia cells and in the marrow cells of curured lymphoma patients. Leukemia. 2001;10: 1589-1595.

**Pulsoni A**, Pagano L, Lo CF, *et al*. Caraterísticas clínico-biológicas e resultados da leucemia promielocítica aguda que ocorre como um segundo tumor: a experiência GIMEMA. Blood. 2002;100:1972-1976.

**Qiu HR**, Li JY, Miao KR, Wang R, *et al*. Um caso de leucemia promielocítica aguda com variante t(5;17) e trissomia 22. Zhonghua Yi Xue Yi Chuan Xue Za Zhi. 2008;25:430-433.

**Raff J**, Kellum R e Alberts B. O fator de transcrição GAGA de Drosophila está associado a regiões específicas da heterocromatina ao longo do ciclo celular. EMBO J. 1995;13:5977-5983.

**Raffoux E**, Rousselot P, Poupon J, *et al*. Combined treatmentwith arsenic trioxide and all-trans retinoic acid in patients with relapsed acute promyelocytic leukemia. J Clin Oncol. 2003;21(12):2326-34.

**Reddy BA**, Etkin LD, Freemont PS. Um novo domínio coiled-coil de dedo de zinco numa família de proteínas nucleares. TIBS. 1992;I7:344.

**Redner RL**, Chen JD, Rush EA, Li H e Pollock SL. A proteína de fusão da leucemia promielocítica aguda t(5;17) NPM-RARA interage com proteínas corepressoras e coactivadoras e apresenta propriedades transcricionais positivas e negativas. Blood. 2000;95:2683-2690.

**Redner RL**, Corey SJ, Rush EA. Differentiation of t(5;17) variant acute promyelocytic leukemias blasts by all-trans retinoic acid. Leukemia. 1997;11:1014-1016.

**Redner RL**, Rush EA, Faas S, Rudert WA e Corey SJ. A variante t(5;17) da leucemia promielocítica aguda exprime uma fusão nucleofosmina-recetor do ácido retinóico. Blood. 1996b;87:882-886.

**Redner RL**, Rush EA, Faas S, Rudert WA, Corey SJ. A variante t(5;17) da leucemia promielocítica aguda exprime uma fusão do recetor do ácido nucleofosmina-retinóico. Blood. 1996;87(3):882-886.

**Redner RL**. Variações sobre um tema: as translocações alternadas na LLA. Leukemia. 2002;16(10):1927-1932.

**Rego EM**, Kim HT, Ruiz-Argüelles GJ, et al. Melhoria dos resultados da leucemia promielocítica aguda (LPA) nos países em desenvolvimento através do trabalho em rede, resultados do Consórcio Internacional sobre LPA. Blood. 2013.

**Reineke EL**, Liu Y e Kao HH. A proteína da leucemia promielocítica controla a migração celular em resposta ao peróxido de hidrogénio e ao fator de crescimento semelhante à insulina-1. J Biol Chem. 2010;285:9485-9492.

**Reiter A**, Saussele S, Lengfelder E, Weisser A, Reichert A, *et al.* Evidência de um mecanismo de reparação de danos no ADN na origem da t(15;17) na leucemia promielocítica aguda (LPA). Blood. 2000;96:694.

**Renaud JP**, Rochel N, Ruff M, Vivat V, Chambon P, *et al.* Estrutura cristalina do domínio de ligação do ligando RAR-gama ligado ao ácido trans-retinóico. Nature. 1995;378:681.

**Rideout WM**, Coetzee GA, Olumi AF e Jones PA. 5- Metilcitosina como mutagénico endógeno nos genes do recetor LDL e p53 humanos. Science. 1990;249:1288-1290.

**RiesLAG HD**, Krapcho M, Mariotto A,*et al.* SEER Cancer Statistics Review, 1975-2003. Bethesda, MD: Instituto Nacional do Cancro. 2006.

**Risak E**. Die fibrinopenie. Diário de Notícias de Medicina Clínica. 1935;128:605-629.

**Robertson KA**, Emami B, Collins SJ. As células HL-60R resistentes ao ácido retinóico apresentam uma mutação pontual no domínio de ligação ao ligando do recetor do ácido retinóico que confere uma atividade negativa dominante. Blood. 1992;80:18-85.

**Robertson KA**, Emami B, Mueller L, Collins SJ. Multiple members of the retinoic acid recetor family are capable of mediating the granulocytic differentiation of HL-60 cells. Mol Cell Biol. 1992;12:37-43.

**Rosu-Myles M**, Taylor BJ, Wolff L. Loss of the tumor suppressor p15Ink4b enhances myeloid progenitor formation from common myeloid progenitors. Exp Hematol. 2007;35:394-406

**Roussel MF**. A família INK4 de inibidores do ciclo celular no cancro. Oncogene. 1999;18:5311- 5317.

**Rowe A**, Eager NSC e Brickwell PM. A member of the RXR nuclear recetor family is expressed in neural-crest-derived cells of the development chick peripheral nervous system. Development. 1991;111:771-777.

**Rowley JD**, Golomb HM, Dougherty C. 15/17 translocation, a consistent chromosomal change in acute promyelocytic leukaemia. Lancet. 1977;1(8010):549-550.

**Ruiz-Arguelles GJ**, Garces-Eisele J, Reyes-Nunez V,*et al.* Mais sobre hematologia geográfica: as regiões de cluster breakpoint do gene de fusão PML/ RARalpha em doentes mexicanos mestiços com leucemia promielocítica são diferentes das dos caucasianos. Leuc Lymphoma. 2004;45:1365-1368.

**Sachdeva MUS**, Verma N, Rana KS, Verma S. Philadelphia chromosome detection in chronic myeloid leukemia (Deteção do cromossoma Filadélfia na leucemia mieloide crónica). Deteção do cromossoma Filadélfia na leucemia mieloide crónica: Utility of Phytohemagglutinin- stimulated peripheral blood culture. Indian J Pathology and Microbiol. 2012;55: 196-201.

**Sainty D**, Liso V, Cantu-Rajnoldi A, *et al.* Um novo sistema de classificação morfológica para a leucemia promielocítica aguda distingue os casos com rearranjos PLZF-RARα subjacentes. Blood. 2000;96:1287-1296.

**Santamaria C**, Chillón MC, Fernândez C,*et al.* Utilização da quantificação do transcrito PML-RAR alfa para estratificar o risco de recaída em doentes com leucemia promielocítica aguda. Haematologica. 2007;92(3):315-22.

**Sanz M**, Martin G, Gonzalez M, *et al.* Tratamento adaptado ao risco da leucemia promielocítica aguda com ácido trans-retinóico e monoterapia com antraciclinas: um estudo multicêntrico do grupo PETHEMA. Blood. 2004;103(4):1237-43.

**Sanz M**, Matinez JA, Barragan E,*et al.* All-trans retinoic acid and low-dose chemotherapy for acute promyelocytic leukemia. Br J Haematol 2000;109(4):896-97.

**Sanz MA**, Grimwade D, Tallman M, *et al.* Management of acute promyelocyticleukemia: recommendations from an expert on behalf of the European Leukemia Net. Blood. 2009;113:1875-1891.

**Sanz MA** e Lo-Coco F. Modern approaches to treating acute promyelocytic leukemia. J Clin Oncol. 2011;29(5):495-503.

**Sanz MA**, Lo-Coco F, Martin G,*et al.* Definitionof relapse risk and role of non-anthracycline drugs for consolidation in patients with acute promyelocytic leukemia: a joint study of the PETHEMA and GIMEMA cooperative groups. Blood. 2000;96:1247-1252.

**Sanz MA**, Martin G, Gonzalez M, *et al.* Tratamento adaptado ao risco da leucemia promielocítica aguda com ácido all-trans-retinóico e monoterapia com antraciclinas: um estudo multicêntrico do grupo PETHEMA. Blood. 2004;103(4):1237-1243.

**Sanz MA**, Montesinos P, Rayón C, et al., Grupos PETHEMA e HOVON. Tratamento adaptado ao risco da leucemia promielocítica aguda baseado no ácido trans-retinóico e na antraciclina com adição de citarabina na terapia de consolidação para doentes de alto risco: novas melhorias no resultado do tratamento. Blood. 2010;115:5137-46.

**Sanz MA**, Tallman MS, Lo-Coco F. Tricks of the trade for the appropriate management of acute promyelocyticleukemia. Blood. 2005;105(8):3019-25.

**Saredi A**, Howard L e Compton DA. NuMA reúne-se numa estrutura filamentosa extensa quando expressa no citoplasma da célula. J Cell Sci. 1996;109:619-630.

**Schaffer LG**, Slovak ML, Campbell U. ISCN 2009: um sistema internacional para a nomenclatura citogenética humana. Basileia: Karger. 2009.

**Schwaller J**, Pabst T, Koeffler HP, Niklaus G, *et al.* Expressão e regulação dos inibidores do ciclo celular G1 (p16INK4A, p15INK4B, p18INK4C, p19INK4D) na leucemia mieloide aguda humana e nas células mielóides normais. Leukemia. 1997;11:54-63.

**Shaft D**, Shtalrid M, BerebiA, *et al.* Caraterísticas ultra-estruturais e teor de lisozima na leucemia promielocítica aguda do tipo hipergranular e variante. Br J Haematol. 1998;103(3):729-739

**ShenZ-X**, Chen G-Q, Ni J-H, *et al.* Utilização de trióxido de arsénio ($As_2O_3$) no tratamento da leucemia promielocítica aguda (LPA): II. Eficácia clínica e farmacocinética em doentes com recidiva. Blood. 1997;89(9):3354-89

**Shen ZX**, Shi ZZ, Fang J, et al. A combinação de ácido trans-retinóico/As2O3 produz uma remissão de alta qualidade e sobrevivência na leucemia promielocítica aguda recentemente diagnosticada. Proc Natl Acad Sci U S A. 2004;101(15):5328-5335.

**Sherr CJ** e Roberts JM. Inibidores das cinases dependentes de ciclinas G1 de mamíferos. Genes Dev. 1995;9:1149-1163.

**Sherr CJ** e Roberts JM. CDK inhibitors: positive and negative regulators of G1-phase progression (Inibidores da CDK: reguladores positivos e negativos da progressão da fase G1). Genes Dev. 1999;13:1501-1512.

**Shigeno K**, Naito K, Sahara N,*et al.* Terapia com trióxido de arsénio em doentes japoneses recidivantes ou refractários com leucemia promielocítica aguda: resultados actualizados do estudo de fase II e terapias pós-remissão. Int J Hematol. 2005;82(3):224-9.

**Shimamoto T**, Ohyashiki JH, Ohyashiki K. A metilação dos genes p15 (INK4b) e E-caderina está independentemente correlacionada com um mau prognóstico na leucemia mieloide aguda. Leuk Res. 2005;29:653-659.

**Slack JL**, Arthur DC, Lawrence D, Mrozek K, *et al.* Secondary cytogenetic changes in acute promyelocytic leukemia - prognostic importance in patients treated with chemotherapy alone and association with the intron 3 breakpoint of the PML gene: a Cancer and Leukemia Group B study. J Clin Oncol. 1997;15:1786-1795.

**Slack JL**, Bi W, Livak KJ, Beaubier N, *et al.* Validação pré-clínica de um novo ensaio altamente sensível para detetar PML-RAR mRNA utilizando a reação em cadeia da polimerase com transcrição inversa em tempo real. J Mol Diagn. 2001;3:141-149.

**Slack JL**, Yu M. Constitutiveexpression of the promyelocytic leukemias associated oncogene PML-RAR in TF1 cells: isoform specific and retinoic acid-dependent effects on growth, bcl-2 expression and apoptosis. Blood. 1998;91:3347-3356.

**Smith WC**, Nakshatri H, Leroy P, Rees J, Chambon P. Um elemento de resposta ao ácido retinóico está presente no promotor da proteína I de ligação ao retinol celular do rato (mCRBPI). EMBO J. 1991;102223.

**So CW**, Dong S, So CK, Cheng GX, *et al.* O impacto da ligação diferencial das proteínas de fusão RARalpha de tipo selvagem, PML-, PLZF- e NPM-RARalpha ao coactivador de transcrição, RIP-140, nas respostas ao ácido retinóico na leucemia promielocítica aguda. Leukemia. 2000;14:77-83.

**Soignet SL**, Maslak P, Wang ZG, Jhanwah S, Calleja E, *et al.* Remissão completa após tratamento de leucemia promielocítica aguda com trióxido de arsénio. New England Journal of Medicine. 1998;339:1341-1348.

**Solomon DA**, Kim JS, Jean W, Waldman T. Conspiradores num crime capital: co-eliminação de p18INK4c e p16INK4a/p14ARF/p15INK4b no glioblastoma multiforme. Cancer Res. 2008;68:8657-8660.

**Solomon DA**, Kim JS, Jenkins S, Ressom H, Huang M, *et al.* Identificação do p18 INK4c como um gene supressor de tumores no glioblastoma multiforme. Cancer Res. 2008;68:2564-2569.

**Sparks CA**, Bangs PL, McNeil GP, Lawrence JB e Fey EG. Atribuição do gene NuMA da proteína do aparelho mitótico nuclear ao cromossoma humano 11q13. Genomics. 1993;17:222-224.

**Spurbeck JL**, Zinsmeister AR, Meyer KJ, *et al.* Dynamics of chromosome spreading. Am J Med Genet. 1996;61:387-93.

**Sternsdorf T**, Jensen K, Will H. Evidence for covalent modification of the nuclear dot-associated proteins PML and Sp100 by PIC1/ SUMO-1. J Cell Biol. 1997;139:1621.

**Stone RM** e Mayer RJ. The unique aspects of acute promyelocytic leukemia. J Clin Oncol. 1990; 8(11):1913-21.

**StormorkenH**. Púrpura fibrinolítica associada a um caso de leucemia mielogénica. Tidsskrift for Den Norske Laegeforening. 1956;76:754- 756.

**Stuart HO** e Leonard IZ. Hematopoiese: Um paradigma em evolução para a biologia das células estaminais. Cell. 2008;132:631-644.

**Subramaniyam S,** Nandula SV, Nicholas G, Weiner M, et al. As deleções do gene de fusão RARA/ PML conferem resistência à terapia baseada em ATRA em doentes com leucemia promielocítica aguda?

**Takatsuki H,** Sadamura S, Umemura T, *et al.*O gene de fusão PML/RARa é expresso em colónias granulóides/macrófagos e eritróides na leucemia promielocítica aguda. Br J Haematol 1993;85: 477-482.

**Tallman MS**, Nabham C, Feusner JH e Rowe JM. Acute Promyelocytic Leukemia: evolving therapeutic strategies (Leucemia Promielocítica Aguda: estratégias terapêuticas em evolução). Blood. 2002;99:759-767.

**Tallman MS**. Treatment of relapsed or refractory acute promyelocytic leukemia. Best Pract Res Clin Haematol. 2007;20:57-65.

**Tang TK**, Tang CJ, Chao YJ e Wu CW. Nuclear mitotic apparatus protein (NuMA): spindle association, nuclear targeting and differential subcellular localization of various NuMA isoforms J Cell Sci. 1994;107:1389-1402.

**Tang TK**, Tang CJ, Chen YL e Wu CW. Proteínas nucleares do epitélio esofágico bovino: II. O gene NuMA dá origem a múltiplos mRNAs e produtos genéticos reactivos com o antibiótico monoclonal W1. J Cell Sci. 1993;104:249-260.

**Tannishtha R,** Sean JM, Michael FC e Irving LW.Stem Cells, cancer and cancer stem cells. Nature. 2001;414:105-111.

**Tanzeela K**, Bashir AG, Akbar M, Jeelani S, *et al.* Relação entre o gene IRF-1 e a leucemia mielocítica aguda na população de Caxemira. Asian Pacific Journal of Cancer Prevention. 2011;12:1035-1039.

**Tashiro S**, Kotomura N, Tanaka K, Suzuki K, *et al.* Identificação do ponto quente de recombinação ilegítima do gene do recetor alfa do ácido retinóico envolvido na translocação cromossómica 15;17 da leucemia promielocítica aguda. Oncogene. 1994;9:1939-1945.

**Tchinda J**, Volpert S, Liersch R, Zuhlsdorf M, *et al.* Uma inserção críptica (17;15) em ambos os cromossomas 17 com ausência de expressão de PML-RARA num caso de leucemia promielocítica aguda típica. Leukemia. 2004;18:183-186.

**Teofili L**, Martini M, Di Mario A, Rutella S,*et al.* Expressão do gene p15 (ink4b) durante a diferenciação megacariocítica de progenitores hematopoiéticos normais e mielodisplásicos. Blood. 2001;98:495-497.

**Teofili L**, Martini M, Luongo M, Diverio D, Capelli G, *et al.* Hypermethylation of GpG islands in the promoter region of p15INK4b in acute promyelocytic leukemia represses p15INK4b expression and correlates with poor prognosis. Leukemia. 2003;17:919-924.

**Teofili L**, Rutella S, Chiusolo P, *et al.* Expressão de p15INK4B na hematopoiese normal. Exp Hematol. 1998;26:1133-1139.

**Thepot SG**, Chevret S, De Botton S, *et al.* Impacto da duração do ATRA durante o tratamento de indução de APL recentemente diagnosticado. Blood. 2008;112:139.

**Thirman MJ** e Larson RA. Therapy related myeloid leukemia. Hematol Oncol Clin North Am. 1996;10:293-320.

**Thullberg M**, Bartkova J, Khan S, Hansen K, *et al.*Propriedades distintas e redundantes entre os membros da família INK4 de inibidores da quinase dependente da ciclina. FEBS Lett. 2000;470:161-166.

**Tien HF**, Tang JH, Tsay W, Liu MC, *et al.* Metilação do gene p15(INK4B) na síndrome mielodisplásica: pode ser detectada no início do diagnóstico ou durante a progressão da doença e está altamente associada à transformação leucémica. Br J Haematol. 2001;112:148-154.

**Tong JH,** Dong S, Geng JP, et al. Os arranjos moleculares do gene myl na leucemia promielocítica aguda (APL M3) definem uma região de agrupamento de pontos de rutura, bem como algumas variantes moleculares. Oncogene. 1992;7:311-316

**Trivedi PJ.** Role of cytogenetic studies in acute myeloid leukemia (Papel dos estudos citogenéticos na leucemia mieloide aguda). 2010

**Trost D**, Hildebrandt B, Beier M, *et al.*Molecular cytogenetic profiling of complex karyotypes in primary myelodysplastic syndromes and acute myeloid leukemia. Cancer Genet Cytogenet. 2006;165:51-63.

**Tsai MJ** e O'Malley BW. Mecanismos moleculares de ação dos membros da superfamília de receptores esteróides/tiroideus. Annu Rev Biochem. 1994;63:451-486.

**Tsai S** e Collins SJ. A dominant negative retinoic acid receptorblocks neutrophildifferentiation at the promyelocyte stage. Proc Natl Acad Sci USA. 1993;90:7153.

**Tsai S**, Bartelmez S, Heyman R, *et al.* Uma mutação do recetor de ácido retinóico alfa com atividade dominante-negativa altera o desenvolvimento da linhagem de uma linha de células hematopoiéticas multipotentes. Genes Dev. 1992;6:2258.

**Tsellou E**, Troungos C, Moschovi M, *et al.* Hipermetilação das ilhas CpG na região promotora do gene p15INK4B na leucemia aguda da infância. Eur J Cancer. 2005;41:584-589.

**Umesono K**, Murakami KK, Thompson CC, *et al.* Diret repeats as selective response elements for the thyroid hormone, retinoic acid and vitamin D3 receptors. Cell. 1991;65:1255.

**Vahdat L**, Maslak P, Miller WH, Eardley A, Heller G, *et al.* Early mortality and the retinoic acid syndrome in acute promyelocytic leukemia: impact of leukoscytosis, low- dose chemotherapy, PML- RAR- isoform, and CD13 expression in patients treated with All-trans retinoic acid. Blood. 1994;84:3843-3849.

**Van Dongen JJM**, Macintyre EA, Gabert JA, Delabesse E, Rossi V, *et al.* Standardized RT-PCR analysis of fusion gene transcripts from chromosome aberrations in acute leukemia for detection of minimal residual disease. Leukemia. 1999;13:1901-1928.

**VanSpeybroeck L**. From epigenesis to epigenetics: the case of C.H. Waddington. Ann N Y Acad Sci. 2002;981:61-81.

**Vardiman JW**, Harris NL, Brunning RD. A classificação das neoplasias mielóides da Organização Mundial de Saúde (OMS). Blood. 2002;100:2292-2302.

**Verma RS**, Babu A. Human chromosomes: manual of basic techniques. US, Pergam on Press. 1989;45-52.

**Villa R**, Pasini D, Gutierrez A, *et al*. Role of the polycomb repressive complex 2 in acute promyelocytic leukemia. Cancer Cell. 2007;11:513- 525.

**Villeneuve L**, Gisbert E, Zambonino-Infante JL, Quazuguel P, Cahu CL. Efeito da natureza dos lípidos da dieta na morfogénese do robalo: implicação dos receptores de retinóides. Br J Nutr. 2005;94:877-884.

**Visani G**, Buonamici S, Malagola M, Isidori A, *et al*. ATRA pulsado como terapia única restaura a remissão a longo prazo em doentes com leucemia promielocítica aguda PML-RAR positiva: quantificação em tempo real da doença residual mínima: um estudo piloto. Leukemia. 2000;15:1696-1700.

**Vivanco-Ruiz M**, Bugge TH, Hirschmann P, Stunnenberg HG. Functional characterisation of natural retinoic acid responsive elements. EMBO J. 1991;10:3829.

**Wang Y**, Fang M, Jing Y, Li J e Jiang F. Derivado (7) t(7;8): A única anomalia do cariótipo na leucemia promielocítica aguda com rearranjo PML/RARA identificado por RT-PCR e análise da sequência. Leuk Res. 2009;33:e55-58.

**Wang ZG**, Ruggero D, Ronchetti S, Zhong S, Gaboli M, *et al*. PML is essential for multipleapoptotic pathways. Nat Genet. 1998;20:266-272.

**Wang ZY** e Chen Z. Acute promyelocytic leukemia: from highly fatal to highly curble. Blood. 2008;111(5):2505-2515.

**Wani MA,** Jan FA, Khan NA, Pandita KK, *et al*. Tendências do cancro na Caxemira; tipos comuns, incidência local e perfis demográficos: Registo Nacional do Cancro 2000-2012. Jornal indiano do cancro. 2014;51(2): 133-137.

**Warrell RP Jr**, de Thé H, Wang ZY, Degos L. Acute promyelocytic leukemia. N Engl J Med. 1993;329 (3):177-89.

**Warrell RP**, Frankel SR, Miller WH, Scheinberg DA, *et al.* Terapia de diferenciação da leucemia promielocítica aguda com tretinoína (ácido retinóico totalmente trans). NewEngland Journal of Medicine. 1991;324:1385-1393.

**Wei MC**, Dahl GV, Weinstein HJ. Acute Myeloid Leukemia in Children (Leucemia Mieloide Aguda em Crianças). Hoffman: Hematologia: Basic Principles and Practice. 5th Edition. Capítulo 62. 2008.

**Weinberg RA.** Genes supressores de tumores. Science. 1991;254:1138-46

**Weis K**, Rambaud S, Lavau C, Jansen J, Carvalho T, *et al.* O ácido retinóico regula a localização nuclear aberrante de PML-RAR alfa em células de leucemia promielocítica aguda. Cell. 1994;(76):345-356.

**Welch JS**, Westervelt P, Ding L, *et al.* Utilização da sequenciação do genoma completo para diagnosticar um oncogene de fusão críptico. JAMA. 2011;305(15):1577-1584.

**Wells RA**,Catzavelos C, Kamel-Reid S.Fusion of retinoic acid recetor toNUMA, the nuclear mitotic apparatus protein, by a variant translocation in acute promyelocytic leukaemia. Nature Genet. 1997;17:109-113.

**Wells RA**, Hummel JL, De Koven A, Zipursky A, Kirby M, *et al.* Uma nova variante de translocação na leucemia promielocítica aguda: caraterização molecular e correlação clínica. Leukemia. 1996;10:735-740.

**Wiley JS**, Dao-Ung LP e Gu BJ. Uma mutação polimórfica de perda de função no gene do recetor p2x7 e leucemia linfocítica crónica: um estudo molecular. Lancet. 2002;359:1114-1119.

**Wong IH**, Ng MH, Huang DP, *et al.* Aberrant p15 promoter methylation in adult and childhood acute leukemias of nearly all morphologic subtypes: potential prognostic implications. Blood. 2000;95:1942-1949.

Organização **Mundial** de Saúde. Tumores dos tecidos hemopoiéticos e linfóides. Lyon: IARC Press. 2008.

**Yamamoto JF** e Goodman MT. Patterns of leukemia incidence in the United States by subtype and demographic characteristics (Padrões de incidência de leucemia nos Estados Unidos por subtipo e caraterísticas demográficas), 1997-2002. Cancer causes and control. 2008;379-390.

**Yamamoto Y**, Tsuzuki S, Tsuzuki M, Handa K, *et al.* BCOR como novo parceiro de fusão do recetor alfa do ácido retinóico numa variante t(X; 17)(p11;q12) da leucemia promielocítica aguda. Blood. 2010;116:4274-4283.

**Yamanouchi J**, Hato T, Niiya T, *et al.* Uma nova variante de quatro vias t(5;17;15;20) (q33;q12;q22;q11.2) na leucemia promielocítica aguda. Int J Hematol. 2011;94(4):395-388.

**Yeyati PL**, Shaknovich R, Boterashvili S, *et al.* Leukemia translocation protein PLZF inhibits cell growth and expression of cyclin A. Oncogene. 1999;18:925-934.

**Yoshida H**, Naoe T, Fukutani H, Kiyoi H, *et al.* Análise das sequências de junção da translocação t(15;17) na leucemia promielocítica aguda humana: recombinação não específica da sequência entre os genes PML e RARA em troços curtos idênticos. Genes Chrom Cancer. 1995;12:37-44.

**Yu VC**, Delsert C, Andersen B, Holloway JM, Devary OV, *et al.* RXRβ: um coregulador que aumenta a ligação dos receptores do ácido retinóico, da hormona tiroideia e da vitamina D aos seus elementos de resposta cognatos. Cell. 1991;67:1251-1266.

**Yuan C**, Selby TL, Li J, Byeon IJ, Tsai M.D. Tumor suppressor INK4: refinamento da estrutura de p16INK4A e determinação da estrutura de p15INK4B por modelação comparativa e dados NMR. Protein Sci. 2000;9:1120-1128.

**Zeisig BB**, Kwok C, Zelent A, Shankaranarayanan P, *et al.*Recruitment of RXR by homotetrameric RARalpha fusion proteins is essential for transformation.

Cancer Cell. 2007;12:36-51.

**Zelent A**, Guidez F, Melnick A, Waxman S e Licht JD. Translocações do gene RARalpha na leucemia promielocítica aguda. Oncogene. 2001;20:7186-7203.

**Zelent A**, Zhu J, Lanotte M, Gallagher R, Waxman S, *et al.* Differential expression of retinoid receptors during multilineage differentiation of haemopoietic progentior cells-role of the RAR 2 isoform in normal granulopoiesis and leukemia. Blood. 1997;90:97.

**Zhang XK**, Hoffmann B, Tran PBV, Graupner G, Pfahl M. Retinoid X recetor is an auxiliary protein for thyroid hormone and retinoic acid receptors. Nature. 1992;355:441.

**Zhu J**, Guo WM, Yao YY, Zhao WL, *et al.* Os factores tecidulares na leucemia promielocítica aguda e nas células endoteliais são regulados de forma diferente pelo ácido retinóico, trióxido de arsénio e agentes quimioterapêuticos. Leukemia. 1999;13:1062-1070.

**Zhu J**, Nasr R, Peres L, *et al.* O RXR é um componente essencial do complexo oncogénico PML/RARA in vivo. Cancer Cell. 2007;12:23-35.

**Zhu J**, Zhou J, Peres L, Riaucoux F, Honore N, *et al.* Um local de sumoilação em PML/RARA é essencial para a transformação leucémica. Cancer Cell. 2005;7:143-153.

**Zhu M**, John S, Berg M e Leonard WJ. Associação funcional de Nmi com Stat5 e Stat1 na sinalização mediada por IL-2 e IFNgamma. Cell. 1999; 96:121-130.

# Apêndice-1

| Material/Reagentes | Fonte |
|---|---|
| Agarose | Pronastar |
| Acetato de amónio | Lobachemie |
| Azul de bromofenol | Hi-Media |
| kit de cDNA | Maxima, Thermoscientific |
| Clorofórmio | Lobachemie |
| Colchicina | Lobachemie |
| Diethyl-Pyrocarbonate (DEPC) | Amresco |
| EDTA dissódico | Lobachemie |
| Hidrogenofosfato dissódico | Merck |
| dNTPs | Cinnogen Co |
| Etanol | Emsure, Merck |
| Brometo de etídio | Locaquimia |
| FBS | Cellclone (Genetix Biotech) |
| Ficoll | Diagnóstico Sigma |
| Coloração de Giemsa | Merck |
| Ácido acético glacial | Emplura, Merck |
| Vacutainer de heparina verde | BD/Labtech |
| Isopropanol (álcool isopropílico) | Merck |
| KCl | Titan Biotech/Lobachemie |
| Vacutainer EDTA lavanda | BD/Labtech |
| Metanol | Lobachemie |
| Kit de metilação | Zimogénio |
| Oligos (Primers) | Eurofins Genomics |
| PHA | Gibco |
| Fenol | Merck |
| Di-hidrogenofosfato de potássio | Merck |
| Química TaqMan (kit) | Diagnóstico do genoma |
| Enzimas de restrição | Termocientífico |
| Meio RPMI-1640 | Cellclone (Genetix Biotech) |
| Acetato de sódio | Molychem |
| *Taq* Polimerase | Invitrogénio |
| Tris-HCl | Sigma |
| Trizol | Amresco |
| Tripsina | Hi-Media |

# Apêndice-2

## 1. Tampão Tris 1M

Base Tris121 ,14 g

Água triplamente destilada800 ml

A solução foi agitada vigorosamente num agitador magnético para dissolver o conteúdo e o pH da solução foi ajustado para 8,0 pela adição de 42 ml de HCl concentrado. O volume da solução foi completado até 1 litro com água destilada tripla. O tampão foi esterilizado vigorosamente por autoclavagem e armazenado à temperatura ambiente.

## 2. 0,5 M $Na_2EDTA$ (pH 8,0)

Na2EDTA186 .12g

NaOH~10 g

Água triplamente destilada800 ml

A solução foi agitada vigorosamente num agitador magnético para dissolver o conteúdo. O pH da solução foi ajustado para 8,0 pela adição de pastilhas de NaOH. O volume da solução foi completado até 1 litro com água destilada tripla. O tampão foi esterilizado por autoclavagem e armazenado à temperatura ambiente.

## 3. Tampão de lise (SANGUE)

1M NH4Cl15 ,5ml

1M $KHCO_3$ 1ml

0,5 M Na2EDTA20µl

Água triplamente destilada80ml

O volume da solução foi aumentado para 100 ml com água destilada tripla.

## 4. Solução salina com EDTA (SE BUFFER)

| | |
|---|---|
| 5 mM | NaCl3ml |
| 0,5 M | Na2EDTA8ml |
| Água triplamente | destilada80ml |

O volume da solução foi aumentado para 100 ml com água destilada tripla.

## 5. Proteinase K (10 mg/ml)

10 mg de proteinase K foram dissolvidos em 1 ml de água destilada e armazenados a -20° C em alíquotas de 1 ml cada.

## 6. Fenol trissaturado

Dissolveram-se 500 g de fenol em 500 ml de Tris 0,5M (pH 8,0) e adicionou-se 8-hidroxiquinolina até uma concentração final de 0,1 %, agitando-se num agitador magnético durante 15 minutos. Deixou-se separar as fases e retirou-se a fase aquosa superior. O procedimento foi repetido três vezes com Tris 0,1M (pH 8,0). Em seguida, adicionou-se um volume igual de Tris 100 mM (pH 8,0) e agitou-se para emulsionar, deixou-se separar as fases e retirou-se a fase aquosa superior. O procedimento acima descrito foi repetido com 1X TE até o pH da fase aquosa superior ser inferior a pH 7,2. O fenol foi armazenado a 4°C num frasco escuro.

## 7. Mistura de fenol:clorofórmio:álcool isoamílico

Fenol: Clorofórmio: O reagente de álcool isoamílico (25:24:1) foi preparado misturando 25 volumes de fenol saturado em Tris, 24 volumes de clorofórmio e 1 volume de álcool isoamílico. A solução foi armazenada a 4°C num frasco escuro.

## 8. 3M Acetato de sódio (pH 5,2)

| | |
|---|---|
| Acetato de sódio.3H2O408 | ,1 g |
| Água triplamente destilada800 | ml |

A solução foi agitada num agitador magnético para dissolver o conteúdo. O pH da solução foi ajustado para 5,2 com ácido acético glacial e o volume final foi completado para 1 litro. A solução foi esterilizada por autoclavagem e armazenada a 4°C.

## 9. Tampão de armazenamento de ADN

1 M Tris1ml

0,5 M Na2EDTA 0,02 ml

Água triplamente destilada80 ml

O volume da solução foi aumentado para 100 ml com água destilada tripla. A solução foi esterilizada por autoclavagem e armazenada à temperatura ambiente.

## 10. 50 X TAE (Ph 8.0)

Base Tris242 g

0,5 M Na2EDTA 100 ml

Ácido acético glacial57 ,1 ml

Água triplamente destilada500 ml

O volume da solução foi completado até 1 litro com água destilada tripla. A solução foi esterilizada por autoclavagem e armazenada à temperatura ambiente.

## 11. 1X TAE (Ph. 8.0)

50X TAE20 ml

Água triplamente destilada980 ml

## 12. Brometo de etídio

Preparou-se 10 mg/ml de brometo de etídio dissolvendo 0,1 g de brometo de etídio em 10 ml de água destilada. A solução foi armazenada num frasco escuro a 4°C.

## 13. Tampão de carregamento de gel 6X

O azul de bromofenol foi dissolvido até uma concentração final de 0,25% numa solução de sacarose a 40% em água destilada e armazenado a 4°C.

## 14. 10X PBS (Ph.7.4)

| | |
|---|---|
| NaCl80 | g |
| KCl2 | g |
| Na2HPO4 | 14.4 g |
| KH2PO4 | 2.4 g |

O pH foi ajustado para 7,4 e o volume final foi completado para 1L com água triplamente destilada e esterilizado por autoclave.

## 15. 5 M Acetato de amónio

| | |
|---|---|
| Acetato de amónio35 | g |
| Água triplamente destilada70 | ml |

O volume final foi completado para 100 ml com água destilada tripla e esterilizado através de filtros de 0,22µ.

## 16. RPMI-1640 1X (líquido)

| | |
|---|---|
| RPMI 1640 | 1X |
| L-Glutamina | 2,05mM/500ml |

A mistura pronta de 1X RPMI-1640 com indicador vermelho de fenol para alterações de pH foi utilizada diretamente para a cultura de células.

## 17. Soro fetal bovino (FBS)

Foi adicionado FBS a uma concentração final de trabalho de 10% (W/V).

## 18. Fitohemaglutinina

75 µl/ 5 ml de volume de cultura.

## 19. Antibióticos

Penicilina50-100 UI (1000 UI/ml) de concentração de trabalho.

Gentamicina50 ug/ml (2µl/ml) de concentração de trabalho.

Estreptomicina 50-100ug/ml (0,2mg/ml) de concentração de trabalho.

## 20. Colchicina

Colchicina em pó1mg

Água esterilizada10ml

Dissolver 1 mg de colchicina em pó em 10 ml de água esterilizada.

## 21. Cloreto de potássio-KCl (solução hipotónica)

Cloreto de potássio140 mg

Água destilada25 ml.

Dissolver 140 mg de KCl em 25 ml de água esterilizada.

## 22. Fixador de Cornoy

Metanol3 partes

Ácido acético glacial1 parte

Misturar 3 partes de metanol e 1 parte de ácido acético glacial para constituir o fixador de Cornoy e armazenar a 4°C.

## 23. Solução tampão de Sorenson

Na2HPO4 (0,907g/100ml TD/W) 25 ml

KH2PO4 (1,187g/100ml TD/W) 25 ml

Misturar as duas soluções em proporções iguais para constituir a solução de Sorenson.

## 24. Coloração de Giemsa (2%) - 100 ml de stock

Giemsa em pó2gm

Glicerol40ml

Metanol60ml

Dissolver 2 g de pó de Giemsa em 40 ml de Glicerol e aquecer a 60°C durante 1 hora e 30 minutos. Deixar a solução arrefecer até à temperatura ambiente e adicionar-lhe lentamente 60 ml de metanol. Tapar bem o frasco que contém a solução e guardá-lo numa câmara escura à temperatura ambiente durante 1 semana.

## 25. Trabalho com a mancha de Giemsa

Corante de Giemsa (stock) 2ml

PBS ou tampão de Sorenson2ml

Água destilada46 ml

Misturar as três soluções nas respectivas quantidades para obter uma coloração de Giemsa de trabalho.

## 26. Solução de cintagem

Tripsina em pó10 mg

Tampão de Sorenson50 ml

Misturar 50 ml de tampão de Sorenson e 10 mg de tripsina em pó para obter uma solução de trabalho para a formação de bandas.

## 27. Diethyl-Pyrocarbonate (DEPC) água-0,1%

DEPC (~99% de pureza) 1 ml

Água autoclavada triplamente destilada999 ml

O referido volume de água destilada tripla autoclavada é arrefecido até à temperatura ambiente e adiciona-se 1 ml de DEPC (~99% de pureza) e mistura-se adequadamente. A solução é incubada à temperatura ambiente durante a noite e está pronta para ser utilizada no dia seguinte.

## 28. Água sem nuclease

O DEPC preparado acima é submetido a uma nova autoclavagem para desativar o DEPC após a sua neutralização nocturna de RNAses e produzir água sem nuclease.

MIX
Papier aus verantwortungsvollen Quellen
Paper from responsible sources
FSC® C105338

Printed by Books on Demand GmbH, Norderstedt / Germany